建筑工程标准规范研究与应用系列丛书

中国绿色建筑标准规范回顾与展望

中国建筑科学研究院　主编

中国建筑工业出版社

图书在版编目（CIP）数据

中国绿色建筑标准规范回顾与展望/中国建筑科学研究院主编. —北京：中国建筑工业出版社，2017.6
（建筑工程标准规范研究与应用系列丛书）
ISBN 978-7-112-20566-0

Ⅰ.①中… Ⅱ.①中… Ⅲ.①生态建筑-建筑规范-中国
Ⅳ.①TU18-65

中国版本图书馆 CIP 数据核字（2017）第 053479 号

全书共 13 章，概述了对于绿色建筑标准产生重大影响的我国绿色建筑发展政策，以及由标准评价得出的工程项目整体情况；按照先评价标准、后工程规范的顺序，对《绿色建筑评价标准》、《既有建筑绿色改造评价标准》、《绿色工业建筑评价标准》、《绿色商店建筑评价标准》、《绿色医院建筑评价标准》、《绿色博览建筑评价标准》、《民用建筑绿色设计规范》、《建筑工程绿色施工规范》、《绿色建筑运行维护技术规范》的编制背景、编制工作、主要技术内容、关键技术及创新、实施应用、编制团队、相关成果做了详细介绍；记录和转述了专家对于绿色建筑标准化的观点；最后，回顾分析了我国当前绿色建筑标准规范的现状，并结合我国绿色建筑和标准化工作两方面的最新态势对未来的绿色建筑标准规范进行了展望。

本书适合绿色建筑相关从业人员参考学习。

责任编辑：王　梅　李天虹
责任设计：李志立
责任校对：王宇枢　李美娜

建筑工程标准规范研究与应用系列丛书
中国绿色建筑标准规范回顾与展望
中国建筑科学研究院　主编
*
中国建筑工业出版社出版、发行（北京海淀三里河路 9 号）
各地新华书店、建筑书店经销
北京科地亚盟排版公司制版
北京云浩印刷有限责任公司印刷
*
开本：787×1092 毫米　1/16　印张：13¼　字数：331 千字
2017 年 7 月第一版　2017 年 7 月第一次印刷
定价：**45.00** 元
ISBN 978-7-112-20566-0
（30221）

丛书序

中国建筑科学研究院是全国建筑行业最大的综合性研究和开发机构，成立于1953年，原隶属于建设部，2000年由科研事业单位转制为科技型企业，现隶属于国务院国有资产监督管理委员会。

中国建筑科学研究院建院以来，开展了大量的建筑行业基础性、公益性技术研发工作，负责编制与管理我国主要的建筑工程标准规范，并创建了我国第一代建筑工程标准体系。60多年来，中国建筑科学研究院标准化工作蓬勃发展、成绩斐然，累计完成工程建设领域国家标准、行业标准近900项，形成了大量的标准化成果与珍贵的历史资料。

为系统梳理标准规范历史资料，研究标准规范历史沿革，促进标准规范实施应用，中国建筑科学研究院于2014年起组织开展了标准规范历史资料收集整理及成果总结工作，并设立了系列研究项目。目前，这项工作已取得丰硕成果，《建筑工程标准规范研究与应用丛书》（以下简称《丛书》）即是成果之一。《丛书》旨在回顾总结有关标准规范的背景渊源和发展轨迹，传承历史、展望未来，为后续标准化工作提供参考与依据。

《丛书》按专业将建筑工程领域重点标准划分为若干系列，分别进行梳理、总结、提炼。《丛书》各分册根据相关标准规范的特点，采用不同的编排体例，或追溯标准演变过程与发展轨迹，或解读标准规定来源与技术内涵，或阐述标准实施应用，或总结工作心得体会。各分册都是标准规范成果的凝练与升华，既可作为标准规范研究史料，亦可作为标准规范实施应用依据。

《丛书》编撰过程中，借鉴和参考了国内外建筑工程领域、标准化领域众多专家学者的研究成果，并得到了部分专家学者的悉心指导与热心支持，在《丛书》付梓之时，向他们表示诚挚的感谢，并致以崇高的敬意。

中国建筑科学研究院

2017年2月

前　言

10余年来，中国建筑科学研究院加强了绿色建筑等新兴领域的研究与开发工作。一方面，牵头承担和主要参加了绿色建筑方向的国家科技计划项目10余项，为我国城镇化与城市发展领域的科技与产业发展提供了有力支撑；另一方面，还承接了大量绿色建筑工程项目的规划、设计、建造、咨询等工作，中国银行总部大厦等优秀项目荣获绿色建筑创新奖。基于大量科研成果和项目实践，中国建筑科学研究院也完成了原建设部《绿色建筑技术导则》、《绿色建筑评价标准》GB/T 50378—2006、《绿色建筑评价技术细则》以及20余部绿色建筑工程建设标准的编制，较好地规范和保障了我国绿色建筑的快速、健康、全面发展。

受中国建筑科学研究院标准规范历史资料收集整理及成果总结工作经费、北京市及朝阳区技术标准制（修）订专项补助资金的资助，中国建筑科学研究院对编制的绿色建筑标准规范及相关成果进行了梳理，并整理成书以飨读者。

全书共13章，概述了对于绿色建筑标准产生重大影响的我国绿色建筑发展政策，以及由标准评价得出的工程项目整体情况；按照先评价标准、后工程规范的顺序，对《绿色建筑评价标准》、《既有建筑绿色改造评价标准》、《绿色工业建筑评价标准》、《绿色商店建筑评价标准》、《绿色医院建筑评价标准》、《绿色博览建筑评价标准》、《民用建筑绿色设计规范》、《建筑工程绿色施工规范》、《绿色建筑运行维护技术规范》的编制背景、编制工作、主要技术内容、关键技术及创新、实施应用、编制团队、相关成果做了详细介绍；记录和转述了王有为、林海燕、王清勤等我国绿色建筑专家对于绿色建筑标准化的观点；最后，回顾分析了我国当前绿色建筑标准规范的现状，并结合我国绿色建筑和标准化工作两方面的最新态势对未来的绿色建筑标准规范进行了展望。

本书由相关绿色建筑标准的中国建筑科学研究院部分起草人员共同编写，其中：第1、2、3、13章由叶凌编写，第4章由朱荣鑫编写，第5、7章由袁闪闪编写，第6章由王军亮编写，第8章由杜燕红编写，第9章由徐亚军编写，第10章由李成林编写，第11章由魏景姝编写，第12章由叶凌整理，全书由叶凌统稿。编写过程中，得到了本书指导委员会各位专家的支持和指导，李正高工、研究生刘琴、贾鹏也做了很多辅助性工作，谨在此表示敬意和感谢。

由于编著者的水平所限，本书难免存在缺点和不妥之处，恳请读者批评指正。对本书的意见和建议，请反馈至中国建筑科学研究院标准规范处（地址：北京市朝阳区北三环东路30号A1611室；邮编：100013；E-mail：lingye-hvac@163.com）。

目　　录

1　中国的绿色建筑发展 …… 1
1.1　发展政策 …… 1
1.2　项目实践 …… 6
1.3　技术研发 …… 9
2　绿色建筑评价标准 GB/T 50378—2006 …… 13
2.1　编制背景 …… 13
2.2　编制工作 …… 13
2.3　主要技术内容 …… 15
2.4　关键技术及创新 …… 19
2.5　实施应用 …… 19
2.6　编制团队 …… 21
2.7　延伸阅读 …… 21
3　绿色建筑评价标准 GB/T 50378—2014 …… 22
3.1　编制背景 …… 22
3.2　编制工作 …… 23
3.3　主要技术内容 …… 29
3.4　关键技术及创新 …… 36
3.5　实施应用 …… 38
3.6　编制团队 …… 39
3.7　延伸阅读 …… 40
4　既有建筑绿色改造评价标准 GB/T 51141—2015 …… 42
4.1　编制背景 …… 42
4.2　编制工作 …… 43
4.3　主要技术内容 …… 52
4.4　关键技术及创新 …… 64
4.5　实施应用 …… 66
4.6　编制团队 …… 67
4.7　延伸阅读 …… 69
5　绿色工业建筑评价标准 GB/T 50878—2013 …… 71
5.1　编制背景 …… 71
5.2　编制工作 …… 72
5.3　主要技术内容 …… 77
5.4　关键技术及创新 …… 80
5.5　实施应用 …… 84

5.6 编制团队 …… 87
5.7 延伸阅读 …… 89
6 绿色商店建筑评价标准 GB/T 51100—2015 …… 90
6.1 编制背景 …… 90
6.2 编制工作 …… 91
6.3 主要技术内容 …… 96
6.4 关键技术及创新 …… 100
6.5 实施应用 …… 102
6.6 编制团队 …… 102
6.7 延伸阅读 …… 103
7 绿色医院建筑评价标准 GB/T 51153—2015 …… 105
7.1 编制背景 …… 105
7.2 编制工作 …… 106
7.3 主要技术内容 …… 112
7.4 关键技术及创新 …… 116
7.5 实施应用 …… 118
7.6 编制团队 …… 119
7.7 延伸阅读 …… 122
8 绿色博览建筑评价标准 GB/T 51148—2016 …… 123
8.1 编制背景 …… 123
8.2 编制工作 …… 124
8.3 主要技术内容 …… 129
8.4 关键技术及创新 …… 135
8.5 实施应用 …… 135
8.6 编制团队 …… 136
8.7 延伸阅读 …… 137
9 民用建筑绿色设计规范 JGJ/T 229—2010 …… 138
9.1 编制背景 …… 138
9.2 编制工作 …… 139
9.3 主要技术内容 …… 141
9.4 关键技术及创新 …… 145
9.5 实施应用 …… 146
9.6 编制团队 …… 148
9.7 延伸阅读 …… 152
10 建筑工程绿色施工规范 GB/T 50905—2014 …… 153
10.1 编制背景 …… 153
10.2 编制工作 …… 154
10.3 主要技术内容 …… 155
10.4 关键技术与创新 …… 158

10.5 实施应用 …… 159
10.6 编制团队 …… 161
11 绿色建筑运行维护技术规范 JGJ/T 391—2016 …… 163
11.1 编制背景 …… 163
11.2 编制工作 …… 164
11.3 主要技术内容 …… 176
11.4 关键技术及创新 …… 180
11.5 实施应用 …… 181
11.6 编制团队 …… 182
11.7 延伸阅读 …… 184
12 绿色建筑标准化专家观点 …… 185
12.1 王有为 …… 185
12.2 林海燕 …… 188
12.3 王清勤 …… 192
13 绿色建筑标准的新起点 …… 195
13.1 绿色建筑标准现状 …… 195
13.2 绿色建筑标准发展的新机遇 …… 199
13.3 绿色建筑标准发展的分析和建议 …… 201

1 中国的绿色建筑发展

1.1 发展政策

1.1.1 党和国家的绿色理念和建筑方针

2002年中国共产党第十六次全国代表大会以来，党中央高度重视建设生态文明，注重节约资源，注重产业结构的调整，注重经济增长方式的转变，倡导健康的生活方式，绿色建筑也在此期间得以起步和发展。2012年中国共产党第十八次全国代表大会从新的历史起点出发，做出“大力推进生态文明建设”的战略决策，大力推进生态文明建设和新型城镇化建设同步协调发展，强调走集约、智能、绿色、低碳的新型城镇化道路，绿色建筑得到了快速的发展。

2015年4月，中共中央、国务院印发《关于加快推进生态文明建设的意见》。《意见》指出，生态文明建设关系人民福祉，关乎民族未来，事关“两个一百年”奋斗目标和中华民族伟大复兴中国梦的实现。意见将生态文明建设提升到更加突出的战略位置，融入经济建设、政治建设、文化建设、社会建设的各方面和全过程；将“绿色化”与新型工业化、信息化、城镇化、农业现代化“新四化”并列，强调“五化”协同推进；要求“大力推进绿色发展、循环发展、低碳发展，弘扬生态文化，倡导绿色生活”。“大力推进绿色城镇化”，是《意见》的一个重要方面，其中对“大力发展绿色建筑”、“推进绿色生态城区建设”都提出了明确要求。

2015年9月，中共中央、国务院印发《生态文明体制改革总体方案》，明确构建由包括资源总量管理和全面节约制度在内的8项制度构成的生态文明制度体系，其中的资源总量管理和全面节约制度又包括针对土地、水资源、能源、可循环资源等内容，形成了对绿色建筑“四节”理念的系统性政策支持。《方案》还提出，将目前分头设立的环保、节能、节水、循环、低碳、再生、有机等产品统一整合为绿色产品，建立统一的绿色产品标准、认证、标识等体系，也是对绿色建材相关工作的有力指导。

2015年10月胜利召开的中国共产党十八届五中全会，研究提出了《中共中央关于制定国民经济和社会发展第十三个五年规划的建议》，树立了“十三五”期间创新、协调、绿色、开放、共享的五大发展理念。对于“绿色发展”理念，《建议》给出了“坚持绿色富国、绿色惠民，为人民提供更多优质生态产品，推动形成绿色发展方式和生活方式”的要求，并进一步明确提出要“实行绿色规划、设计、施工标准”，“提高建筑节能标准，推广绿色建筑和建材”。根据建议制定的《国民经济和社会发展第十三个五年规划纲要》也已由在2016年3月召开的第十二届全国人民代表大会第四次会议表决通过，其中进一步要求“实施建筑能效提升和绿色建筑全产业链发展计划”。

2015年12月，中央城市工作会议时隔37年后再次召开。会议明确要求“统筹生产、生活、生态三大布局，提高城市发展的宜居性”，“推动形成绿色低碳的生产生活方式和城市建设运营模式”。2016 年 2 月，贯彻会议精神的《中共中央国务院关于进一步加强城市规划建设管理工作的若干意见》随即发布。《意见》新提出了“适用、经济、绿色、美观”的建筑方针。在原有的“适用、经济、在可能条件下注意美观”全国建筑方针基础上，进一步体现了“绿色”理念，必将形成对绿色建筑进一步发展更为有利的技术氛围。

1.1.2 国家绿色建筑政策的发展

我国在绿色建筑方面的技术经济政策，历经了“建筑节能”—“节能省地”—“四节一环保”（节能、节地、节水、节材、保护环境和减少污染）的发展。我国的建筑节能工作，最早始于 20 世纪 80 年代。国务院于 1986 年发布《节约能源管理暂行条例》（国发〔1986〕4 号），明确要求建筑物设计采取措施减少能耗。建筑节能工作发展至今，业已形成了由《节约能源法》、《民用建筑节能条例》、《公共机构节能条例》等构成的法律法规体系。

对于建筑“节能省地”要求的提出，则可追溯至 1991 年获批的《国民经济和社会发展十年规划和第八个五年计划纲要》，其中“加快墙体材料的革新及开发和推广节能、节地、节材住宅体系”的内容，可谓我国绿色建筑“四节一环保”理念的雏形。此后，2004 年的中央经济工作会议再次明确要求大力发展节能省地型住宅；随后的十届全国人大三次会议上，2005 年政府工作报告中也明确提出鼓励发展节能省地型住宅和公共建筑。

2004 年，原建设部科技司在当年工作要点中首提“强化绿色建筑科技工作”。2005 年，“绿色建筑”一词已见于国务院文件，国务院办公厅在《关于进一步推进墙体材料革新和推广节能建筑的通知》（国办发〔2005〕33 号）中提出“积极推动绿色建筑、低能耗或超低能耗建筑的研究、开发和试点”。2011 年，《国民经济和社会发展第十二个五年（2011—2015 年）规划纲要》正式提出“建筑业要推广绿色建筑、绿色施工”，绿色建筑首次写入国家规划。2013 年，国务院办公厅印发了发展改革委、住房和城乡建设部的《绿色建筑行动方案》，我国国家层面的绿色建筑行动拉开大幕。

表 1-1 汇总了自 2005 年以来的 10 年多时间里，国务院发布的涉及绿色建筑发展的若干规范性文件。

国务院发布的发展绿色建筑规范性文件　　表 1-1

文件名称	相关内容
国务院关于做好建设节约型社会近期重点工作的通知（国发〔2005〕21 号）	启动低能耗、超低能耗和绿色建筑示范工程
国务院关于落实科学发展观加强环境保护的决定（国发〔2005〕39 号）	大力推行建筑节能，发展绿色建筑
国家中长期科学和技术发展规划纲要（2006—2020 年）（国发〔2005〕44 号）	“建筑节能与绿色建筑”优先主题
节能减排综合性工作方案（国发〔2007〕15 号）	组织实施低能耗、绿色建筑示范项目 30 个
中国应对气候变化国家方案（国发〔2007〕17 号）	研究制定发展节能省地型建筑和绿色建筑的经济激励政策
国务院关于进一步实施东北地区等老工业基地振兴战略的若干意见（国发〔2009〕33 号）	发展节约能源、节省土地的环保型建筑和绿色建筑

续表

文件名称	相关内容
“十二五”节能减排综合性工作方案（国发〔2011〕26号）	制定并实施绿色建筑行动方案，从规划、法规、技术、标准、设计等方面全面推进建筑节能
质量发展纲要（2011—2020年）（国发〔2012〕9号）	到2015年，工程质量发展的具体目标之一：绿色建筑发展迅速，住宅性能改善明显
“十二五”国家战略性新兴产业发展规划（国发〔2012〕28号）	提高新建建筑节能标准，开展既有建筑节能改造，大力发展绿色建筑，推广绿色建筑材料
节能减排“十二五”规划（国发〔2012〕40号）	“十二五”时期主要节能指标之一：到2020年城镇新建绿色建筑标准执行率达到15% 开展绿色建筑行动，从规划、法规、技术、标准、设计等方面全面推进建筑节能，提高建筑能效水平 加强新区绿色规划，重点推动各级机关、学校和医院建筑，以及影剧院、博物馆、科技馆、体育馆等执行绿色建筑标准；在商业房地产、工业厂房中推广绿色建筑
能源发展“十二五”规划（国发〔2013〕2号）	推行绿色建筑标准、评价与标识
循环经济发展战略及近期行动计划（国发〔2013〕5号）	实施绿色建筑行动 发展绿色建筑。加强新区绿色规划，积极推进绿色建筑设计和施工。重点推动党政机关、学校、医院以及影剧院、博物馆、科技馆、体育馆等建筑执行绿色建筑标准。在商业房地产、工业厂房中推广绿色建筑
国务院关于加快棚户区改造工作的意见（国发〔2013〕25号）	贯彻落实绿色建筑行动方案，积极执行绿色建筑标准
芦山地震灾后恢复重建总体规划（国发〔2013〕26号）	大力推广节能节材环保技术，积极推行绿色建筑标准
国务院关于加快发展节能环保产业的意见（国发〔2013〕30号）	开展绿色建筑行动 到2015年，新增绿色建筑面积10亿平方米以上，城镇新建建筑中二星级及以上绿色建筑比例超过20%；建设绿色生态城（区） 推动政府投资建筑、保障性住房及大型公共建筑率先执行绿色建筑标准；完成公共机构办公建筑节能改造6000万平方米，带动绿色建筑建设改造投资和相关产业发展
国务院关于加强城市基础设施建设的意见（国发〔2013〕36号）	优化节能建筑、绿色建筑发展环境 所有建设行为应严格执行建筑节能标准，落实《绿色建筑行动方案》
大气污染防治行动计划（国发〔2013〕37号）	积极发展绿色建筑，政府投资的公共建筑、保障性住房等要率先执行绿色建筑标准
国家新型城镇化规划（2014—2020年）（中发〔2014〕4号）	实施绿色建筑行动计划，完善绿色建筑标准及认证体系、扩大强制执行范围，加快既有建筑节能改造，大力发展绿色建材，强力推进建筑工业化 政府投资的公益性建筑、保障性住房和大型公共建筑全面执行绿色建筑标准和认证
国务院关于推进文化创意和设计服务与相关产业融合发展的若干意见（国发〔2014〕10号）	贯彻节能、节地、节水、节材的建筑设计理念，推进技术传承创新，积极发展绿色建筑
国务院关于支持福建省深入实施生态省战略加快生态文明先行示范区建设的若干意见（国发〔2014〕12号）	大力发展绿色建筑
国务院关于依托黄金水道推动长江经济带发展的指导意见（国发〔2014〕39号）	大力发展分布式能源、智能电网、绿色建筑和新能源汽车

续表

文件名称	相关内容
国务院关于积极发挥新消费引领作用加快培育形成新供给新动力的指导意见（国发〔2015〕66号）	鼓励发展绿色建筑、绿色制造、绿色交通、绿色能源
国务院关于落实《政府工作报告》重点工作部门分工的意见（国发〔2016〕20号）	积极推广绿色建筑和建材
国家创新驱动发展战略纲要（中发〔2016〕4号）	推动绿色建筑、智慧城市、生态城市等领域关键技术大规模应用
“十三五”国家科技创新规划（国发〔2016〕43号）	加强建筑节能、室内外环境质量改善、绿色建筑及装配式建筑等的规划设计、建造、运维一体化技术和标准体系研究 专栏15　新型城镇化技术之2：绿色建筑与装配式建筑研究。加强绿色建筑规划设计方法与模式、近零能耗建筑、建筑新型高效供暖解决方案研究，建立绿色建筑基础数据系统，研发室内环境保障和既有建筑高性能改造技术……促进绿色建筑及装配式建筑实现规模化、高效益和可持续发展

1.1.3　国家领导人对绿色建筑的论述

自2005年第一届绿色建筑大会至今，我国已成功举办超过10届绿色建筑大会。国务院副总理曾培炎、全国人大常委会副委员长韩启德、全国政协副主席王志珍（均为时任）等国家领导人曾参加大会并致辞。近些年，国家领导人在国际交往和政府工作报告中也频繁论述绿色建筑，再次凸显了国家层面的重视程度。

2014年11月，亚太经合组织（APEC）各成员领导人聚首中国北京雁栖湖畔，举行亚太经合组织第二十二次领导人非正式会议，国家主席习近平出席会议并讲话。会议通过了亚太经合组织第二十二次领导人非正式会议宣言，即《北京纲领》，提出“深入探讨建设绿色、高效能源、低碳、以人为本的新型城镇化和可持续城市发展路径”，及“致力于开展可再生能源、节能、绿色建筑标准、矿业可持续发展、循环经济等领域合作”。

2015年6月，李克强总理同欧洲理事会主席唐纳德·图斯克、欧盟委员会主席让—克洛德·容克举行第十七次中国欧盟领导人会晤后发表联合声明，提出“双方欢迎中欧城镇化伙伴关系不断深化，在城市规划设计、公共服务、绿色建筑、智能交通等领域积极开展合作，同意启动新的中欧城市和企业合作项目。”

2015年6月，中国向联合国气候变化框架公约秘书处提交《强化应对气候变化行动——中国国家自主贡献》报告，专门在“控制建筑和交通领域排放”部分列举了我国推广绿色建筑和可再生能源建筑应用、到2020年城镇新建建筑中绿色建筑占比达到50%的行动政策和措施。2015年11月30日，我国最高领导人习近平主席出席联合国气候变化巴黎大会（COP21），并在大会开幕式发表了题为《携手构建合作共赢、公平合理的气候变化治理机制》的讲话，不仅描述了中国对巴黎协议的愿景，还明确表达了中国对全球气候治理的主张，其中更是特别提到了中国发展绿色建筑的政策措施。

2015年9月，习近平主席同美国总统奥巴马举行会谈后再次发表关于气候变化的联合声明，重申了坚定推进落实国内气候政策、加强双边协调与合作并推动可持续发展和向绿色、低碳、气候适应型经济转型的决心，专门介绍了中国承诺将推动低碳建筑，到2020

年城镇新建建筑中绿色建筑占比达到50%。

2016年3月，李克强总理在第十二届全国人民代表大会第四次会议上做政府工作报告。报告在2016年重点工作的“深入推进新型城镇化”部分，明确提出“积极推广绿色建筑和建材，大力发展钢结构和装配式建筑，提高建筑工程标准和质量。打造智慧城市，改善人居环境，使人民群众生活得更安心、更省心、更舒心。”

1.1.4 国家相关部委对绿色建筑发展的政策支持

住房和城乡建设部是推动绿色建筑发展的主要部门，组织实施了全国绿色建筑创新奖、绿色建筑示范项目、绿色建筑评价标识等具体工作，并于2013年3月印发《“十二五”绿色建筑和绿色生态城区发展规划》（建科〔2013〕53号）。规划进一步落实了《绿色建筑行动方案》的十项重点任务和推进绿色建筑发展进程的“十项制度”，提出了新建绿色建筑10亿平方米的规划目标，并给出了绿色建筑与绿色生态城区发展的先管住增量后改善存量、先政府带头后市场推进、先保障低收入人群后考虑其他群体、先规划城区后设计建筑的推进策略，以及规模化推进、新旧结合推进、梯度化推进、市场化产业化推进、系统化推进的发展路径。

同时，其他有关部委也分别从科技、财税、金融等方面对绿色建筑发展给予了大量支持，包括：

2012年4月，财政部、住房和城乡建设部联合制定了《关于加快推动我国绿色建筑发展的实施意见》（财建〔2012〕167号），提出对高星级绿色建筑给予财政奖励、对绿色生态城区给予资金定额补助、对保障性住房发展一星级绿色建筑达到一定规模的也优先给予定额补助等奖励或补助意见。

2012年5月，科技部印发《“十二五”绿色建筑科技发展专项规划》（国科发计〔2012〕692号），提出“标准规范引领、市场化导向”的原则，并将绿色建筑共性关键技术体系、绿色建筑产业推进技术体系、绿色建筑技术标准规范和综合评价服务技术体系建设作为绿色建筑科技发展的三个技术支撑重点，积极推进相关技术的研发、标准规范的编制修订与工程应用示范。

2015年1月，银监会、国家发展改革委共同印发《能效信贷指引》（银监发〔2015〕2号），要求银行业金融机构应在有效控制风险和商业可持续的前提下，对包括高于现行国家标准的低能耗、超低能耗新建节能建筑，符合国家绿色建筑评价标准的新建二、三星级绿色建筑和绿色保障性住房项目，既有建筑节能改造、绿色改造项目、可再生能源建筑应用项目、集中性供热、供冷系统节能改造、节能运行管理项目、获得绿色建材二、三星级评价标识的项目在内的重点能效项目加大信贷支持力度。

2015年11月，财政部、国家税务总局、科技部印发《关于完善研究开发费用税前加计扣除政策的通知》（财税〔2015〕119号），将绿色建筑评价标准为三星的房屋建筑工程设计视作创意设计活动，允许对企业为此发生的相关费用进行税前加计扣除。

2016年2月，国家发展改革委、中宣部、科技部、财政部、环境保护部、住房和城乡建设部、商务部、质检总局、旅游局、国管局共同印发《关于促进绿色消费的指导意见》（发改环资〔2016〕353号），一方面，要求使用政府资金建设的公共建筑全面执行绿色建筑标准，以此推进公共机构带头绿色消费；另一方面，要求研究出台支持节能与新能源汽车、绿色建筑、新能源与可再生能源产品、设施等绿色消费信贷的激励政策，鼓励保险公司为绿色建筑提供保险保障，加强对绿色建筑的金融扶持。此外，“完善绿色建筑和绿色建材标识制度”也是健全绿色消费标识认证体系的一部分内容。

1.2 项目实践

1.2.1 全国绿色建筑创新奖项目

绿色建筑创新奖是为了加快推进我国绿色建筑及其技术的健康发展而设立的奖项，由原建设部于2004年设立，设一等奖、二等奖、三等奖三个等级，每两年评选一次。根据《全国绿色建筑创新奖管理办法》（建科函〔2004〕183号），全国绿色建筑创新奖分为工程类项目奖和技术与产品类项目奖，工程类项目奖包括绿色建筑创新综合奖项目、智能建筑创新专项奖项目和节能建筑创新专项奖项目；技术与产品类项目奖是指应用于绿色建筑工程中具有重大创新、效果突出的新技术、新产品、新工艺。原建设部同时制定了《全国绿色建筑创新奖实施细则（试行）》（建科〔2004〕177号），明确了申报条件和评审程序。2006年，原建设部还组织编制了《全国绿色建筑创新奖评审标准》（建科〔2006〕161号）。

2004—2005年，开展了首届全国绿色建筑创新奖的申报、评审、公示及审批，共有40个项目获奖。其中，综合类的建筑工程13项，节能专项类的建筑工程4项，智能专项类的建筑工程7项，以及技术类16项。2006—2007年的第二届全国绿色建筑创新奖，共有13个项目获奖。其中，绿色建筑创新综合奖8项，建筑节能创新专项奖、建筑节水创新专项奖各1项，智能建筑创新专项奖3项。

2010年，住房和城乡建设部重新制定了《全国绿色建筑创新奖实施细则》和《全国绿色建筑创新奖评审标准》（建科〔2010〕216号），进一步明确了绿色建筑的创新性包括符合气候地域特征的先进适用的技术集成和创新、建筑艺术与绿色建筑技术的有机结合、采用绿色施工与运行管理保障措施的实施效果；而且不再继续分设工程类项目奖和技术与产品类项目奖，并提出了申请项目取得绿色建筑评价标识的要求。

新的实施细则和评审标准实施后，16个项目获得2011年度全国绿色建筑创新奖，42个项目获得2013年度全国绿色建筑创新奖，63个项目获得2015年度全国绿色建筑创新奖。图1-1给出了截至目前全国绿色建筑创新奖的获奖项目总数及等级分布情况，项目数量增加趋势明显。

1.2.2 绿色建筑示范工程项目

根据《关于发展节能省地型住宅和公共建筑的指导意见》（建科〔2005〕78号），原建设部自2005年开始组织“节能省地型科技示范工程”的建设工作。2005—2010年五年间，共立项项目88项，一批科技含量高、施工质量过硬、技术体系完整的立项项目通过验收后相继建成投入使用，取得了良好经济效益和社会效益。2010年，“节能省地型科技示范工程”更名为“建筑工程类科技示范工程”，代表建设科技领域综合类的示范工程。

2005年，国务院《关于做好建设节约型社会近期重点工作的通知》（国发〔2005〕21号）提出“启动低能耗、超低能耗和绿色建筑示范工程”。2007年，国务院在《节能减排

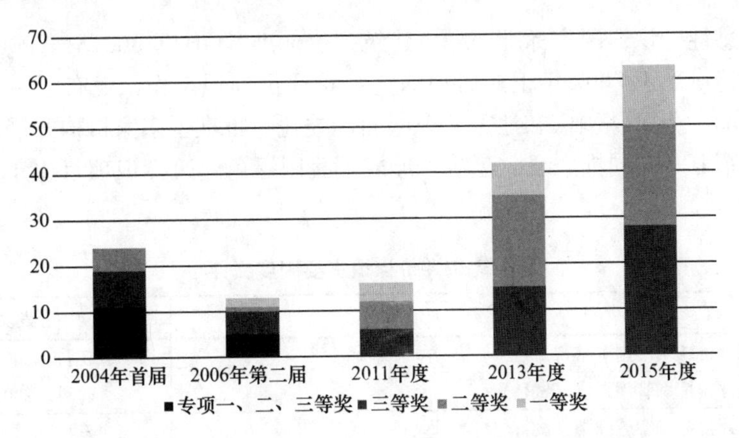

图 1-1 全国绿色建筑创新奖获奖工程项目数量（不含技术与产品类）

综合性工作方案》（国发〔2007〕15 号）中进一步要求“组织实施低能耗、绿色建筑示范项目 30 个”。据此，住房和城乡建设部于 2007 年起启动“一百项绿色建筑示范工程与一百项低能耗建筑示范工程”（简称“双百工程”）的建设工作，并将绿色建筑和低能耗建筑示范工程纳入了 2008 年及随后各年度的住房和城乡建设部科学技术计划项目。随后，又逐渐增加了绿色施工、绿色照明等示范工程；在 2015 年发布的 2016 年度科技项目申报通知（建办科函〔2015〕890 号）中，还新增加了建筑产业现代化示范，现共计有 8 类，如表 1-2 所示。包括绿色建筑示范工程在内的各类科技示范工程，都遵循《住房和城乡建设部科学技术计划项目管理办法》（建科〔2009〕290 号）统一要求；特别的，绿色建筑示范工程还应满足现行国家绿色建筑评价标准的要求。

住房和城乡建设部科技计划项目的科技示范工程分类 **表 1-2**

序号	示范工程分类	特点要求
1	绿色建筑示范	满足现行国家绿色建筑评价标准，重点为技术集成和单项关键、先导型技术应用
2	被动式超低能耗绿色建筑示范	参照《被动式超低能耗绿色建筑技术导则》，重点为被动式技术应用
3	低能耗绿色建筑（园）区示范	示范（园）区在 1～3km^2 范围内，包括低能耗绿色建筑以及绿色基础设施的规划、设计、建造施工、运营管理以及保障措施
4	建筑工程和市政公用科技示范	建筑工程突出新型建筑结构体系、复杂施工、地基基础、建筑遮阳等重要专项技术
5	绿色施工科技示范	在加强管理的基础上，突出施工过程中的技术创新
6	绿色照明科技示范	绿色照明
7	信息化工程示范	突出建筑信息模型、遥感数据应用、空间地理信息集成等先进技术
8	建筑产业现代化示范	重点为装配式混凝土建筑、钢结构建筑、木结构建筑以及其他工业化建造方式

截至 2014 年，组织实施的低能耗、绿色建筑示范项目共达 2442 个。

另一方面，国家科技支撑计划在十一五、十二五期间也对绿色建筑给予了大量支撑，相关课题结合研究工作所取得的成果也建设了一批绿色建筑示范工程。

1.2.3 绿色建筑评价标识项目

绿色建筑评价标识是依据《绿色建筑评价标准》GB/T 50378 等技术文件对建筑物进

行评价以及信息性标识。国家标准《绿色建筑评价标准》GB/T 50378—2006 发布实施后，由住房和城乡建设部于 2007 年正式启动绿色建筑评价标识工作，发布了一系列规范性文件（详见表 1-3）。先后从国家和地方两个层面，委托、批准了多家机构开展绿色建筑评价标识工作，千军万马共同推广绿色建筑，形成了我国绿色建筑标识项目逐年快速增长的良好态势。

绿色建筑评价标识主要制度文件　　**表 1-3**

序号	文件名称	发文号
1	绿色建筑评价技术细则（试行）	建科〔2007〕205 号
2	绿色建筑评价标识管理办法（试行）	建科〔2007〕206 号
3	绿色建筑评价标识实施细则（试行修订）	建科综〔2008〕61 号
4	绿色建筑评价标识使用规定（试行）	
5	绿色建筑评价标识专家委员会工作规程（试行）	
6	绿色建筑设计评价标识申报指南	建科综〔2008〕63 号
7	绿色建筑评价标识申报指南	建科综〔2008〕68 号
8	绿色建筑评价标识证明材料要求及清单（住宅）	
9	绿色建筑评价标识证明材料要求及清单（公建）	
10	绿色建筑评价技术细则补充说明（规划设计部分）	建科〔2008〕113 号
11	一二星级绿色建筑评价标识管理办法（试行）	建科〔2009〕109 号
12	绿色建筑评价技术细则补充说明（运行使用部分）	建科函〔2009〕235 号
13	关于加强绿色建筑评价标识管理和备案工作的通知	建办科〔2012〕47 号
14	关于绿色建筑评价标识管理有关工作的通知	建办科〔2015〕53 号

截至 2015 年 12 月 31 日，全国共评出 3979 项绿色建筑标识项目，总建筑面积达到 4.6 亿平方米。其中，设计标识项目 3775 项，占总数的 94.9%，建筑面积约 4.3 亿平方米；运行标识项目 204 项，占总数的 5.1%，建筑面积为 0.3 亿平方米。而且，绿色建筑评价标识项目数量仍然维持着逐年快速增长的势头，详见图 1-2。

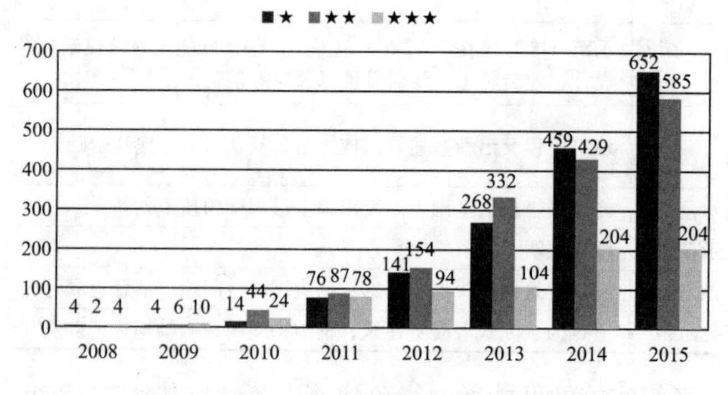

图 1-2　绿色建筑评价标识项目数量逐年发展

对于绿色建筑标识项目，原由住房和城乡建设部进行公示、公告和统一颁发证书、标识。2015 年 10 月，根据政府职能转变工作和《绿色建筑行动方案》精神，住房和城乡建设部发布通知（建办科〔2015〕53 号）推行绿色建筑标识实施第三方评价，由各评价机构自行对绿色建筑标识项目进行公示、公告和颁发证书、标识；政府部门主要对绿色建筑评价机构进行管理和督促，以及标识项目的定期备案。随后，国家层面的绿色建筑评价机构——住房和城乡建设部科技与产业化发展中心、中国城市科学研究会分别发布《绿色建筑评价管理办法》(建科中心〔2015〕16号、城科会字〔2015〕24号)，作为开展评价工作的依据；各地方评价机构也已开展落实。

此外，根据住房和城乡建设部《关于绿色建筑评价标识管理有关工作的通知》(建办科〔2015〕53号)要求，按照项目所在地强制执行的绿色建筑设计规范、设计要点进行设计，并通过施工图审查的建筑可认定为绿色建筑，并纳入当地绿色建筑项目、面积的统计范围(但不颁发绿色建筑评价标识与证书)。目前，住房和城乡建设部已印发《绿色建筑施工图设计文件技术审查要点》(建质函〔2015〕153号)，不少地方已发布强制执行的绿色建筑设计规范或绿色建筑施工图审查技术要点。如计入此部分全面强制执行绿色建筑标准但未获得评价标识的绿色建筑项目，我国“十二五”期间累计新建绿色建筑面积已超过10亿平方米，完成《绿色建筑行动方案》要求的主要目标。

1.3 技术研发

1.3.1 科技攻关

《国家中长期科学和技术发展规划纲要(2006—2020年)》在“城镇化与城市发展”重点领域列出了“建筑节能与绿色建筑”优先主题，其重点研发内容是绿色建筑设计技术、建筑节能技术与设备、可再生能源装置与建筑一体化应用技术、精致建造和绿色建筑施工技术与装备、节能建材与绿色建材、建筑节能技术标准。以国家科技攻关/支撑/重点研发计划为例，立项的绿色建筑主题项目和课题有：

- “十五”项目“绿色建筑关键技术研究”(2004BA809B00)：包括绿色建筑规划设计导则及评估体系研究、绿色建筑的结构体系与评价方法研究、绿色建材技术与分析评价方法研究、降低建筑水耗的综合关键技术研究、降低建筑物能耗的综合关键技术研究、室内环境污染控制与改善技术研究、绿色建筑绿化配套技术研究、绿色建筑技术集成与平台建设等相关课题。
- “十一五”项目“现代建筑设计与施工关键技术研究”(2006BAJ01B00)：包括绿色建筑全生命周期设计关键技术研究、绿色建筑设计与施工的标准规范研究等相关课题。
- “十二五”项目“绿色建筑评价体系与标准规范技术研发”(2012BAJ10B00)：包括绿色建筑标准体系与不同气候区不同类型建筑重点标准规范研究、绿色建筑评价指标体系与综合评价方法研究、绿色建筑标准实施测评技术与系统开发、标准化绿色建筑研究与工程示范(2012BAJ10B04)等相关课题。
- “十二五”项目“绿色建筑规划设计关键技术体系研究与集成示范”(2012BAJ09B00)：包括绿色建筑规划预评估与诊断技术研究、绿色建筑群规划设计应用技术集成研究、性能目标导向的绿色建筑设计优化技术研究、绿色建筑规划设计集成技术应用效能评价等相关课题。
- “十二五”项目“建筑工程绿色建造关键技术研究与示范”(2012BAJ03B00)：包括绿色建造与施工协同关键技术研究与示范、绿色建造虚拟技术研究与示范、建筑工程传统施工技术绿色化与现场减排技术研究与示范、建筑结构绿色建造专项技术研究等相关课题。

• “十二五”项目“既有建筑绿色化改造关键技术研究与示范”（2012BAJ06B00）：包括既有建筑绿色化改造综合检测评定技术与推广机制研究、典型气候地区既有居住建筑绿色化改造技术研究与工程示范、城市社区绿色化综合改造技术研究与工程示范、大型商业建筑绿色化改造技术研究与工程示范、办公建筑绿色化改造技术研究与工程示范、医院建筑绿色化改造技术研究与工程示范、工业建筑绿色化改造技术研究与工程示范等相关课题。

• “十二五”项目“公共机构绿色节能关键技术研究与示范”（2013BAJ15B00）：包括公共机构新建建筑绿色建设关键技术研究与示范、公共机构既有建筑绿色改造成套技术研究与示范等相关课题。

• “十二五”项目“西部生态城镇与绿色建筑技术集成研究与工程示范”（2013BAJ03B00）：包括干旱区城镇绿色建筑集成技术研究与示范、高原生态社区规划与绿色建筑技术集成示范等相关课题。

• “十二五”项目“中新天津生态城绿色建筑群建设关键技术研究与示范”（2013BAJ09B00）：包括天津生态城绿色建筑规划设计关键技术集成与示范、天津生态城绿色建筑评价关键技术研究与示范、天津生态城绿色建筑运营管理关键技术集成与示范等相关课题。

• “十三五”项目“基于实际运行效果的绿色建筑性能后评估方法研究及应用”（2016YFC0700100）：包括绿色建筑性能参数实时监测与反馈方法及数据系统研究、绿色建筑实际性能与设计预期差异机理研究、绿色建筑节能环保技术适应性研究、可再生能源绿色建筑领域应用效果研究、绿色建筑性能后评估技术标准体系研究、绿色建筑运行性能提升研究及应用等相关课题。

• “十三五”项目“目标和效果导向的绿色建筑设计新方法及工具”（2016YFC0700200）：包括目标和效果导向的绿色建筑设计原理和方法体系、北方地区高大空间公共建筑绿色设计新方法与技术协同优化、南方地区高大空间公共建筑绿色设计新方法与技术协同优化、北方地区大型综合体建筑绿色设计新方法与技术协同优化、南方地区大型综合体建筑绿色设计新方法与技术协同优化、北方地区城镇居住建筑绿色设计新方法与技术协同优化、南方地区城镇居住建筑绿色设计新方法与技术协同优化、西部太阳能富集区城镇居住建筑绿色设计新方法与技术协同优化、建筑全寿命期绿色性能模拟分析技术与新型设计工具等相关课题。

• 此外，2017 年还将有“地域气候适应型绿色公共建筑设计新方法与示范”、“基于多元文化的西部地域绿色建筑模式与技术体系”、“经济发达地区传承中华建筑文脉的绿色建筑体系”、“基于全过程的大数据绿色建筑管理技术”等“绿色建筑及建筑工业化”重点专项项目立项实施。

可见，我国的绿色建筑科技攻关，不仅是在数量上获得了越来越多的支持；更已由早年的“四节一环保”分专业研究，发展为近些年分别针对评价、规划设计、建造、改造等建筑全生命期不同阶段的综合性系统研究，为绿色建筑技术集成创新提供有力支撑；未来还将基于不同地域和建筑类型特点进一步细化深入，而且更为关注绿色建筑的实际效果和运行性能，促进绿色理念更好地落地落实。特别值得注意的是，近些年来专门针对绿色建筑标准设立了研究课题。2016 年，科技部、质检总局、国家标准委还联合出台了《关于在国家科技计划专项实施中加强技术标准研制工作的指导意见》（国科发资〔2016〕301 号），强化标准化与科技创新的互动支撑，以科技创新提升技术标准水平，以标准促进科技成果转化应用。

1.3.2 标准规范

我国在绿色建筑标准化方面的探索，早在 15 年前就已开展。具体有：

• 2001 年，中华全国工商业联合会住宅产业商会发布《中国生态住宅技术评估手册》，手册由原建设部科技司组织原建设部科技发展促进中心、中国建筑科学研究院、清华大学编写，以住宅为使用对象。

• 2003—2004 年，《绿色奥运建筑评估体系》、《绿色奥运建筑实施指南》先后出版，是国家科技攻关计划“科技奥运”专项“绿色奥运建筑评估体系”项目的研究成果，由清华大学牵头组织多家单位共同完成，以为奥运建设的园区、场馆等各类建筑为主要使用对象。

• 2005 年，原建设部、科技部联合印发《绿色建筑技术导则》（建科〔2005〕199 号），导则由中国建筑科学研究院主编，是我国发展绿色建筑、开展工程实践和技术创新的重要技术文件。

随后于 2006 年发布实施的 GB/T 50378—2006《绿色建筑评价标准》，则是我国总结实践和研究成果、借鉴国际经验制定的第一部多目标、多层次的绿色建筑综合评价标准，确立了以“四节一环保”为核心内容的绿色建筑发展理念和评价体系。此后 10 年间，又有多部直接服务于绿色建筑的国家标准或行业标准相继发布实施，现共计 15 部，按时间先后如图 1-3 所示。

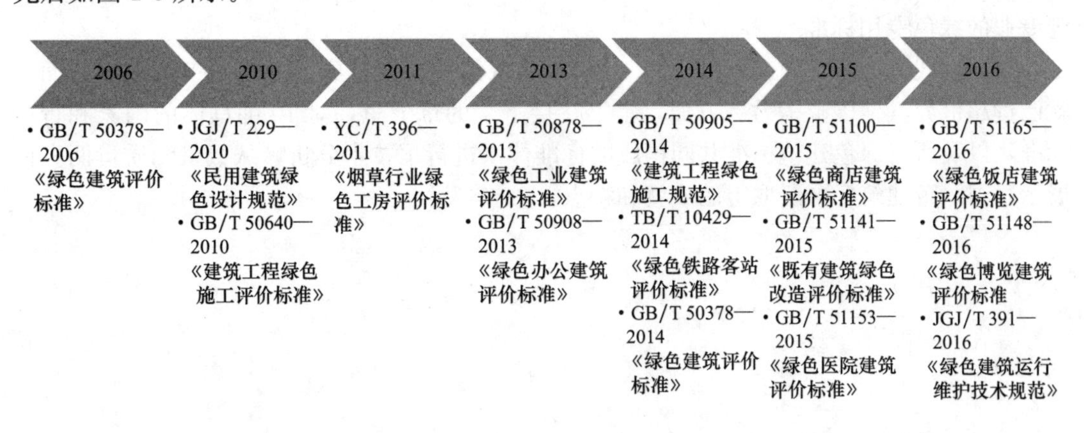

图 1-3 已发布的绿色建筑国家和行业标准

除此之外：

（1）目前尚有《绿色生态城区评价标准》、《绿色校园评价标准》、《既有社区绿色化改造技术规程》、《民用建筑绿色性能计算规程》、《绿色航站楼标准》、《绿色仓库要求与评价》等国家或行业标准已完成或正在进行编制。

（2）行业主管部门还发布了《绿色超高层建筑评价技术细则》（建科〔2012〕76号）、《绿色保障性住房技术导则》（建办〔2013〕195号）、《绿色农房建设导则（试行）》（建村〔2013〕190号）、《被动式超低能耗绿色建筑技术导则（试行）（居住建筑）》（建科〔2015〕179号）、《绿色数据中心建筑评价技术细则》（建科〔2015〕211号）等相关的规范性文件（但未形成标准），以及与现行标准配套使用的细则（例如《绿色建筑评价技术细则》、《绿色工业建筑评价技术细则》）。

（3）其他行业也在本行业标准中充分考虑或加入了有关绿色建筑的内容，专项的绿色建筑标准有前述的《烟草行业绿色工房评价标准》、《绿色铁路客站评价标准》、《绿色航站楼标准》、《绿色仓库》；包括绿色建筑内容的标准例如SB/T 11135—2015《绿色商场》、LB/T 007—2015《绿色旅游饭店》等。

（4）中国绿色建筑委员会、中国工程建设标准化协会等行业组织也相继组织编制发布了自己的委员会/协会标准。中国城市科学研究会绿色建筑与节能专业委员会（即中国绿色建筑委员会）已连续编制发布了《绿色建筑评价标准（香港版）》CSUS/GBC 1—2010、《绿色医院建筑评价标准》CSUS/GBC 2—2011、《绿色商店建筑评价标准》CSUS/GBC 3—2012、《绿色校园评价标准》CSUS/GBC 4—2013、《绿色建筑检测技术标准》CSUS/GBC 05—2014、《绿色小城镇评价标准》CSUS/GBC 06—2015等一系列标准；中国工程建设标准化协会也发布了工程建设协会标准《绿色住区标准》CECS377：2014《既有建筑绿色改造技术规程》T/CECS 465—2017。中国工程建设标准化协会还于2015年专设了绿色建筑与生态城区专业委员会，加强对绿色建筑标准的编制、实施等工作的组织和管理。

（5）我国各个省市区也积极制定发布了基于自身历史文化禀赋、与当地经济社会发展相适应、符合地方地理气候特点、促进先进技术应用的绿色建筑地方标准，总数近100部。这些地方标准既包括绿色建筑评价标准，也有绿色建筑设计标准、绿色施工规程或管理规程，个别地方还有绿色建筑检测标准，以及预拌混凝土绿色生产管理、绿色照明等特定专业的绿色专用标准等。

由此，我国的绿色建筑标准历经10余年的探索和发展，成绩斐然，仅从数量上而言就已远超世界其他国家。另一方面，本书在接下来的章节里，对10部具体的国家和行业标准，以及所有绿色建筑标准共同构成的标准体系进行了技术分析，从数量和质量两方面展示我国绿色建筑标准所取得的成就和特点。

2 绿色建筑评价标准 GB/T 50378—2006

2.1 编制背景

绿色建筑是将可持续发展理念引入建筑领域的结果，将成为未来建筑的主导趋势。21世纪以来，世界各国普遍重视绿色建筑的研究，许多国家和组织都在绿色建筑方面制定了相关政策和评价体系，有的已着手研究编制可持续建筑标准。由于世界各国经济发展水平、地理位置和人均资源等条件不同，对绿色建筑的研究与理解也存在差异。

10余年前，我国政府从基本国情出发，从人与自然和谐发展、节约能源、有效利用资源和保护环境的角度，提出发展“节能省地型住宅和公共建筑”，主要内容是节能、节地、节水、节材与环境保护，注重以人为本，强调可持续。从这个意义上讲，节能省地型住宅和公共建筑与绿色建筑、可持续建筑提法不同，内涵相通，具有某种一致性，是具有中国特色的绿色建筑和可持续发展建筑理念。

我国资源总量和人均资源量都严重不足，同时我国的消费增长速度惊人，在资源利用效率上也远低于发达国家。我国正处于工业化、城镇化加速发展时期，中国现有建筑总面积400多亿平方米（截至2006年），预计到2020年还将新增建筑面积约300亿平方米。在我国发展绿色建筑，是一项意义重大而十分迫切的任务。我国各地区在气候、地理环境、自然资源、经济社会发展水平与民俗文化等方面都存在巨大差异，借鉴国际先进经验，建立一套适合我国国情的绿色建筑评价标准，反映建筑领域可持续发展理念，对积极引导大力发展绿色建筑，具有十分重要的意义。

为贯彻落实《国务院关于做好建设节约型社会近期重点工作的通知》（国发〔2005〕21号）及《建设部关于建设领域资源节约今明两年重点工作的安排意见》（建科〔2005〕98号）中完善资源节约标准的要求，根据原建设部的统一部署和工作安排，原建设部标准定额司组织开展了《绿色建筑评价标准》（发布后编号为GB/T 50378—2006）的编制工作（建标标函〔2005〕63号）。

2.2 编制工作

2.2.1 标准编写

标准编制组成立暨第一次工作会议，由原建设部标准定额司主持，于2005年8月11～12日在北京召开。原建设部标准定额司杨榕副司长、原建设部科学技术司柴文忠处长、原建设部标准定额司杨瑾峰处长、中国建筑科学研究院袁振隆副院长参加会议并做了讲话。与会代表和编制组成员共同就标准的编制原则和指导思想、编制大纲、编制工作分工、编制进度计划等，进行了研究和讨论，达成了初步意见。

会上，杨榕副司长就编制该标准的背景、目的、意义、原则和指导思想等方面做了全面介绍并提出了明确的要求，对有关单位积极筹备和参加该标准的编制工作给予了充分肯定。特别强调：编制该标准要突出当前政策要求，反映建筑领域可持续发展理念，借鉴国际先进经验并结合我国国情，积极引导大力发展绿色建筑。这项工作时间紧、任务重、难度大，希望各编制单位大力支持，密切配合，充分发挥专业优势和人才优势，积极为编制组创造条件，保证该标准的编制工作按计划完成。同时，要求标准编制组按照会议确定的工作安排，广泛调研、集思广益、团结协作，保质保量地完成标准编制任务。

标准编制组第二次工作会议于 2005 年 9 月 6 日在北京召开，中国建筑科学研究院、上海市建筑科学研究院及各参编单位参加。会议内容为集中讨论、修改初稿。原建设部标准定额司杨榕副司长、杨瑾峰处长、原建设部科学技术司柴文忠处长到会指导并做了讲话。为便于全面了解标准编制进度和工作进展，编制组编写了工作简报，及时交流意见和信息。

第二次工作会议后，标准编制组多次召开工作会议，对标准初稿进行了反复讨论、修改。9 月 13 日，北京和天津的编制组成员参加了工作会议。会议主要针对前四章内容进行讨论、修改，重点审核并适当减少了控制项；上海市建筑科学研究院通过电话和邮件方式同各参编单位就第五章的修改进行了交流。9 月 20 日，中国建筑科学研究院编制组成员召开工作会议，按照原建设部标准定额司和科学技术司合议的修改意见，主要就绿色建筑等级的确定原则和方法、过程控制等内容进行讨论、修改，并对标准初稿第四章部分项目做了调整；上海市建筑科学研究院借助通信方式同各参编单位就标准初稿第五章的修改进行了交流。10 月 8 日，北京和天津的编制组成员参加了工作会议。会议重点对标准的住宅部分进行了讨论、修改。在此期间，上海市建筑科学研究院同中国建筑科学研究院进行了多次电话交流，并根据统一格式要求完成了公共建筑部分的修改。

2005 年 10 月 10 日、11 月 1 日，中国建筑科学研究院、上海市建筑科学研究院分别在北京、上海组织召开《绿色建筑评价标准》研讨会。会议内容为集中研讨、修改标准初稿。两次会议各邀请了 9 位专家对标准编制工作进行指导，并提出修改意见和建议。原建设部标准定额司梁锋参加会议。

10 月 17 日，原建设部标准定额司发函（建标标函〔2005〕88 号）对标准征求意见稿征求意见，并在原建设部网站发布。标准征求意见稿发出后，引起了社会广泛关注。通过各种渠道反馈的意见和建议经编制组汇总、整理后共有 400 多条。

编制组对征求来的意见进行了认真研究、逐一处理，召开了讨论会，并相应修改了征求意见稿，形成了送审稿初稿，并于 2005 年 11 月 28 日在北京召开标准送审稿初稿讨论会，中国建筑科学研究院、上海市建筑科学研究院及各参编单位参加。会议内容为集中讨论、修改送审稿初稿，形成送审稿。原建设部标准定额司杨瑾峰处长到会指导并做了讲话。

标准送审稿审查会于 2006 年 1 月 9 日在北京召开。原建设部标准定额司杨榕副司长、杨瑾峰处长、原建设部科学技术司柴文忠处长、中国建筑科学研究院袁振隆副院长到会并做了讲话。会议成立了由金德钧为主任委员、赵冠谦、李娥飞、童悦仲、郝力、吴晟、龙惟定、同继锋、陈音、车伍为委员的专家审查委员会。编制组成员也参加了会议。审查委员会在听取了编制组关于标准送审稿编制过程、主要内容、重点审查内容的汇报后，对标准送审稿进行了逐章、逐条的审查，经过认真讨论，提出了审查意见。

审查会后，编制组根据审查会的审查意见，经讨论、修改形成报批稿。

2.2.2 项目试评

1. 住宅小区试评

2005年10月25日，中国建筑科学研究院在北京组织召开《绿色建筑评价标准》（住宅部分）试评会。会议内容为介绍住宅区项目情况，对所介绍项目按标准征求意见稿进行试评。会上，住宅区开发单位代表还对标准征求意见稿提出了修改意见和建议。原建设部标准定额司杨榕副司长到会并讲话。试评主要结论认为标准中的控制项、一般项及优选项把握尺寸基本可行。

2. 公共建筑试评

2005年10月31日前，上海市建筑科学研究院会同深圳市建筑科学研究院开展标准的公建部分试评工作，对分布在上海、北京、深圳的宾馆、商厦、综合写字楼、公寓等共6幢公建进行了试评。试评过程和结果表明：在对控制项、一般项和优选项尺度上基本可行，但也发现有些条文的操作性仍值得进一步改进和提高，条文数量的设置上也可有所微调。

2.2.3 专题研究

专题研究包括：

（1）因地制宜——绿色建筑的灵魂

（2）绿色建筑的设计策划

（3）中国国情下的绿色建筑评估体系研究

（4）夏热冬暖地区居住建筑节能设计实践——以深圳市振业城为例

（5）绿色施工研究方向

（6）地下空间中暖通空调技术应用及节能措施

（7）绿色住宅空气品质的通风换气技术

（8）绿色住宅建筑中智能技术应用

（9）三维仿真技术在绿色建筑评价中的应用

研究成果后集结成书，《绿色建筑在中国的实践：评价、示例、技术》由中国建筑工业出版社于2007年出版。该书不仅配合了GB/T 50378—2006宣传、培训、实施工作的开展，也指导了我国绿色建筑的建设、使用与维护。

2.3 主要技术内容

GB/T 50378—2006的主要内容有：总则、术语、基本规定、住宅建筑、公共建筑。分章详述如下。

2.3.1 总则

第1章“总则”规定了制定标准的目的、本标准适用范围、评价的基本原则、与相关法律、行政法规及技术相关标准规范的关系。

GB/T 50378—2006用于评价住宅建筑和公共建筑中的办公建筑、商场建筑、旅馆建筑。考虑到我国目前建设市场的情况，侧重评价总量大的住宅建筑和公共建筑中消耗能源资源较多的办公建筑、商场建筑、旅馆建筑。其他建筑的评价可参考本标准。

评价绿色建筑时，应统筹考虑建筑全寿命周期内，节能、节地、节水、节材、保护环境、满足建筑功能之间的辩证关系。应依据因地制宜的原则，结合建筑所在地域的气候、资源、自然环境、经济、文化等特点进行评价。

绿色建筑的评价除应符合本标准外，尚应符合国家的法律法规和相关标准的要求，体现经济效益、社会效益和环境效益的统一。

符合国家的法律法规与相关标准的要求是参与绿色建筑评价的前提条件。GB/T 50378—2006 未全部涵盖通常建筑物所应有的功能和性能要求，而是着重评价与绿色建筑性能相关的内容。

2.3.2 术语

第 2 章“术语”规定了标准中较为重要和常用的术语：绿色建筑、热岛强度、可再生能源、非传统水源、可再循环材料、可再利用材料。

2.3.3 基本规定

第 3 章“基本规定”分 2 节对绿色建筑评价的基本要求和绿色建筑的等级划分要求做出了规定。

第 3.1 节规定了绿色建筑评价的对象、评价的时机、评价需要做的工作和提交的资料及过程控制文档。绿色建筑的评价以建筑群或建筑单体为对象。评价单栋建筑时，凡涉及室外环境的指标，以该栋建筑所处环境的评价结果为准。对新建、扩建与改建的住宅建筑或公共建筑的评价，应在其投入使用一年后进行。申请评价方应进行建筑全寿命周期的技术和经济分析，合理确定建筑规模，选用适当的建筑技术、设备和材料，并提交相应分析报告。申请评价方应按本标准的有关要求，对规划、设计与施工阶段进行过程控制，并提交相关文档。

第 3.2 节规定了评价指标体系、绿色建筑等级划分的要求。绿色建筑评价指标体系由节地与室外环境、节能与能源利用、节水与水资源利用、节材与材料资源利用、室内环境质量和运营管理六类指标组成。每类指标包括控制项、一般项与优选项。绿色建筑应满足本标准第 4 章住宅建筑或第 5 章公共建筑中所有控制项的要求，并按满足一般项数和优选项数的程度，划分为三个等级。当本标准中某条文不适应建筑所在地区、气候与建筑类型等条件时，该条文可不参与评价，参评的总项数相应减少，等级划分时对项数的要求可按原比例调整确定。

2.3.4 住宅建筑

第 4 章“住宅建筑”主要就住宅建筑提出绿色建筑的要求，针对住宅建筑的控制项、一般项和优选项共有 76 项，其中控制项 27 项、一般项 40 项、优选项 9 项（表 2-1）。内容按六大指标编排，分为 6 节：

（1）第 4.1 节“节地与室外环境”

控制项规定了对环境保护、场地选址、规划、人均用地指标、日照采光和通风、绿化、绿植、污染源及施工环保等的要求。

一般项规定了住区公共服务设施并与周边地区共享，充分利用尚可使用的旧建筑，住区环境噪声，住区室外日平均热岛强度，住区风环境，因地制宜的种植与绿化，充分利用公共交通网络，硬质铺地采用透水地面等要求。

优选项规定了合理开发利用地下空间，合理选用废弃场地进行建设的要求。

（2）第 4.2 节“节能与能源利用”

控制项规定了应遵循国家强制性的节能标准，以及系统设备的性能要求和室温调节与热计量要求。

一般项规定了建筑布局的节能要求，设备、系统和照明的节能要求，能量回收及可再生能源的要求。

优选项规定了高标准节能要求和对可再生能源使用的更高要求。

（3）第 4.3 节“节水与水资源利用”

控制项规定了制定水系统规划的要求，节水措施、节水器具的使用要求，景观水体不能使用市政水源和非传统水源的安全使用要求。

一般项规定了雨水利用、非传统水源使用的要求，杂用水的用途要求，以及节水灌溉要求。

优选项规定了更高要求的非传统水源利用率。

（4）第 4.4 节“节材与材料资源利用”

控制项要求建材有害物质含量满足国家标准要求，规定了装饰性构件的使用限制。

一般项规定了材料的运输距离，预拌混凝土、高性能建材、可再循环、可再利用材料的使用，以及土建装修一体化的要求。

优选项规定了对节约资源的结构体系的要求和更高的可再利用材料使用率的要求。

（5）第 4.5 节“室内环境质量”

控制项规定了对建筑室内日照、采光、通风和噪声，以及室内空气污染物浓度的要求。

一般项规定了建筑开窗、视野的要求，室内热环境、风环境、光环境和室内空气质量的要求。

优选项规定了改善室内空气质量的功能性材料的使用要求。

（6）第 4.6 节“运营管理”

控制项规定了实施计量收费和节约资源的物业管理，以及垃圾分类的管理要求。

一般项规定了对物业智能化系统、环境友好型管理、绿化无公害管理、垃圾分类管理等的要求。

优选项规定了生物降解有机垃圾的要求。

2.3.5 公共建筑

第 5 章“公共建筑”主要就公共建筑提出绿色建筑的要求，针对公共建筑的控制项、一般项和优选项共有 83 项，其中控制项 26 项、一般项 43 项、优选项 14 项（表 2-1）。内容按六大指标编排，分为 6 节：

（1）第 5.1 节“节地与室外环境”

控制项规定了对环境保护、场地选址、规划、日照、光污染、污染源及施工环保等的要求。

一般项规定了住区环境噪声、风环境、因地制宜的种植与绿化、充分利用公共交通网络、合理开发利用地下空间等要求。

优选项规定了合理选用废弃场地进行建设、充分利用尚可使用的旧建筑、采用透水地面的要求。

（2）第 5.2 节“节能与能源利用”

控制项规定了应遵循国家强制性的节能标准，以及系统设备的性能要求和节能照明与能耗计量的要求。

一般项规定了建筑布局的节能要求，建筑开窗及窗户气密性的要求，设备、系统的节能要求，余热利用与能量回收的要求，能耗计量的要求。

优选项规定了高标准节能要求、提高能源利用率和对可再生能源使用的要求，以及更高照明节能的要求。

（3）第 5.3 节“节水与水资源利用”

控制项规定了制定水系统规划的要求，节水措施、节水器具的使用要求和非传统水源的安全使用要求。

一般项规定了雨水利用、非传统水源使用的要求，杂用水的用途要求，节水灌溉以及用水计量的要求。

优选项规定了更高要求的非传统水源利用率。

（4）第 5.4 节“节材与材料资源利用”

控制项要求建材有害物质含量满足国家标准要求，规定了装饰性构件的使用限制。

一般项规定了材料的运输距离，预拌混凝土、高性能建材、可再循环、可再利用材料的使用，以及土建装修一体化的要求。

优选项规定了对节约资源的结构体系的要求和更高的可再利用材料使用率的要求。

（5）第 5.5 节“室内环境质量”

控制项规定了对建筑室内环境温度、湿度、风速、新风量的要求，以及室内空气污染物浓度的要求。

一般项规定了自然通风、室温调控、隔声、噪声、采光的要求，以及无障碍设施的要求。

优选项规定了改善室内热环境、改善室内空气质量和自然采光效果的要求。

（6）第 5.6 节“运营管理”

控制项规定了实施节约资源的物业管理、不排放废气废水以及垃圾分类的管理要求。

一般项规定了对物业智能化系统、环境友好型管理、空调清洗、垃圾分类管理、实施计量收费等的要求。

优选项规定了实施资源管理激励机制的要求。

GB/T 50378—2006 评价技术条文数目明细 **表 2-1**

	第 4 章“住宅建筑”				第 5 章“公共建筑”			
	控制项	一般项	优选项	小计	控制项	一般项	优选项	小计
节地与室外环境	8	8	2	18	5	6	3	14
节能与能源利用	3	6	2	11	5	10	4	19
节水与水资源利用	5	6	1	12	5	6	1	12

续表

	第4章“住宅建筑”				第5章“公共建筑”			
	控制项	一般项	优选项	小计	控制项	一般项	优选项	小计
节材与材料资源利用	2	7	2	11	2	8	2	12
室内环境质量	5	6	1	12	6	6	3	15
运营管理	4	7	1	12	3	7	1	11
共计	27	40	9	76	26	43	14	83

2.4 关键技术及创新

GB/T 50378—2006是我国批准发布的第一部有关绿色建筑的国家标准。是编制组借鉴国际先进经验，结合我国国情，总结近年来国内外绿色建筑的实践经验和研究成果，所制定的第一部多目标、多层次的绿色建筑综合评价标准。

GB/T 50378—2006从我国的基本国情出发，从人与自然和谐发展，节约能源，有效利用资源和保护环境的角度，提出绿色建筑的定义。绿色建筑是指在建筑的全寿命周期内，最大限度地节约资源（节能、节地、节水、节材）、保护环境和减少污染，为人们提供健康、适用和高效的使用空间，与自然和谐共生的建筑。

GB/T 50378—2006根据我国的国情，重点突出了绿色建筑的节能、节地、节水、节材与环境保护的要求。强调绿色建筑贯彻国家技术经济政策，建设资源节约型、环境友好型社会，推进建筑领域的可持续发展的重要意义。

GB/T 50378—2006还强调了对建筑全寿命周期的过程控制，对绿色建筑项目的评价，既需要在设计、施工过程中作好过程控制，也需要经过全年运行后的现场实测进行评估，在标准中对选址、规划、设计、施工、运营都提出了各阶段的要求，对过程中的相关文档也提出了要求。

GB/T 50378—2006还强调了因地制宜的原则。由于我国幅员辽阔，各地区在气候、地理环境、自然资源、经济社会发展水平与民俗文化等方面都存在巨大差异，评价绿色建筑时，应注重地域性，因地制宜、实事求是，充分考虑建筑所在地域的气候、资源、自然环境、经济、文化等特点。当标准中某条文不适应建筑所在地区、气候与建筑类型等条件时，该条文可不参与评价，这时对项数的要求可按原比例调整。

GB/T 50378—2006的专家审查委员会一致认为：GB/T 50378—2006充分反映了我国绿色建筑发展的现状和需求，集中规定了绿色建筑的基本要求，提出了发展方向，结构完整，内容充实。GB/T 50378—2006突出了绿色建筑的节能、节地、节水、节材与环境保护的要求。GB/T 50378—2006的实施对贯彻国家技术经济政策，建设资源节约型、环境友好型社会，大力发展节能省地型住宅和公共建筑，推进建筑领域的可持续发展具有重要意义。GB/T 50378—2006达到国内领先水平。

2.5 实施应用

2006年5月，原建设部组织召开了GB/T 50378—2006的发布宣贯会和师资培训会。

原建设部黄卫副部长出席会议并讲话，指出 GB/T 50378—2006 的批准发布，是贯彻落实科学发展观、落实中央关于建设资源节约型、环境友好型社会、大力发展节能省地型住宅的一项重要举措。

GB/T 50378—2006 是我国批准发布的第一部有关绿色建筑的国家标准。自 2006 年 3 月公布后，在绿色建筑评价标识项目、全国绿色建筑创新奖、绿色建筑示范工程等的评审相关工作中得到了广泛应用，越来越多的专业人士使用 GB/T 50378—2006 进行绿色建筑的建设。包括：

（1）我国绿色建筑评价标识项目的评审和认定：截至 2013 年底，GB/T 50378—2006 累计评价绿色建筑评价标识项目 1446 个，总建筑面积超过 16721 万 m^2。

（2）全国绿色建筑创新奖的评审：截至 2012 年，已开展三届全国绿色建筑创新奖评审，共计 69 个项目获奖。

（3）绿色建筑示范工程的立项、实施和验收：仅在“十一五”期间实施绿色建筑示范工程 217 个项目，总建筑面积超过 4000 万 m^2。

（4）国家和地方各类绿色建筑评价标准、技术细则，以及政府部门、行业组织、企事业单位在绿色建筑相关标准规范、技术和管理文件的参考。

（5）绿色建筑项目的策划、设计、建设和管理。

（6）我国在绿色建筑领域的国际交流。

GB/T 50378—2006 的发布实施，标志着我国绿色建筑的发展步入了一个健康、有序发展的阶段。GB/T 50378—2006 的适时制定和有效实施，有力指导和保障了我国绿色建筑评价和绿色建筑标识推广工作，对合理评定绿色建筑性能、有效保证绿色建筑品质、规范和引导我国绿色建筑健康发展具有重要作用，对于住房和城乡建设领域深入贯彻落实科学发展观、切实转变城乡建设模式和建筑业发展方式、提高资源利用效率、实现节能减排约束性目标、积极应对全球气候变化、建设资源节约型、环境友好型社会、提高生态文明水平、改善人民生活质量等均起到了重要作用。

GB/T 50378—2006 的编制，也奠定了中国建筑科学研究院在国内绿色建筑领域的领先地位，以此为契机，充分发挥中国建筑科学研究院专业齐全的综合优势，中国建筑科学研究院建筑设计院和上海分院开始承担了大量绿色建筑设计、咨询和科研工作，两年时间签订合同额近 1700 万元。在“十一五”科研课题的申报工作中，以 GB/T 50378—2006 研究成果为基础，成功申请到了“十一五”国家科技支撑计划重点项目——“绿色建筑设计与施工的标准规范研究”课题，研究内容包括绿色建筑标准规范体系研究和绿色建筑设计、施工及验收相关标准规范研究。另外也申请到美国能源基金和科技部中意绿色建筑相关科研课题。科研课题经费达 700 多万元。

GB/T 50378—2006 于 2009 年获得华夏建设科学技术奖三等奖，以及中国建筑科学研究院科技进步奖一等奖。

此外，为配合 GB/T 50378—2006 宣传、培训、实施工作的开展，总结近年来我国绿色建筑的实践经验和研究成果，指导绿色建筑的建设、使用与维护，中国建筑科学研究院还组织有关专家编写了《绿色建筑在中国的实践：评价、示例、技术》一书。该书主要包括标准解读、绿色建筑示例、绿色建筑专题论述三方面内容，全书共 55 万字。

2.6 编制团队

2.6.1 编制组成员

参加 GB/T 50378—2006 编制工作的单位有中国建筑科学研究院、上海市建筑科学研究院、中国城市规划设计研究院、清华大学、中国建筑工程总公司、中国建筑材料科学研究院、国家给水排水工程技术中心、深圳市建筑科学研究院、城市建设研究院等 9 家单位。

GB/T 50378—2006 编制组由来自前述单位的 26 位专家组成：王有为、韩继红、曾捷、杨建荣、方天培、汪维、王静霞、秦佑国、毛志兵、马眷荣、陈立、叶青、徐文龙、林海燕、郎四维、程志军、安宇、张蓓红、范宏武、王玮华、林波荣、赵平、于震平、郭兴芳、涂英时、刘景立。

2.6.2 主编人

王有为，研究员，中国城市科学研究会绿色建筑与节能专业委员会主任，中国建筑科学研究院顾问总工程师。1998 年获国务院政府特殊津贴，北京市人民政府专家顾问团顾问，住房和城乡建设部科学技术委员会委员，住房和城乡建设部绿色建筑评价标识专家委员会主任委员。

2.7 延伸阅读

[1] 中国建筑科学研究院编. 绿色建筑在中国的实践：评价、示例、技术. 北京：中国建筑工业出版社，2007.
[2] 王有为.《绿色建筑评价标准》要点. 建设科技，2006，(7)：194-17.
[3] 曾捷. 绿色建筑的设计策划. 建筑科学，2006，22 (5A)：7-11.
[4] 王有为，孙大明，苑麒，陈岱林，田慧峰. 绿色建筑辅助设计与评价软件. 建筑科学，2007，23 (2)：1-4.
[5] 王有为. 因地制宜——绿色建筑的灵魂. 中华建筑报，2007-6-16.

3 绿色建筑评价标准 GB/T 50378—2014

3.1 编制背景

3.1.1 背景情况

“十一五”以来，我国绿色建筑工作取得明显成效。“建筑节能与绿色建筑”是《国家中长期科学和技术发展规划纲要（2006—2020 年）》“城镇化与城市发展”重点领域中的优先主题之一；而且，我国《国民经济和社会发展第十二个五年规划纲要》第九章第一节明确提出“建筑业要推广绿色建筑、绿色施工”。绿色建筑不仅受到了更高层面的关注和要求，也面临着更大规模的社会推广和市场发展。

绿色建筑评价工作既是绿色建筑性能的衡量尺度，也是绿色建筑品质的保证手段。国家科技部《“十二五”绿色建筑科技发展专项规划》在“绿色建筑技术综合评价与服务体系”方向中专门将“绿色建筑技术综合评价标准体系研究”列为重点任务。绿色建筑的发展与推广，离不开绿色建筑评价标准的引导和约束。

《绿色建筑评价标准》GB/T 50378—2006 是总结我国绿色建筑方面的实践经验和研究成果，借鉴国际先进经验制定的第一部多目标、多层次的绿色建筑综合评价标准。自 2006 年发布实施以来，有效指导了我国绿色建筑实践工作，累计评价绿色建筑标识项目数百个（截至标准修订计划下达的 2011 年），并已成为我国各级、各类绿色建筑标准研究和编制的重要基础。

但随着绿色建筑各项工作的逐步推进，绿色建筑的内涵和外延不断丰富，各行业、各地方、各类别建筑践行绿色理念的需求不断提出，《绿色建筑评价标准》GB/T 50378—2006 已不能完全适应现阶段绿色建筑实践及评价工作的需要，住房和城乡建设部将该标准修订列入《2011 年工程建设标准规范制订、修订计划》（建标〔2011〕17 号）。

3.1.2 工作基础

GB/T 50378—2006 修订工作启动前后，有关单位还共同开展和完成了一系列课题研究，形成了支撑标准修订的良好工作基础，具体包括：

（1）“绿色建筑实施效果调研与评估”

在住房和城乡建设部建筑节能与科技司“可再生能源建筑应用”专项工作的支持下，中国城市科学研究会、中国建筑科学研究院、深圳市建筑科学研究院于 2011 年共同完成了“绿色建筑实施效果调研与评估”课题（图 3-1）。课题以 2008—2010 年三年间全国范围内所有的 113 个绿色建筑标识项目为研究对象，采用广泛调研、数理统计、案例分析、现场调研等方法，分析总结了近年来我国绿色建筑标识项目的现状特点、成功经验、不足问题和研究成果，同时也形成对我国绿色建筑标识发展推广、技术应用、政策扶持、项目运作、标准修订等方面的建议。

(2)“绿色建筑标准体系与不同气候区不同类型建筑重点标准规范研究”

科技部、住房和城乡建设部于 2011 年组织了国家科技支撑计划项目“绿色建筑评价体系与标准规范技术研发”，并于 2012 年启动实施（图 3-2）。项目设课题“绿色建筑标准体系与不同气候区不同类型建筑重点标准规范研究”，旨在初步建立结构优、层次清、分类明、针对性强的绿色建筑标准规范体系，保证和提高我国绿色建筑标准制修订工作的科学性、前瞻性和计划性，以及绿色建筑标准的实施效果，为推广绿色建筑提供重要的技术支撑和保障。课题由中国建筑科学研究院承担，住房和城乡建设部标准定额研究所、中国城市科学研究会、北方工业大学参加。编制《绿色建筑评价标准》(修订)，是课题主要的研究任务和考核指标之一。该课题于 2016 年 4 月通过验收。

图 3-1 “绿色建筑实施效果调研与评估”项目通过专家验收

图 3-2 国家科技支撑计划项目“绿色建筑评价体系与标准规范技术研发”启动

(3)“绿色建筑评价技术细则与标识管理办法研究”

“绿色建筑评价技术细则与标识管理办法研究”为住房和城乡建设部 2013 年立项的住房和城乡建设部科学技术计划（建科〔2013〕103 号）软科学研究项目科学技术项目（编号 2013-R1-24）。立项背景为，我国的绿色建筑评价工作经过多年的发展和推广后，也面临着一系列新的形势，绿色建筑评价技术和管理文件也需要适应当前工作和形势需要。为了进一步明确绿色建筑评价技术原则和评判依据，规范绿色建筑的评价工作，该项目将编制绿色建筑评价技术细则等支撑和配合标准实施的技术文件。项目由中国建筑科学研究院承担，于 2015 年通过住房和城乡建设部建筑节能与科技司组织的验收。

3.2 编制工作

3.2.1 调查研究

首先，标准主编单位和修订组开展了大量前期调研，总结 GB/T 50378—2006 的实施情况和实践经验，并分析国外相关标准的成熟经验和发展趋势，作为标准修订的参考借鉴。包括：

(1) 调研 GB/T 50378—2006 的评价方法与条文应用情况

统计分析 GB/T 50378—2006 的 115 条一般项和优选项条文在其所评价的 57 个绿色建

筑标准项目中的参评和达标情况；对比分析 GB/T 50378—2006 与《建筑工程绿色施工评价标准》GB/T 50640—2010、国家标准《绿色工业建筑评价标准》（征求意见稿）、国家标准《绿色办公建筑评价标准》（征求意见稿）、中国绿建委标准《绿色医院建筑评价标准》CSUS/GBC 2—2011 等 4 部同类标准和北京、天津、河北、陕西、上海、江苏、浙江、湖北、湖南、重庆、福建、广东、广西等 13 省市自治区的绿色建筑评价地方标准（或细则）的异同和特点。

（2）调研对标准 2006 年版的修订意见建议

具体采取了三种形式：于 2011 年 9 月起面向社会公开征集对于 GB/T 50378—2006 的修订意见和建议，征集得到修订意见建议 7 份 48 条；在“中国知网”以“绿色建筑评价标准”为主题词检索科技文献，收集整理对于《绿色建筑评价标准》的修订意见和建议，共检索科技文献 15 篇整理，得到修订意见建议 77 条；收集整理中国城市科学研究会绿色建筑评审专家委员会于 2009 年至 2011 年在绿色建筑标识评审工作中所提出的评审意见。

（3）调研国外新发布实施的绿色建筑评估体系，包括美国 LEED（更新 v4 版）、英国 BREEAM（新发布 2011 年版）、日本 CASBEE、德国 DGNB 等，重点分析其评价指标和评价方法。

3.2.2　基础性研究

开展通用性、基础性研究，确定标准修订目标、基本原则、技术框架和编写体例，作为开展标准修订具体工作的纲领。

（1）提出标准修订目标

运用逻辑框架法（logical framework approach，LFA）进行标准的利益相关者分析、问题分析、目标分析、对策分析，确定扩展评价对象、覆盖建筑工程主要阶段、注重量化评价、鼓励提高和创新等标准修订目标，制订具体对策措施（图 3-3）。

利益相关者分析	问题分析	目标分析	对策分析
主管部门 评价机构 申报单位 ……	对于多类建筑不适用	评价对象扩展至各类民用建筑	1.合并相关条文； 2.补充新条文或新内容
	全生命期评价理念体现不够	评价内容覆盖建筑工程各阶段	增加“施工管理”章
	评价结果存在一定主观性	各条文量化评价（控制项除外）	1.将原一般项和优选项合并为评分项并赋分； 2.各评价条文尽量采用定量指标
	当前先进技术难获肯定	考虑先进技术，并对提高创新予以加分	1.补充新条文或指标； 2.增加“提高与创新”章设置加分项

图 3-3　标准修订目标等分析

（2）细化量化评价方式

在各评价技术内容层面，考虑到技术基础现状和可操作性，确定定量和定性评价相结合的原则；在评价结果层面，确定对各评价条文评分、并计算总分来表示绿色建筑评价结果。此外，研判评价技术内容完全适用于所有参评建筑的可能性，对于特定评价技术内容不适用于特定建筑（即不参评）的客观实际，提出用参评内容的实际得分除以参评内容的实际满分的得分率作为折算得分的处理方式。

（3）完成评价指标体系框架顶层设计

确定坚持中国特色的绿色建筑“四节一环保”核心内容暨评价指标大类；在此基础上建立若干具体专业或方向，形成评价指标大类与具体评价指标（即条文）之间的中间层（即指标小类），明晰评价指标体系划分逻辑。此外，将控制项、评分项、加分项的属性嵌入评价指标体系中。详见本书第3.3节。

（4）确定评价层次和技术依据

梳理有关法规规章和技术标准（工程建设标准和产品标准），提出GB/T 50378—2014中相关评价技术内容与这些标准要求的合理衔接和/或提升的方法，包括：引用标准强制性条文作为各类控制项要求，保证绿色建筑基本性能；引用推荐性标准内容或在此基础上进一步提高要求作为评分项内容（还包括加分项），引导绿色建筑性能的进一步提升。

（5）规定评价技术条文和条文说明的编写体例

对于GB/T 50378—2014中评分项和加分项的评价技术条文正文，规定了“原则＋分值＋规则”三部分内容的体例，规则部分又统一设定了单一式、递进式、并列式、总分式等4类评价计分方式（图3-4），形成系统的分值分配和累计规则；对于所有评价技术条文的条文说明，均要求按本条适用范围、条文意图释义、具体评价方式“三段式”编写，作为评价工作具体实施的支撑。

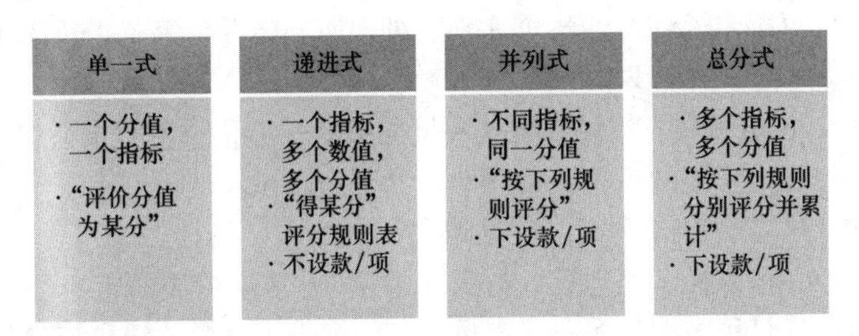

图3-4　GB/T 50378—2014中的4类评价计分方式

3.2.3　标准编写

在进行了大量前期调研工作的基础上，修订组于2011年9月召开成立暨第一次工作会（图3-5），标志着标准编制工作正式启动。住房和城乡建设部标准定额司和科技发展促进中心有关领导出席会议并讲话。会上，修订组成员初步确定了技术原则、人员分工、进度安排、工作方式等，最终形成了修订工作大纲与修订工作规则等文件。会议所确定的技术原则对于GB/T 50378—2014产生了深远影响，例如：扩展适用范围，覆盖民用建筑各主要类型，并兼具通用性和可操作性；明确设计评价与运行评价两个阶段，并在条文内容和评价方法上进行充分考虑。会议还确定了以专题小组和全体修订组结合的工作方式。

修订组于2012年1月召开第二次工作会。会议听取了主编单位所作的修订工作报告（2011年度）；确定了采用量化评价方式，对控制项以外的条文进行评分，且各类一级指标分别计分；并确定了在原有“四节一环保＋运行”六章的基础上增设“施工”章，进一

图 3-5　国家标准《绿色建筑评价标准》修订组成立会议合影

步体现全过程控制。

修订组于 2012 年 3 月召开第三次工作会。会议听取了各专题小组的各章条文初稿汇报；进一步确定了对评价条文赋分，并根据各类一级指标权重折算总得分率的评分方法，同时也要求各类一级指标的最低得分率。

2012 年 5 月，修订组就修订初稿召开“国家标准《绿色建筑评价标准》修订稿征求意见会”。会议邀请住房和城乡建设部标准定额司、建筑节能与科技司和科技发展促进中心有关领导，陈肇元、江亿、宋序彤、郎四维、袁镔、方天培、汪维、修龙、毛志兵、徐永模、张文才、杨仕超、赵锂、葛坚等 14 位业内知名专家对标准修订初稿提出了意见建议。

修订组于 2012 年 8 月召开第四次工作会。会议进一步明确了相关技术要求，布置了修订稿征求意见以及项目试评的相关工作。会后，标准修订稿于 2012 年 9 月起公开征求意见，截至当年 10 月 31 日共收到意见反馈 181 份，相关意见建议共计 1682 条。

修订组于 2012 年 12 月召开第五次工作会。会议听取了主编单位的标准修订稿征求意见、试评等近期工作情况报告，各专题工作小组也分别汇报了本章在征求意见和试评中遇到的重点问题。会议确定了综合性建筑评价定级、加分项设置等若干重点事项，并讨论确定了标准审查等下一步工作计划。

2013 年 3 月，住房和城乡建设部建筑环境与节能标准化技术委员会组织召开了《绿色建筑评价标准》修订送审稿的审查会（图 3-6）。住房和城乡建设部标准定额司和建筑节能与科技司有关领导出席会议并讲话。由吴德绳、刘加平、杨榕、李迅、窦以德、郎四维、赵锂、娄宇、汪维、徐永模、毛志兵、方天培等 12 位专家组成的审查委员会在听取《绿色建筑评价标准》修订稿主编林海燕研究员的工作报告，并对《绿色建筑评价标准》修订稿各章内容逐条讨论和审查之后，一致同意《绿色建筑评价标准》修订稿通过审查。

图 3-6　国家标准《绿色建筑评价标准》（修订稿）审查会议合影

修订组随即于审查会议次日召开第六次工作会。会议逐条研究确定了对于审查委员会专家提出的具体修改意见和建议的处理，并布置了修改标准修订稿、据此修改完善《绿色建筑评价技术细则》初稿、项目试评进行复核检验等工作。

修订组于 2013 年 7 月召开第七次工作会。会议布置了标准修订稿报批、英文版翻译等工作。会后，主编单位于当月将标准修订稿上报住房和城乡建设部。此后，历经住房和城乡建设部建筑环境与节能标准化技术委员会、标准定额研究所、标准定额司的审查和完善，国家标准《绿色建筑评价标准》于 2014 年 4 月 15 日由住房和城乡建设部、国家质检总局联合发布，编号为 GB/T 50378—2014。

修订组于 2014 年 4 月召开第八次工作会。会议通报了 GB/T 50378—2014 的发布公告，并讨论了 GB/T 50378—2014 英文稿、《绿色建筑评价技术细则》、GB/T 50378—2014 宣贯培训工作方案。会上，GB/T 50378—2014 主编林海燕研究员代表主编单位向修订组专家、秘书组成员、参加单位、试评工作人员和细则统稿人员致谢。会议也标志着 GB/T 50378—2014 编制工作的圆满完成（图 3-7）。

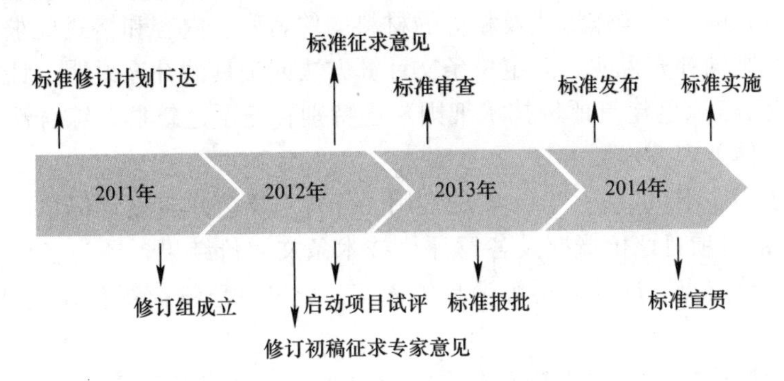

图 3-7　GB/T 50378—2014 编制主要工作及时间点

3.2.4　项目试评

在 GB/T 50378—2014 的征求意见稿开始公开征求意见的同时，中国建筑科学研究院上海分院、建筑设计院、深圳分院、天津分院、上海市建筑科学研究院（集团）有限公司、深圳市建筑科学研究院有限公司、北京清华城市规划设计研究院还据此开展了项目试评工作。项目数量初始为 28 个，后经增补达 75 个，均为依据 GB/T 50378—2006 通过评价的绿色建筑标识项目。试评项目的选择遍及全国，且充分考虑了不同热工分区、建筑类型、绿色建筑星级和标识类型，还纳入超高层、综合体等特殊类型的绿色建筑项目。

通过试评，得到各项目对标准各评价技术条文的评价结果、评价总得分及对应星级，进而分析标准各评价技术条文对于不同地区不同类型建筑的适用性、评价可操作性、技术指标合理性及项目达标率，以及绿色建筑星级的新老标准一致性。

在标准正式报批之前，还以 50 个参加试评项目按前述工作内容进行复核检验，进一步验证标准的可操作性和目标实现情况。

试评工作成果，不仅帮助合理确定了各星级绿色建筑得分要求和各类评价指标权重，还发现了评价技术条文在适用范围（包括建筑类型、评价阶段等）、具体评价方法、技术要求难度等方面存在的问题，对增强标准的可操作性和适用性，及技术指标的科学合理性和因地/用制宜性都起到了重要作用。

3.2.5　支撑技术文件编制和工具开发

（1）依据 GB/T 50378—2014，编制了与其配合使用的《绿色建筑评价技术细则》，为绿色建筑评价工作提供更为具体的技术指导。《绿色建筑评价技术细则》重点细化 GB/T 50378—2014 评价技术条文内容和评价工作要求，汇总相关标准规范的规定，总结评审时的文件要求、审查要点和注意事项等，梳理 GB/T 50378—2014 评价指标体系及分值。《绿色建筑评价技术细则》章节编排也与 GB/T 50378—2014 基本对应：第 1～3 章，对我国绿色建筑评价工作的基本原则、有关术语、评价对象、评价阶段、评价指标、评价方法以及评价文件要求等作了阐释；第 4～11 章，对 GB/T 50378—2014 评价技术条文逐条给出【条文说明扩展】和【具体评价方式】两项内容，【条文说明扩展】主要是对标准正文技术内容的细化以及相关标准规范的规定，原则上不重复 GB/T 50378—2014 条文说明内容，【具体评价方式】主要是对评价工作要求的细化，包括适用的评价阶段，条文说明中所列各点评价方式的具体操作形式及相应的材料文件名称、内容和格式要求等，对定性条文判定或评分原则的补充说明，对定量条文计算方法或工具的补充说明，评审时的审查要点和注意事项等。《绿色建筑评价技术细则》还特别补充了建筑群、综合性单体建筑计分等特殊情况的具体处理方式。

（2）为便于 GB/T 50378—2014 实施使用，开发《绿色建筑设计标识申报自评估报告（模板）》，不仅汇总项目评价概况及各章评价技术条文评价结果，还为各评价技术条文设定自评结果、评价要点、证明材料等项具体内容。此文件已被《绿色建筑评价技术细则》附带光盘收录。

（3）为便于快速折算各评价技术章得分及总得分，开发基于 Microsoft Excel 软件的“评价工具表”。此文件已被《绿色建筑评价技术细则》附带光盘收录。

（4）依据 GB/T 50378—2014 和《绿色建筑评价技术细则》，基于《绿色建筑设计标识申报自评估报告（模板）》、评价工具表等成果，进一步开发《绿色建筑评价软件》（计算机软件著作权登记号 2014SR176761）。软件采用 BIM 建模理念，基于 BIM 平台开发，实现了与上游建模、中游模拟、下游评审三方软件的数据衔接；内置的知识库、案例库、产品库等相关核心数据库，可为用户了解绿色建筑、查找同类项目信息、选取典型技术方案和配套产品提供有效信息支持。

（5）翻译 GB/T 50378—2014 英文版，即将由住房和城乡建设部、中国工程建设标准化协会组织中国计划出版社出版发行。

（6）中国建筑科学研究院从事绿色建筑相关工作的一批中青年技术骨干还在国家科技支撑计划课题“绿色建筑评价指标体系与综合评价方法研究”、北京市及朝阳区技术标准制（修）订专项补助资金的资助下，结合 GB/T 50378—2014 和《绿色建筑评价技术细则》编制过程中的研究成果，编著完成了《绿色建筑评价技术指南》一书。因为作为我国绿色建筑评价工作的主要依据和指导，标准及细则给出了绿色建筑评价的技术原则和评判规则，这是绿色建筑在规划设计和施工建造后以及运行管理中应达到的目标结果；而《绿色建筑评价技术指南》针对规划设计、施工建造、运行管理以及咨询服务从业人员，在绿色建筑的目标导向基础之上，再提供一些典型的技术路径和项目范例作为开展绿色建筑评价及实践工作的应用指引。该书诠释了 GB/T 50378—2014 条文的背景、相关规定和基础知识，并给出了相应的设计、施工、运行、检测评估指南和评价材料及示例，还分专业简述了 40 类绿色建筑新技术的原理、参数、特点、成熟度、标准要求、应用范围及注意事项、参考价格和工程案例，最后系统展示了 5 个绿色建筑项目的所用技术和评价得分。

3.3 主要技术内容

GB/T 50378—2014 共分 11 章，主要技术内容是：总则、术语、基本规定、节地与室外环境、节能与能源利用、节水与水资源利用、节材与材料资源利用、室内环境质量、施工管理、运营管理、提高与创新。其中第 4～11 章为评价技术章，共设评价技术条文 138 条（控制项 30 条、评分项 96 条、加分项 12 条）。如图 3-8 所示。

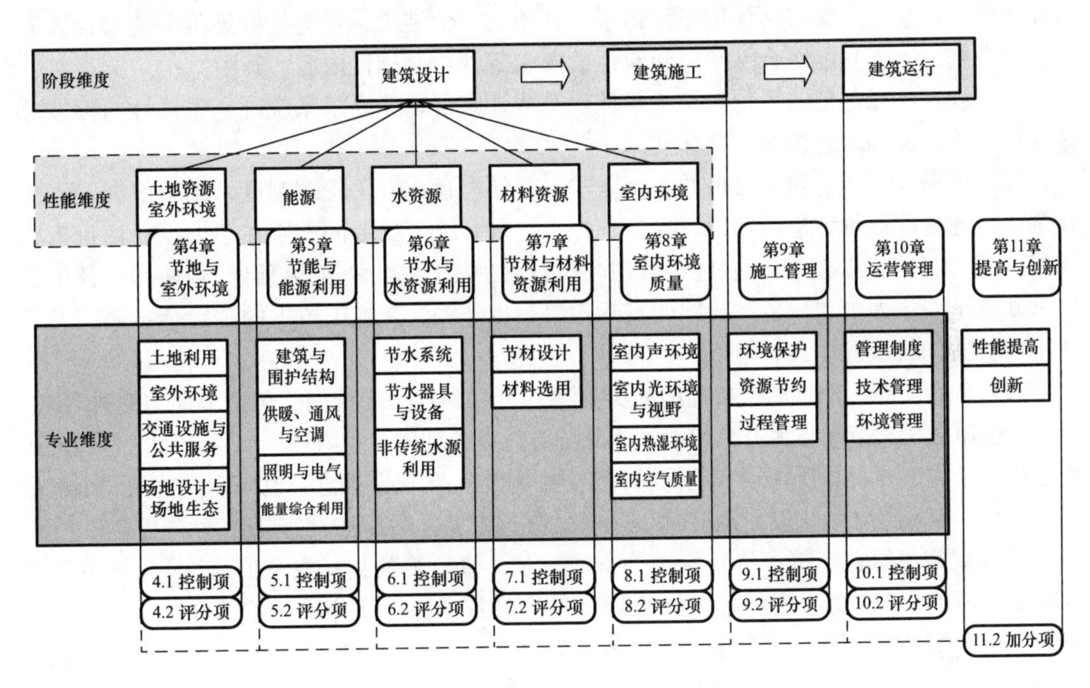

图 3-8 GB/T 50378—2014 章节框架暨评价指标体系

3.3.1 总则

第 1 章“总则”共 4 条，分别规定了标准制定目的、适用范围、绿色建筑评价原则、还应符合的其他标准规定。其中值得注意的是：

（1）标准适用范围（即适用建筑类型）：GB/T 50378—2006 编制时，考虑到我国当时建筑业市场情况，侧重于评价总量大的住宅建筑和公共建筑中能源及其他资源消耗较多的办公建筑、商场建筑、旅馆建筑。GB/T 50378—2014 则进一步将适用范围扩展至覆盖民用建筑各主要类型，并兼具通用性和可操作性，以适应现阶段绿色建筑实践及评价工作的需要。GB/T 50378 作为我国的第一部绿色建筑评价标准，应当发挥一种基础性的作用，通过对这些建筑类型统筹考虑，必将有助于各特定建筑类型的绿色建筑评价标准之间的协调，形成一个相对统一的绿色建筑评价体系。

（2）绿色建筑评价原则：所提原则基本与标准中对绿色建筑的定义一致，在此基础上突出强调了绿色建筑评价的“因地制宜”、“全寿命期”、“综合统筹”等原则。

3.3.2 术语

第2章"术语"，规定绿色建筑、热岛强度、年径流总量控制率、可再生能源、再生水、非传统水源、可再利用材料、可再循环材料的定义。

3.3.3 基本规定

第3章"基本规定"分2节共13条，规定了绿色建筑评价对象、评价阶段、申请评价方要求、评价机构要求、评价指标体系、各条文评价结果、各类指标评价分值与计算方法、等级划分、多功能综合性单体建筑评价要求等评价基础性内容。其中：

（1）规定了绿色建筑评价对象为单栋建筑或建筑群，并要求系统性、整体性指标按总体进行评价，强调绿色建筑的整体性。

（2）根据我国绿色建筑发展的实际需求，并结合目前有关管理制度，明确区分了绿色建筑评价的设计评价和运行评价，并分别提出时限要求。二者的差别在于，设计评价重在"绿色"措施和预期效果，不含施工管理和运营管理评价指标（但可预评）；而运行评价在此基础上进一步评价"绿色"措施的实际效果，也还关注其施工留下的"绿色足迹"及其运行维护中的科学管理。

（3）确定了绿色建筑评价指标的大类框架和分项属性。评价指标包括节地与室外环境、节能与能源利用、节水与水资源利用、节材与材料资源利用、室内环境质量、施工管理、运营管理等7大类指标，既体现我国绿色建筑的"四节一环保"理念，也体现评价的"全寿命期"原则；各大类指标均包括控制项和评分项，并另设加分项鼓励绿色建筑的性能提高和创新。

（4）规定了绿色建筑评价计算得分方法，及计算所需的指标权重值。"量化评价"是GB/T 50378—2014的一大特色，计算得分是先对各类指标评分项逐条评分并分别累计其实际得分，后以各类指标评分项实际得分除以其适用评分项总分值（即实际满分）得到该类指标的折算得分，最后对各类指标折算得分加权求和再累加上附加得分计算总得分。针对居住建筑和公共建筑的设计评价和运行评价，设置4套指标权重值。这都体现评价工作的"因地制宜"和"因用制宜"原则。

（5）规定绿色建筑等级及其确定方法。绿色建筑分一、二、三星级，等级确定采用"三重控制"方式：首先满足各类指标所有（参评）控制项的要求，其次每类指标的评分项得分（折算后）不低于40分，最后依据总得分确定星级（图3-9）。体现评价的"综合统筹"原则，防止绿色建筑性能的"短板效应"。

（6）提出了多功能综合性单体建筑（例如商住楼、城市综合体）的评价方案。首先明确评价对象应为单栋建筑或建筑群的前提，要求多功能综合性单体建筑也要整体参评；再要求各评价条文逐条对建筑适用区域评价（具体评分方式在各条体现）；最后仍按标准规定计算总得分（同时具有居住和公共功能的单体建筑，权重取二者平均值），体现评价的"综合统筹"原则。

3.3.4 节地与室外环境

第4章"节地与室外环境"分2节共19条，规定土地利用、室外环境、交通设施与公共服务、场地设计与场地生态方面的控制项和评分项内容，详见表3-1。

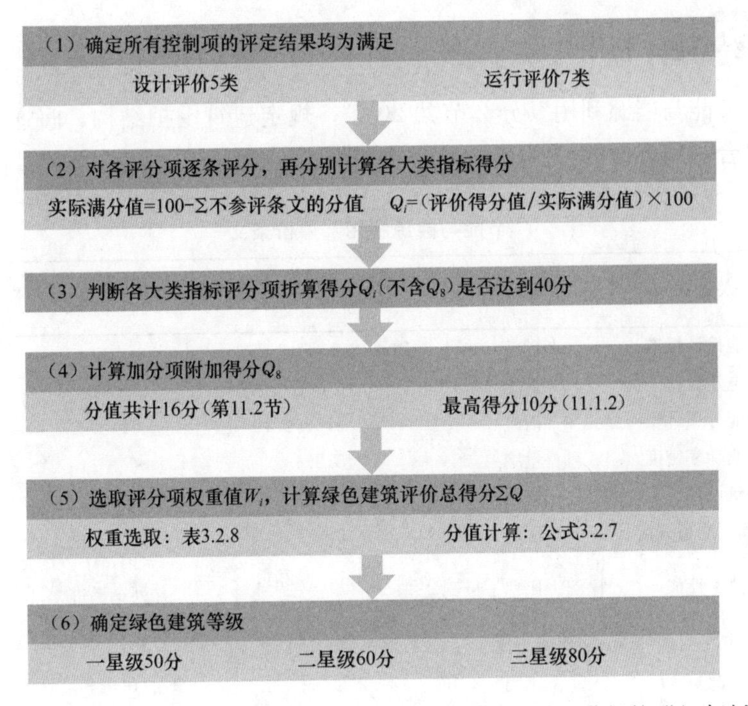

图 3-9　GB/T 50378—2014 规定的绿色建筑评价、计分、分级的“六步法”

“节地与室外环境”评价条文　　**表 3-1**

条文号	关键词	指标类型	GB/T 50378—2006 对应条文	计分方式	说明
4.1.1	选址合规	措施	4.1.1，5.1.1	—	
4.1.2	场地安全	效果	4.1.2，5.1.2	—	文字修改
4.1.3	污染源	措施	4.1.7，5.1.4	—	继续沿用
4.1.4	日照标准	量纲	4.1.4，5.1.3，4.5.1	—	
4.2.1	节约集约用地	量纲/比例	4.1.3	并列＋递进	区分建筑类型
4.2.2	绿化用地	比率＋量纲/比率＋措施	4.1.6	并列＋总分＋递进	区分建筑类型
4.2.3	地下空间	比例指标	4.1.17，5.1.11	并列＋递进	区分建筑类型
4.2.4	光污染	比率＋量纲	5.1.3	总分式	
4.2.5	环境噪声	量纲指标	4.1.11，5.1.6	单一	继续沿用
4.2.6	风环境	量纲＋比例＋效果	4.1.13，5.1.7	总分式	区分季节
4.2.7	降低热岛强度	比率	4.1.12	总分式	
4.2.8	公交设施	量纲＋措施	4.1.15，5.1.10	总分式	
4.2.9	人行道无障碍	措施	—	单一	新增
4.2.10	停车场所	措施	—	总分式	新增
4.2.11	公共服务设施	量纲＋措施	4.1.9	并列＋递进	区分建筑类型
4.2.12	生态保护补偿	措施	—	单一	新增
4.2.13	绿色雨水设施	比率＋措施	4.1.16，5.1.14	总分式	
4.2.14	场地径流总量	比率	4.3.6	递进式	
4.2.15	绿化方式与植物	措施＋量纲	4.1.5，5.1.9，4.1.14，5.1.8	总分式	区分建筑类型

注：“指标类型”中，措施、效果均为定性评价指标，比率、比例、量纲等均为定量评价指标。

3.3.5 节能与能源利用

第 5 章“节能与能源利用”分 2 节共 20 条，规定建筑围护结构、暖通空调、照明与电气、能量综合利用方面的控制项和评分项内容，详见表 3-2。

“节能与能源利用”评价条文　表 3-2

条文号	关键词	指标类型	GB/T 50378—2006 对应条文	计分方式	说明
5.1.1	节能设计标准	措施	4.2.1，5.2.1，4.2.3，5.2.8	—	
5.1.2	电热设备	措施	5.2.3	—	文字修改
5.1.3	用能分项计量	措施	5.2.5，5.2.15	—	限公建
5.1.4	照明功率密度	量纲	5.2.4	—	文字修改
5.2.1	建筑设计优化	措施	4.2.4，5.2.6	单一	文字修改
5.2.2	外窗幕墙可开启	比率	5.2.7	并列＋递进	区分外窗幕墙
5.2.3	热工性能	比例＋比率＋量纲	4.2.1，5.2.1，4.2.10，5.2.16	并列＋递进	提供 2 条途径
5.2.4	冷热源机组	比例＋比率	4.2.2，5.2.2，4.2.6	单一	
5.2.5	输配系统	比例	4.2.5，5.2.13	单一	
5.2.6	系统选择优化	量纲	4.2.10，5.2.16	递进式	
5.2.7	过渡季节能	措施	5.2.11	单一	
5.2.8	部分负荷节能	措施＋比例	5.2.12	总分式	
5.2.9	照明控制	措施	4.2.7	单一	
5.2.10	照明功率密度	量纲	5.2.19	递进式	文字修改
5.2.11	电梯扶梯	措施	—	单一	新增
5.2.12	其他电气设备	比率	—	总分式	新增
5.2.13	排风热回收	比率	4.2.8，5.2.10	单一	文字修改
5.2.14	蓄冷蓄热	比率	5.2.9	单一	文字修改限公建
5.2.15	余热废热利用	措施	5.2.14	单一	文字修改
5.2.16	可再生能源	比率	4.2.9，4.2.11，5.2.18	并列＋递进	区分用途

3.3.6 节水与水资源利用

第 6 章“节水与水资源利用”分 2 节共 15 条，规定节水系统、节水器具与设备、非传统水源利用方面的控制项和评分项内容，详见表 3-3。

“节水与水资源利用”评价条文　表 3-3

条文号	关键词	指标类型	GB/T 50378—2006 对应条文	计分方式	说明
6.1.1	水资源利用方案	措施	4.3.1，5.3.1，4.3.10，5.3.6，4.3.9，5.3.9，4.3.4	—	文字修改
6.1.2	给排水系统	效果	5.3.2，4.3.5，5.3.5	—	文字修改
6.1.3	卫生器具	量纲	4.3.3，5.3.4	—	文字修改

续表

条文号	关键词	指标类型	GB/T 50378—2006 对应条文	计分方式	说明
6.2.1	节水用水定额	量纲	—	递进式	新增，限运行
6.2.2	管网漏损	措施	4.3.2，5.3.3	总分式	区分评价阶段
6.2.3	超压出流	量纲	—	递进式	新增
6.2.4	用水计量	措施	5.3.10	总分式	
6.2.5	公用浴室	措施	—	总分式	新增
6.2.6	节水器具	量纲	—	递进式	新增
6.2.7	绿化灌溉	措施	4.3.8，5.3.8	并列＋递进	提供2条途径
6.2.8	空调冷却技术	措施/比率	—	并列式	提供2条途径新增
6.2.9	其他技术措施	措施	—	递进式	新增
6.2.10	非传统水源	措施/比率	4.3.7，5.3.7，4.3.11，5.3.11，4.3.12，5.3.12	并列＋递进/总分	提供2条途径 区分建筑类型
6.2.11	冷却水补水	比率	—	递进式	新增
6.2.12	景观水体	比率＋措施	—	总分式	新增

3.3.7 节材与材料资源利用

第7章“节材与材料资源利用”分2节共17条，规定节材设计、材料选用方面的控制项和评分项内容，详见表3-4。

“节材与材料资源利用”评价条文　　表3-4

条文号	关键词	指标类型	GB/T 50378—2006 对应条文	计分方式	说明
7.1.1	禁限材料	措施	—	—	新增
7.1.2	400MPa钢筋	措施	—	—	新增
7.1.3	建筑造型要素	比率	4.4.2，5.4.2	—	继续沿用
7.2.1	建筑形体规则	措施	—	递进式	新增
7.2.2	结构优化	措施	—	单一	新增
7.2.3	土建装修一体化	比率	4.4.8，5.4.8	并列＋递进	区分建筑类型
7.2.4	灵活隔断	比率	5.4.9	递进式	限公建
7.2.5	预制构件	比率	—	递进式	新增
7.2.6	整体化厨卫	措施	—	总分式	新增
7.2.7	本地材料	比率	4.4.3，5.4.3	递进式	限运行
7.2.8	预拌混凝土	措施	4.4.4，5.4.4	单一	继续沿用
7.2.9	预拌砂浆	比率	—	递进式	新增
7.2.10	高强结构材料	比率	4.4.5，5.4.5	并列＋递进	区分结构类型
7.2.11	高耐久结构材料	比率	4.4.5，5.4.5	单一	区分结构类型
7.2.12	可循环利用材料	比率	4.4.7，5.4.7，4.4.11，5.4.12	并列＋递进	区分建筑类型
7.2.13	利废材料	比率	4.4.9，5.4.10	并列＋递进	限运行，提供2条途径
7.2.14	装饰装修材料	措施	—	总分式	新增，限运行

3.3.8 室内环境质量

第 8 章“室内环境质量”分 2 节共 20 条，规定室内声环境、室内光环境与视野、室内热湿环境、室内空气质量方面的控制项和评分项内容，详见表 3-5。

“室内环境质量”评价条文 **表 3-5**

条文号	关键词	指标类型	GB/T 50378—2006 对应条文	计分方式	说明
8.1.1	室内噪声级	量纲	4.5.3，5.5.5	—	文字修改
8.1.2	构件隔声性能	量纲	4.5.3，5.5.9	—	文字修改
8.1.3	照明数量与质量	比例＋指数＋量纲	5.5.6	—	文字修改
8.1.4	空调设计参数	措施	5.5.1，5.5.3	—	文字修改
8.1.5	内表面结露	量纲	5.5.2，4.5.7	—	文字修改
8.1.6	内表面温度	量纲	4.5.8	—	文字修改
8.1.7	室内空气污染物	量纲	4.5.5，5.5.4	—	限运行
8.2.1	室内噪声级	量纲	4.5.3，5.5.5	递进式	
8.2.2	构件隔声性能	量纲	4.5.3，5.5.9	总分＋递进	
8.2.3	噪声干扰	措施	5.5.10	总分式	
8.2.4	专项声学设计	措施	—	单一	新增，限公建
8.2.5	户外视野	量纲/效果	4.5.6	单一	区分建筑类型
8.2.6	采光系数	比例/比率	4.5.2，5.5.11	并列＋递进	区分建筑类型
8.2.7	天然采光优化	比率＋指数	5.5.15	总分＋递进	原为效果评价
8.2.8	可调节遮阳	比率	4.5.10，5.5.13	递进式	
8.2.9	空调末端调节	比率	4.5.9，5.5.8	递进式	
8.2.10	自然通风优化	比例/比率	4.5.4，5.5.7	并列＋递进/总分	区分建筑类型
8.2.11	室内气流组织	效果	—	总分式	新增
8.2.12	IAQ 监控	措施	4.5.11，5.5.14	总分式	限公建
8.2.13	CO 监测	措施	4.5.11，5.5.14	单一	

3.3.9 施工管理

第 9 章“施工管理”分 2 节共 17 条，规定环境保护、资源节约、过程管理方面的控制项和评分项内容，详见表 3-6。

“施工管理”评价条文 **表 3-6**

条文号	关键词	指标类型	GB/T 50378—2006 对应条文	计分方式	说明
9.1.1	施工管理体系	措施	—	—	新增
9.1.2	施工环保计划	措施	4.1.8，5.1.5	—	
9.1.3	职业健康安全	措施	—	—	新增
9.1.4	绿色专项会审	措施	—	—	新增
9.2.1	施工降尘	措施	4.1.8，5.1.5	单一	
9.2.2	施工降噪	量纲	4.1.8，5.1.5	单一	
9.2.3	施工废弃物	措施＋量纲	4.4.6，5.4.6	总分＋递进	

续表

条文号	关键词	指标类型	GB/T 50378—2006 对应条文	计分方式	说明
9.2.4	施工用能	措施	—	总分式	新增
9.2.5	施工用水	措施	—	总分式	新增
9.2.6	混凝土损耗	比率	—	递进式	新增
9.2.7	钢筋损耗	比率	—	并列＋递进	新增，提供 2 条途径
9.2.8	定型模板	比率	—	递进式	新增
9.2.9	绿色专项实施	措施	—	总分式	新增
9.2.10	设计变更	措施	—	单一	新增
9.2.11	耐久性检测	措施	—	总分式	新增
9.2.12	土建装修一体化	措施	—	总分式	新增，限住宅
9.2.13	竣工调试	措施	—	单一	新增

注：本章所有指标均限运行评价，但第 9.1.4、9.2.6、9.2.7、9.2.12、9.2.13 条可在设计评价中预审。

3.3.10 运行管理

第 10 章“运行管理”分 2 节共 18 条，规定管理制度、技术管理、环境管理方面的控制项和评分项内容，详见表 3-7。

“运行管理”评价条文　　表 3-7

条文号	关键词	指标类型	GB/T 50378—2006 对应条文	计分方式	说明
10.1.1	运行管理制度	措施	4.6.1，5.6.1	—	文字修改
10.1.2	垃圾管理制度	措施	4.6.3，4.6.4	—	
10.1.3	污染物排放	量纲	5.6.2	—	文字修改
10.1.4	绿色设施工况	效果	—	—	新增
10.1.5	自控系统工况	效果	5.6.9	—	
10.2.1	管理体系认证	措施	4.6.9，5.6.5	总分式	
10.2.2	操作规程	措施	—	总分式	新增
10.2.3	管理激励机制	措施	5.6.11	总分式	
10.2.4	教育宣传机制	措施	—	总分式	新增
10.2.5	设施检查调试	措施	—	总分式	新增
10.2.6	空调系统清洗	措施	5.6.7	总分式	
10.2.7	非传统水源记录	措施	—	总分式	新增
10.2.8	智能化系统	措施＋效果	4.6.6，5.6.8	总分＋并列	区分建筑类型
10.2.9	物业管理信息化	措施＋效果	—	总分式	新增
10.2.10	病虫害防治	措施	4.6.7	总分式	
10.2.11	植物生长状态	措施＋效果	4.6.8	总分式	文字修改
10.2.12	垃圾站（间）	措施＋效果	4.6.5	总分式	文字修改
10.2.13	垃圾分类	措施＋比率	5.6.3，4.6.10，4.6.12	总分式	

注：本章所有指标均限运行评价，但第 10.1.2、10.1.5、10.2.7、10.2.8、10.2.12 条可在设计评价中预审。

3.3.11 提高与创新

第11章“提高与创新”分2节共14条，规定加分项评价及得分方式，以及性能提高、创新的加分项内容。其中：

（1）对于性能提高，评价围护结构热工性能、供暖空调系统冷热源机组能效、分布式热电冷联供、卫生器具用水效率、建筑结构的资源消耗和环境影响、主要房间空气处理、室内空气污染物浓度等绿色建筑关键性能的进一步提高。这些评价内容大多可在第4～10章找到对应的相同评价条文，仅数值要求不同。

（2）对技术和管理创新，评价建筑方案对能源资源利用效率和建筑性能的提高、选用废弃场地建设、利用旧建筑、BIM技术应用、碳排放计算分析，以及其他节约能源资源、保护生态环境、保障安全健康的创新。其特点为综合性强，而且大多具有较好的开放性（尤其是最后一条）。

3.4 关键技术及创新

3.4.1 关键技术

（1）评价对象范围扩展，评价阶段更加明确。

GB/T 50378—2014的适用范围已扩展至民用建筑各主要类型，兼具通用性和可操作性，更好地满足了各行业、各地方、各类别建筑践行绿色理念的需求，可以作为研究编制其他绿色建筑标准的基础。此外，GB/T 50378—2014还对设计阶段和运行阶段的评价作了明确区分。评价条文在建筑类型和评价阶段上均具有全局适用性。

（2）评价方法更加科学合理，并实现了与国际同步。

GB/T 50378—2014采用量化评价方法，更加客观、精细、直观地反映绿色建筑性能，也符合当今世界绿色建筑评价结果定量化的整体形势。但在评分结果的具体处理和表达上，并未照搬美国LEED等的各项得分相加得总分的百分制，而是以指标大类得分及权重系数折算加权总得分，更能体现评价指标之间的相对重要程度，也更有利于评价指标体系的扩展和调整。

（3）评价指标更加系统完善，充分考虑了我国国情。

GB/T 50378—2014分别以章、节下次分组单元、条文体现三个层级的评价指标：指标大类为“四节一环保＋施工＋运营”，既体现我国绿色建筑核心内容，又实现对建筑全生命期的全覆盖，还突出了我国重视“节约”的特色；指标小类基本按专业或方向类聚具体评价指标，更显逻辑性、系统性，也便于不同专业人士查找；具体指标共138条、129项，不仅较GB/T 50378—2006（115条）有所增加，而且也明显多于英国BREEAM（49项）、美国LEED（69项）、日本CASBEE（52项）等其他绿色建筑评估体系，指标体系更加全面。其他国家中仅日本CASBEE也是三级指标。

3.4.2 国内外比较

世界其他国家的绿色建筑评价体系主要有英国BREEAM、美国LEED、日本CAS-

BEE、澳大利亚 Green Star 和 NABERS、德国 DGNB、新加坡 Green Mark 等。从中挑选有代表性者，与 GB/T 50378—2014 对比如表 3-8 所示。

GB/T 50378—2014 与国外绿色建筑评估体系的对比 **表 3-8**

国家	英国 BREEAM	美国 LEED	日本 CASBEE	中国 GB/T 50378	德国 DGNB
发布更新	1990 年首发，1998、2008、2011 年三次大的更新	1998 年首发，2000、2009、2013 年三次大的更新	2003 年首发，2008、2010 年两次大的更新	2006 年首发，2014 年更新	2008 年首发，2010 年更新
评价方法	评分（得分率）	评分（百分制）	评分（比率值）	评分（得分率）	评分（得分率）
指标层级	二级	二级	三级	三级	二级
一级指标	管理、健康舒适、能源、交通、水、材料、废弃物、用地与生态、污染、创新	可持续场地、节水、能源与大气层、材料与资源、室内环境质量、区位与交通、创新性设计、地区优先级	室内环境、服务设置、室外环境；能源、资源与材料、场地外环境	节地与室内环境、节能与能源利用、节水与水资源利用、节材与材料资源利用、室内环境质量、施工管理、运行管理	环境质量、经济质量、社会与功能质量、技术质量、过程质量、场地质量
具体指标	49 个（NC）	69 个（BD&C）	52 个（NC）	129 个	61 个（部分下设子指标）
评价种类	新建 NC、改造 Refurbishment、住宅 EcoHomes、社区 Communities、运营 In-Use	新建 BD&C、内装 ID&C 既有 EB O&M、住宅 Homes、社区开发 ND	新建 NC、既有 EB、改造 Renovation、城市区域 UD、热岛效应 HI、城市 Cities、单栋住宅 H(DH)、临时 TC	设计评价、运行评价	新建 New（含更新、租户内装）、既有 Existing
类型细分	办公、工业、商场、教育、医院、监狱、法院、酒店、多层住宅、机房、住宅	通用，但对住宅、学校、商场、饭店、医院、机房、物流等建筑单独评价	办公、学校、商场、餐饮、会所、工业、医院、宾馆、公寓、单栋住宅	另有工业、办公、商店、医院、旅馆、博览等	办公、教育、商场、酒店、工业、医院、实验、城市区域、集会
等级划分	杰出 Outstanding、优异 Excellent、优秀 Very Good、良好 Good、通过 Pass	铂金 Platinum、金 Gold、银 Silver、认证 Certified	五星或 S、四星或 A、三星或 B^+、二星或 B^-、一星或 C	三星、二星、一星	金 Gold、银 Silver、铜 Bronze

3.4.3 创新点

（1）运用逻辑框架法（LFA）进行利益相关者分析、问题分析、目标分析、对策分析，确定标准修订目标及相应的对策措施。

（2）建立兼具建筑类型通用性和可操作性的评价技术体系，GB/T 50378—2014 的适用范围由 GB/T 50378—2006 的住宅建筑和公共建筑中的办公建筑、商场建筑和旅馆建筑扩展至民用建筑各主要类型，首次实现绿色建筑评价在民用建筑类型上的全覆盖。

(3) 首次系统建立包括3个层级和3类分项属性的绿色建筑评价指标体系，实现建筑全生命期全覆盖，完善我国绿色建筑“四节一环保”理念和要求。其中，第一层级的指标大类在GB/T 50378—2006中的“四节一环保”和运营基础上增加“施工管理”，同时考虑建设阶段和绿色性能；第二层级的指标小类在指标大类之下按不同专业方向类聚多个具体评价指标，逻辑合理、条理清晰，便于不同专业人士使用；第三层级的各具体评价指标均对应3类分项属性（控制项、评分项、加分项）中的一类或多类，既反映绿色建筑对不同技术的基本要求和针对性引导，也鼓励绿色建筑在同一技术性能上的进一步提高。

(4) 建立具有兼容性、开放性的量化评价方法，实现与国际接轨。同时，提出以参评内容得分率作为折算得分的分值计算方式，灵活处理特定评价技术内容不适用于特定建筑（即不参评）的客观实际问题。

(5) 综合统筹绿色建筑性能评价要求，对绿色建筑评分定级采用控制项、指标大类最低得分、总得分的“三重控制”，防止绿色建筑性能的“短板效应”。

(6) 建立绿色建筑“设计评价”和“运行评价”的差异化评价方式。不仅对于同一评价技术条文分别明确两个评价阶段的评价目标和评价要求；还分别设置评价条文，既评价设计工况下系统和设备的能源资源利用效率，也评价实际运行中支持“行为绿色”的技术措施。

(7) 建立基于性能化要求并辅以技术措施要求的评价方法。在条文之间的评价指标设置和具体条文内的评价方式两个层面，同时提供措施性和性能化两种途径，定性和定量评价相结合，兼顾客观性和可操作性。

(8) 提出多功能单体综合建筑评价方法，要求逐条对建筑适用区域进行评价，有效解决评价工作难题。

(9) 建立标准化编写体例和记分规则，增强标准的易理解性和可操作性。规定评分项和加分项条文的“原则＋分值＋规则”体例，并统一为单一式、递进式、并列式、总分式等4类评价计分规则。

(10) 积极引导符合我国绿色建筑发展方向的新技术、新材料应用。例如雨水调蓄、高强钢筋、建筑形体规则、预制构件、建筑信息模型（BIM）、碳排放等。

3.4.4 专家评价

GB/T 50378—2014的专家审查委员会认为其评价对象范围得到扩展，评价阶段更加明确；评价方法更加科学合理；评价指标体系完善，克服了编制中较大的难度，且充分考虑了我国国情，具有创新性。GB/T 50378—2014架构合理、内容充实，技术指标科学合理，符合国情，可操作性和适用性强，总体上标准编制达到国际先进水平。GB/T 50378—2014的实施将对促进我国绿色建筑发展发挥重要作用。

3.5 实施应用

GB/T 50378—2014于2013年7月报批，提前完成了《绿色建筑行动方案》（国办发〔2013〕1号）提出的“2013年完成《绿色建筑评价标准》的修订工作”要求。GB/T 50378—2014自2015年1月1日起实施，用于全国范围的绿色民用建筑评价。住房和城乡建设部办公厅在《关于绿色建筑评价标识管理有关工作的通知》（建办科〔2015〕53号）中要求推行绿色建筑标识实施第三方评价，但仍明确要求各评价机构在具体评价工作中应严格按GB/T 50378—2014进行评价。

（1）国家层面的绿色建筑评价机构——住房和城乡建设部科技发展促进中心、中国城市科学研究会均已将GB/T 50378—2014作为开展评价工作的主要评价依据；一些地方评价机构也将GB/T 50378—2014作为主要评价依据。在短短一年多的实施时间内，仅住房和城乡建设部科技发展促进中心、中国城市科学研究会两家机构依据GB/T 50378—2014完成评审的绿色建筑标识项目就已达60项左右（截至2015年第二季度）。

（2）GB/T 50378—2014被列入了2014、2015年度的工程建设标准培训计划和住房和城乡建设部机关培训计划。2014年12月2～3日，住房城乡建设部建筑节能与科技司和标准定额司联合主办了GB/T 50378—2014的首次宣贯培训会议，来自全国各地住房城乡建设主管部门绿色建筑评价标识管理工作和标准化管理工作负责人、住房和城乡建设部绿色建筑评价标识专家委员会成员以及有关从事绿色建筑开发、设计、施工、运营、评价工作的专业技术人员共约700人参加了会议。继承办此次会议后，主编单位中国建筑科学研究院又陆续组织了GB/T 50378—2014宣贯培训16期，累计培训达3717人次。此外，中国绿色建筑委员会以及各地方机构也组织了规模较大的宣贯培训班。

（3）GB/T 50378—2014还对同类国家标准和地方标准的编制起到了指导性和基础性作用。GB/T 50378—2014的评价方法和评价指标体系还可见于《绿色商店建筑评价标准》GB/T 51100—2015、《绿色医院建筑评价标准》GB/T 51153—2015、《绿色饭店建筑评价标准》GB/T 51165—2016、《绿色博览建筑评价标准》GB/T 51148—2016等国家标准，及逾十部地方标准，既有助于各特定建筑类型的绿色建筑评价标准之间的协调，也有助于相关国标、地标共同形成一个相对统一的绿色建筑评价体系。国家和部分地方的绿色建筑施工图设计文件技术审查要点、验收要求（标准）等，也均依照GB/T 50378—2014编制。

（4）截至2016年第二季度，GB/T 50378—2014已累计印刷6次共计9万册，在同类标准规范中位居前列；与GB/T 50378—2014配套使用的《绿色建筑评价技术细则》也已由住房和城乡建设部印发（建科〔2015〕108号），并于2015年9月由中国建筑工业出版社正式出版（ISBN 978-7-112-18379-1），现已累计印刷1.2万册，取得了良好的社会反响。

综上所述，GB/T 50378—2014在绿色建筑评审、宣贯培训、相关标准编制、印刷发行等方面的实施应用效果良好。实施一年后，GB/T 50378—2014获2016年华夏建设科学技术奖一等奖。

3.6 编制团队

3.6.1 编制组成员

GB/T 50378—2014仍由GB/T 50378—2006的主编单位中国建筑科学研究院、上海市建筑科学研究院（集团）有限公司联合主编。在GB/T 50378—2006的参编单位基础之上，又补充了中国城市科学研究会绿色建筑与节能专业委员会、住房和城乡建设部科技发展促进中心、同济大学作为参编单位，共有 10 家参编单位。

GB/T 50378—2014 主要起草人员共 17 人，分别来自前述 12 家单位。GB/T 50378—2014 的第 1～3 章由中国建筑科学研究院林海燕、程志军等专家编制，第 4 章由中国城市规划设计研究院鹿勤等专家编制，第 5 章由中国建筑科学研究院王清勤、清华大学林波荣等专家编制，第 6 章由中国建筑科学研究院建筑设计院曾捷等专家编制，第 7 章由上海市建筑科学研究院（集团）有限公司韩继红等专家编制，第 8 章由清华大学林波荣、中国建筑科学研究院林海燕等专家编制，第 9 章由中国城市科学研究会绿色建筑与节能专业委员会王有为等专家编制，第 10 章由同济大学程大章等专家编制，第 11 章由中国建筑科学研究院王清勤、叶凌等专家编制。

除前述人员外，GB/T 50378—2014 的主编和参编单位均有一批专业技术人员为包括项目试评、《绿色建筑评价技术细则》编写等标准编制相关工作提供支持。

3.6.2 主编人

林海燕 研究员，第十二届全国政协委员，中国建筑科学研究院原副院长、学术委员会主任，享受国务院政府特殊津贴专家，博士生导师。长期致力于建筑热工、建筑节能与绿色建筑研究，是我国该领域的著名专家和学术带头人之一，取得了杰出的科研成就。30 余年来，林海燕研究员主持或主要负责了 20 余项住建部科研项目、国际合作项目、自然科学基金项目、国家“九五”和“十五”科技攻关项目、“十一五”和“十二五”科技支撑计划项目，主修编国家和行业标准 10 余部，研究成果获北京市科技进步一等奖、华夏建设科学技术一等奖、二等奖及其他省部级科技进步奖 9 项，为我国建筑节能与绿色建筑技术的进步做出了突出贡献。

3.7 延伸阅读

[1] 中国建筑科学研究院主编. 绿色建筑评价技术细则. 北京：中国建筑工业出版社，2015.
[2] 程志军，叶凌，汤民主编. 绿色建筑评价应用指南（即将由中国建筑工业出版社出版）.
[3] 林海燕，程志军，叶凌. 新版《绿色建筑评价标准》编制总述——编制概况、总则和基本规定、“提高与创新”评价要求. 建设科技，2015，(4)：12-15.
[4] 鹿勤.《绿色建筑评价标准》——节地与室外环境. 建设科技，2015，(4)：16-18.
[5] 王清勤，叶凌.《绿色建筑评价标准》——节能与能源利用. 建设科技，2015，(4)：19-22.
[6] 曾捷，吕石磊，李建琳，杜晓亮《绿色建筑评价标准》——节水与水资源利用. 建设科技，2015，(4)：23-25.
[7] 韩继红，廖琳.《绿色建筑评价标准》——节材与材料资源利用. 建设科技，2015，(4)：26-29.
[8] 林波荣.《绿色建筑评价标准》——室内环境质量. 建设科技，2015，(4)：30-33.
[9] 王有为，于震平，高迪.《绿色建筑评价标准》——施工管理. 建设科技，2015，(4)：34-37.
[10] 程大章.《绿色建筑评价标准》——运营管理. 建设科技，2015，(4)：38-41.
[11] 汤民.《绿色建筑评价标准》对商业建筑星级评价的影响. 建设科技，2015，(4)：42-44.
[12] 林海燕，程志军，叶凌. 国家标准《绿色建筑评价标准》GB/T 50378—2014 简介. 工程建设标准化，2015，(2)：53-56.
[13] 叶凌，程志军，王清勤，林海燕. 国家标准《绿色建筑评价标准》GB/T 50378—2014 评价指标体

系及评价计分方式浅析. 城市发展研究，2015，(增 1).
[14] 曾捷. 新版《绿色建筑评价标准》中给排水要求简析. 给水排水，2014，40 (12)：1-3.
[15] 杜晓亮，曾捷，李建琳，吕石磊. 2014 版《绿色建筑评价标准》雨水控制利用评价指标介绍. 给水排水，2014，40 (12)：63-66.
[16] 吕石磊，曾捷，李建琳，杜晓亮. 2014 版《绿色建筑评价标准》水专业内容的修订要点. 给水排水，2014，40 (12)：67-72.
[17] 叶凌，程志军，王清勤，林海燕. 国家标准《绿色建筑评价标准》的评价指标体系演进. 生态城市与绿色建筑，2014，(3)：29-34.
[18] 林海燕，程志军，叶凌. 国家标准《绿色建筑评价标准》GB/T 50378—2014 解读. 建设科技，2014，(16)：10-14.
[19] 林海燕. 绿色建筑及评价标准. 工程建设标准化，2014，(7)：8-9.
[20] 杨建荣，张颖，廖琳. 解读 GB/T 50378《绿色建筑评价标准》之修订. 制冷与空调，2014，14 (7)：36-40.
[21] 叶凌，程志军，王清勤. 国外绿色建筑评估体系中的指标体系及权重. 城市发展研究，2014，(增 1).
[22] 吕石磊，李建琳浅析《绿色建筑评价标准》关于水系统规划方案制定的几点要求。城市发展研究，2014，(增 1).
[23] 高迪，王有为，于震平，程志军. 新版《绿色建筑评价标准》施工管理章编制介绍. 城市发展研究，2014，(增 1).
[24] 林海燕，程志军，叶凌. 国家标准《绿色建筑评价标准》GB/T 50378 修订. 建设科技，2013，(6)：64-66.
[25] Ye Ling，Cheng Zhijun，Wang Qingqin. Investigation of application of Evaluation Standard for Green Building. Proceedings of International Conference on Lowcarbon Transportation and Logistics and Green Buildings，2013：829-835.
[26] 叶凌，程志军，王清勤. 针对新建非住宅建筑的英国建筑研究院环境评估法 2011 版简介. 建筑科学，2013，29 (2)：29-34.
[27] 苏蒙，叶凌，王清勤，姚杨. 绿色建筑的太阳能利用评价指标研究. 城市发展研究，2013，(增 1).
[28] 程志军，叶凌，王清勤. 我国绿色建筑标识项目及技术发展现状. 中南大学学报（自然科学版），2012，43 (增 1)：283-289.
[29] 王清勤，叶凌. 美国绿色建筑评估体系 LEED 修订新版简介与分析. 暖通空调，2012，42 (10)：54-59.
[30] 程志军. 我国绿色建筑评价指标体系刍论. 暖通空调，2012，42 (10)：66-72.
[31] 程志军，叶凌，王清勤. 《绿色建筑评价标准》实施效果调研与分析. 住宅产业，2012，(10)：63-65.
[32] 标准修订组. 国家标准《绿色建筑评价标准》修订工作. 建设科技，2012，(6)：42-43.
[33] 程志军，叶凌. 绿色建筑技术应用分析及《绿色建筑评价标准》(GB/T 50378—2006) 修订建议. 建筑科学，2012，28 (2)：1-7.
[34] 叶凌，李迅. 住宅类绿色建筑项目的用地和规划指标性能分析. 生态城市与绿色建筑，2012，(1)：26-29.
[35] 程志军，叶凌，王清勤. 《绿色建筑评价标准》评价技术条文应用情况分析. 城市发展研究，2012，(增 1).

4 既有建筑绿色改造评价标准 GB/T 51141—2015

4.1 编制背景

伴随着工业化进程加速，我国城镇化在经历了一个起点低、速度快的发展过程之后，迈进了深入发展的关键时期。截至 2015 年，我国城镇化率已经超过 54%，既有建筑面积接近 600 亿 m^2。因建设年代较早、设计标准较低等因素，大部分非绿色既有建筑存在资源消耗水平偏高、环境负面影响偏大、室内环境有待改善、使用功能有待提升、安全性能下降等方面的问题。在我国全社会终端能耗中，建筑能耗所占比率已从 1978 年的 10%增长到当前的 26%，若综合建材生产和建造过程，建筑业相关能耗比例达到 40%，并且还在不断增长。既有建筑面积庞大、存在问题复杂，如果整体拆除，既浪费资源，又会污染环境。城镇化是我国经济社会发展的必然趋势，面临着前所未有的能源资源和生态环境的压力，因此发展绿色建筑、对既有建筑实施绿色改造是推进我国资源节约型、环境友好型社会建设，转变我国城镇发展模式的战略选择，也是破解能源资源瓶颈约束、建设低碳社会的重要手段，具有巨大的市场需求。

为促进既有建筑绿色改造的发展，我国出台了一系列相关政策及措施，为相关技术研发和工程实践的开展提供了有力支撑。例如：2012 年 5 月 24 日，科学技术部发布《“十二五”绿色建筑科技发展专项规划》，重点任务之一即为“既有建筑绿色化改造”；2013 年 1 月 1 日，国务院办公厅以国办发〔2013〕1 号转发国家发展改革委、住房城乡建设部制订的《绿色建筑行动方案》，目标之一就是完成公共建筑和公共机构办公建筑节能改造 1.2 亿 m^2。

绿色改造是指以节约能源资源、改善人居环境、提升使用功能等为目标，对既有建筑进行的维护、更新、加固等活动。近年来，我国既有建筑改造工作已全面展开，但多集中在结构安全及节能改造等方面，既有建筑绿色改造项目还不多。截至 2015 年底，我国累计评价绿色建筑项目 3979 个，总建筑面积超过 4.6 亿 m^2，其中既有建筑改造后获得绿色建筑标识所占的比例不足 1%。“十一五”期间，我国实施完成了国家科技支撑计划重大项目“既有建筑综合改造关键技术研究与示范”，以及“建筑节能关键技术研究与示范”、“城市综合节水技术开发与示范”、“现代建筑设计与施工关键技术研究”等资源节约方向的国家科技支撑计划项目，在改造技术和工程实践方面积累了丰富的经验。为了进一步研究既有建筑改造问题，“十二五”期间，科技部组织实施了国家科技支撑计划项目“既有建筑绿色化改造关键技术研究与示范”，针对我国不同地区、不同建筑类型的既有建筑绿色改造的具体情况，建立既有建筑绿色化改造评价标准，完善绿色化改造技术和产品体系，推进既有建筑绿色改造新兴产业发展。

在此背景下，住房和城乡建设部发布了《2013 年工程建设标准规范制订修订计划》（建标〔2013〕6 号），由中国建筑科学研究院、住房和城乡建设部科技发展促进中心会同有关单位编制国家标准《既有建筑改造绿色评价标准》（后更名为《既有建筑绿色改造评价标准》，发布后编号为 GB/T 51141—2015)。

4.2 编制工作

4.2.1 调查研究

(1) 国外相关标准

发达国家城镇化率较高，新建建筑较少，既有建筑所占比重较大，其环境问题较早地引起了人们的重视，制定了比较完善的既有建筑绿色改造相关标准。在 GB/T 51141—2015 编制前期，主要参考的国外标准包括：美国的 LEED-EB 和 LEED-ID&C、澳大利亚的 Green Star 相关条款和 NABERS、英国的 BREEAM Domestic Refurbishment 和 BREEAM Non-Domestic Refurbishment、日本的 CASSBE-EB 和 CASSBE-RN、新加坡的 GREEN MARK（相关条款)、德国 DGNB（相关条款）等。对这些标准的调研工作为 GB/T 51141—2015 编制提供了重要借鉴，后形成了《国外既有建筑绿色改造标准和案例》一书。

(2) 国内相关标准

在 GB/T 51141—2015 编制过程中，编制组查阅了大量国内相关标准规范，如现行国家标准《绿色建筑评价标准》GB/T 50378、《公共建筑节能设计标准》GB 50189、《声环境质量标准》GB 3096、《民用建筑隔声设计规范》GB 50118、《建筑照明设计标准》GB 50034、《民用建筑室内热湿环境评价标准》GB/T 50785、《民用建筑供暖通风与空气调节设计规范》GB 50736 等，现行行业标准《既有居住建筑节能改造技术规程》JGJ/T 129、《公共建筑节能改造技术规范》JGJ 176 等。这些标准对既有建筑改造有一定的指导意义，为 GB/T 51141—2015 的技术内容提供了重要支撑。

4.2.2 标准编写

在前期调研分析的基础上，成立了标准编制组，为保证标准的质量和顺利实施，编制组做了大量工作，GB/T 51141—2015 的编制工作时间节点如图 4-1 所示。

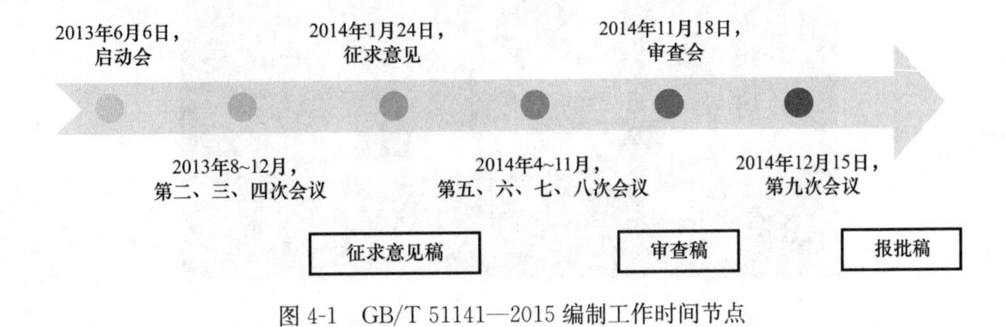

图 4-1 GB/T 51141—2015 编制工作时间节点

标准编制组成立暨第一次工作会议于 2013 年 6 月 6 日在北京召开。标准主管部门住房和城乡建设部标准定额司梁锋副处长，标准定额研究所陈国义处长、林岚岚教授级高工，住房和城乡建设部建筑环境与节能标准化技术委员会邹瑜秘书长、汤亚军，主编单位中国建筑科学研究院王俊院长、住房和城乡建设部科技发展促进中心杨榕主任，以及标准

图 4-2 GB/T 51141—2015 编制组成立暨第一次工作会议合影

编制组专家和秘书组成员共 30 余人参加了会议。会议成立了标准编制组，讨论并确定了标准的定位、适用范围、编制重点和难点、编制框架、任务分工、进度计划等（图 4-2）。

标准编制组第二次工作会议于 2013 年 8 月 1 日在上海召开。会议讨论了标准的技术重点、共性问题、改造效果评价以及标准的具体条文等方面内容。期间，特别邀请了英国建筑科学研究院（BRE）的 BREEAM 主管 Martin Townsend 先生参加会议，与编制组交流了英国既有建筑改造绿色评价标准的编制工作及技术内容（图 4-3）。

图 4-3 GB/T 51141—2015 编制组第二次会议合影

标准编制组第三次工作会议于 2013 年 9 月 17 日在北京召开。会议对标准初稿条文进行逐条讨论，确定了合理的条文数量，适当加大能体现既有建筑绿色改造特点的条文的分值。本次会议形成了标准征求意见稿初稿，并对其开展第一次试评工作（图 4-4）。

图 4-4 GB/T 51141—2015 编制组第三次会议合影

标准编制组第四次工作会议于 2013 年 12 月 16 日在北京召开。会议交流了第一次试评过程中发现的主要问题，并展开针对性讨论形成了修改意见，具体为：参评建筑未改造部分也应满足相关现行标准的要求，并参与评价；合并标准相似条文，避免同类绿色改造技术措施重复得分；合理调整条文内容和难度，解决既有居住建筑改造得分较低的问题。

本次会议形成了标准征求意见稿（图 4-5）。

图 4-5 GB/T 51141—2015 编制组第四次会议合影

2014 年 1 月 24 日，标准编制组向全国建筑设计、施工、科研、检测、高校等相关的单位和专家发出征求意见函。截至当年 3 月，共收到来自 38 家单位，56 位不同专业的专家提出的 349 条意见。

标准编制组第五次工作会议于 2014 年 4 月 10～11 日在温州召开（图 4-6）。编制组对返回的意见逐条审议，对标准条文和条文说明进行修改，主要修改内容如下：采用数学方法分别确定居住建筑和公共建筑的设计、运行评价一级指标的权重；根据结构改造的特殊性，讨论确定了结构与材料指标的评价方式；第 8 章名称改为建筑电气。本次会议形成了标准送审稿初稿，并要求对标准送审稿初稿开展第二次试评工作。

图 4-6 GB/T 51141—2015 编制组第五次会议合影

标准编制组第六次工作会议于 2014 年 6 月 13 日在北京召开（图 4-7）。根据第二次试评发现的共性问题，对标准送审稿第一稿条文做了如下修改：标准条文明确得分要求，条文说明应明确参评范围、得分情景；为提高标准的可操作性，改造效果的评价方法为改造

图 4-7 GB/T 51141—2015 编制组第六次会议合影

前与改造后的性能对比、按照参评建筑改造后达到相关标准的要求评价；将第 5 章“未进行结构改造加固”的评价方法和得分规则放入第 3 章中。本次会议形成了标准送审稿第二稿，并对标准送审稿第二稿进行第三次试评。

标准编制组第七次工作会议于 2014 年 8 月 22 日在北京召开（图 4-8）。会议根据第三次试评结果，对标准送审稿第二稿进行了逐条讨论。主要修改建议为：结合层次分析法确定标准中公共建筑和居住建筑绿色改造评价的一级指标权重；取消大类指标得分应不低于 40 分的规定；明确标准各条文的适用范围；删除适用范围很窄的条文。本次会议形成了标准送审稿第三稿，并要求对标准送审稿第三稿进行第四次评价工作。

图 4-8 GB/T 51141—2015 编制组第七次会议合影

标准编制组第八次工作会议于 2014 年 11 月 17 日在北京召开（图 4-9）。会议根据第四次试评结果，对标准送审稿第三稿逐条进行修改和完善。要求明确标准条文适用的建筑类型（公共建筑、居住建筑）、评价阶段（设计阶段、运行阶段）、评分方式；条文分值应按照既有建筑改造技术对“绿色”的贡献大小赋分，而非改造技术的价格；在条文说明中明确计算方法，并给出简单计算示例。本次会议要求为标准审查会做准备。

图 4-9 GB/T 51141—2015 编制组第八次会议合影

标准审查会于 2014 年 11 月 18 日在北京召开（图 4-10）。会议成立了由吴德绳、王有为、鹿勤、葛坚、薛峰、娄宇、赵为民、郎四维、吕伟娅、戴德慈、吴月华、黄都育、王占友等 13 位专家组成的审查委员会。审查委员会听取了标准编制工作报告，对标准各章内容进行了逐条讨论和审查。审查委员会对标准编制工作给予了充分肯定，认为标准总体上达到国际先进水平，一致同意通过审查。建议标准编制组根据审查意见，对送审稿进一步修改和完善，尽快形成报批稿上报主管部门审批。

图 4-10 GB/T 51141—2015 审查会议合影

标准编制组第九次工作会议于 2014 年 12 月 15 日在北京召开（图 4-11）。会议讨论了审查意见的处理办法，对标准送审稿进行了逐条讨论并修改。主要修改建议包括：语言措辞、术语、评分规则等与《绿色建筑评价标准》GB/T 50378—2014 保持一致；更新标准中的数据，标准中出现的数据要准确并有依据；在第 1.0.2 条的条文说明中明确标准的适用范围。本次会议形成了标准报批稿。

图 4-11 GB/T 51141—2015 编制组第九次会议合影

除了编制工作会议外，主编单位还组织召开了多次小型会议，针对标准中的专项问题进行研讨。另外，还通过信函、电子邮件、传真、电话等方式向相关专家咨询既有建筑绿色改造中的相关问题，力求使标准更加科学、合理。

此后，历经住房和城乡建设部建筑环境与节能标准化技术委员会、标准定额研究所、标准定额司的审查和完善，于 2015 年 12 月 3 日由住房和城乡建设部、国家质检总局联合发布国家标准《既有建筑绿色改造评价标准》，编号为 GB/T 51141—2015，自 2016 年 8 月 1 日起实施。

4.2.3 项目试评

在 GB/T 51141—2015 编制期间，编制组委托中国城市科学研究会绿色建筑研究中心、华东建筑设计研究院有限公司技术中心、中国建筑科学研究院上海分院、上海市建筑科学研究院（集团）有限公司、上海维固工程实业有限公司、中国建筑科学研究院环能院、北京建筑技术发展有限责任公司等 7 家单位依据 GB/T 51141—2015 不同阶段稿件对 20 个既有建筑改造项目开展了 4 次试评工作。所选试评项目兼顾不同气候区、不同建筑类型和不同系统形式，力求使每个标准条文都参与试评。

第四次试评结果如图 4-12 和图 4-13 所示。图 4-12 是公共建筑参与两个评价体系的得分对比图。共有 17 栋既有公共建筑参与了试评，其中 11 栋公共建筑（A 到 K）参与了设计评价，6 栋公共建筑（L 到 Q）参与了运行评价。图 4-13 是居住建筑参与两个评价体系的得分对比图。从两个图中可以看出，对于公共建筑或居住建筑，不论是设计评价还是运行评价，GB/T 51141—2015 评价得分均比国家标准《绿色建筑评价标准》GB/T 50378—2014 稍高。其主要原因是：GB/T 51141—2015 着重构建区别于新建绿色建筑评价的既有建筑绿色改造评价指标和权重体系，更加适合既有建筑绿色改造的特点。

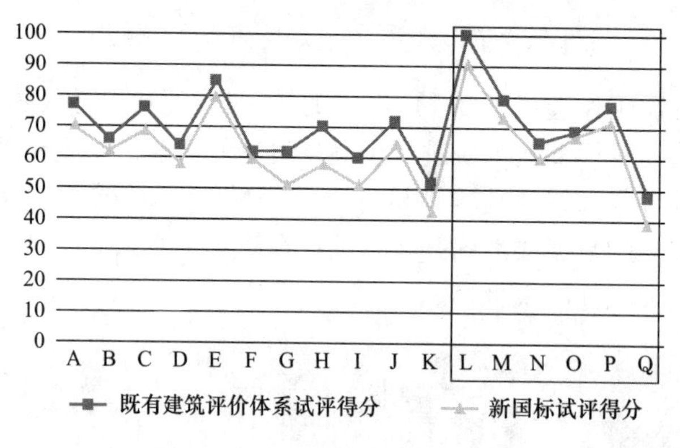

图 4-12 公共建筑试评得分对比

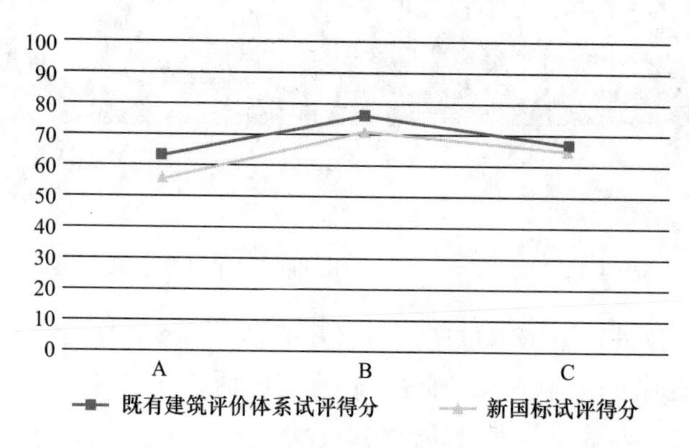

图 4-13 居住建筑试评得分对比

通过项目试评，编制组合理确定了各星级绿色建筑得分要求和各类评价指标权重，及时发现条文在适用范围（包括建筑类型、评价阶段等）、评价方法、技术要求难度等方面存在的问题，对增强标准的可操作性和适用性，及技术指标的科学合理性和因地制宜性都起到了重要作用。

4.2.4 支撑研究

“十二五”国家科技支撑计划课题“既有建筑绿色化改造综合检测评定技术与推广机制研究”（2012BAJ06B01）在对我国既有建筑绿色改造现状调研的基础上，研究了既有建筑绿色改造测评诊断成套技术和评价方法，为 GB/T 51141—2015 的编制奠定了坚实的技术基础。课题组骨干成员均参与了 GB/T 51141—2015 的编制，他们长期研究既有建筑绿色改造，经验丰富，保证了 GB/T 51141—2015 的质量。

1. 既有建筑绿色改造测评诊断成套技术

针对既有建筑运行常见问题，分析了室内外物理环境、景观环境、围护结构等存在的问题，制定了适合既有建筑绿色改造的诊断流程和方法。

既有建筑绿色改造诊断应以计划性、系统性和经济性为原则，立足于既有建筑绿色改造目标，从室内外环境、围护结构、暖通空调、给水排水、电气以及运行管理等几方面进行诊断和分析，发现既有建筑存在的问题和提升的空间，从改造的经济性和技术的成熟性两个维度，评估既有建筑的绿色改造潜力，从而为后续改造项目的实施提供科学的依据。研究表明“问题/现象→原因”诊断方法更加适用于既有建筑，其基本诊断流程如图 4-14 所示。

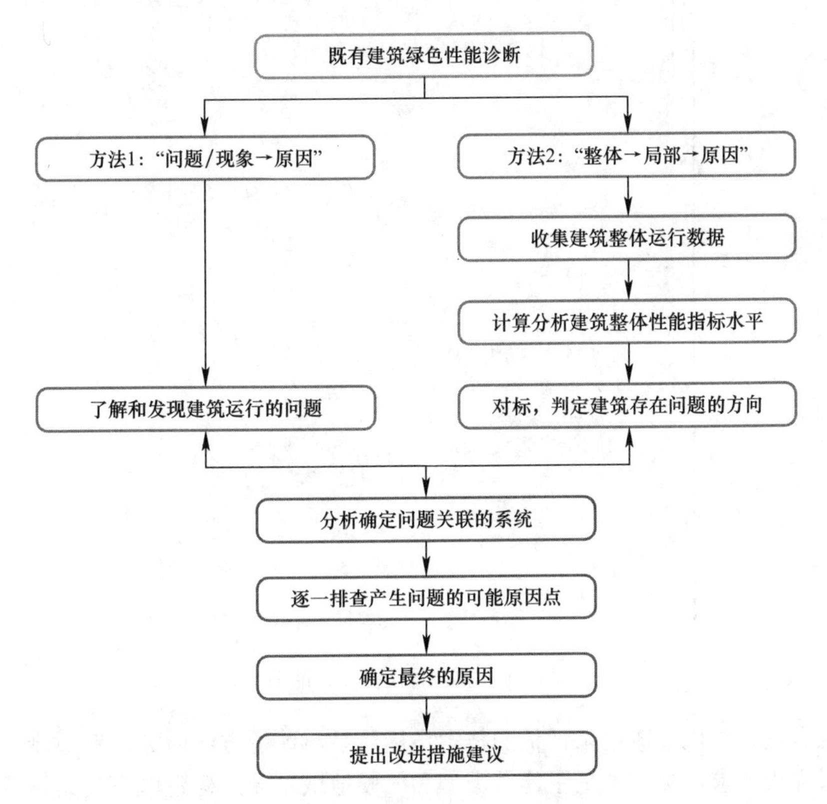

图 4-14 既有建筑绿色化诊断流程图

结合我国既有建筑绿色改造现状调研和运行常见问题分析，建立了既有建筑绿色改造中的诊断指标体系，主要包括建筑环境、围护结构、暖通空调系统、给排水系统、电气与自控以及运营管理六大方面，为 GB/T 51141—2015 评价指标体系提供了基础性研究。

2. 既有建筑绿色改造评价方法

既有建筑绿色改造评价方法主要包括 3 部分：绿色改造潜力评估的技术指标体系与评价方法研究、改造效果评估的技术指标体系与评价方法研究和绿色改造评价工具研发。

（1）绿色改造潜力评估的技术指标体系与评价方法研究。针对既有建筑绿色化改造诊断结果，重点考量改造的经济性和技术性能评价两个方面，采用层次分析法构建既有建筑绿色化改造潜力评估的技术指标体系，同时针对不同建筑类型和气候特点增加经济性评价指标。指标体系以“因地制宜、安全为重、经济技术适宜”为基本原则，分为规划与建筑、结构与材料、暖通空调、给水排水、电气、经济社会等 6 类指标，前 5 类指标体系均分为控制技术内容和评价技术内容，经济社会类指标仅有评价内容。为配合 GB/T 51141—2015 的实施，课题组开发了既有建筑绿色改造潜力评估系统，软件著作权登记号为 2015SR228139，软件著作权登记证书见图 4-15。

中华人民共和国国家版权局

计算机软件著作权登记证书

证书号：软著登字第1116225号

软件名称：既有建筑绿色改造潜力评估系统 V1.0.0.0

著作权人：中国建筑科学研究院

开发完成日期：2015年09月25日

首次发表日期：2015年09月25日

权利取得方式：原始取得

权利范围：全部权利

登记号：2015SR228139

根据《计算机软件保护条例》和《计算机软件著作权登记办法》的规定，经中国版权保护中心审核，对以上事项予以登记。

中华人民共和国国家版权局 计算机软件著作权登记专用章

No. 00884670

2015年11月[illegible]日

图 4-15　软件著作权登记证书

（2）既有建筑绿色改造效果评估的技术指标体系与评价方法研究。针对既有建筑绿色化改造效果评价要求，重点考量了建筑类型和气候地域差异，构建既有建筑绿色化改造效果评估的技术指标体系，对改造效果评价指标的评价等级进行分类和权重赋值，最后给出改造效果分级的划分方法和达标要求。绿色改造效果评估的技术指标体系与评价方法研究是 GB/T 51141—2015 的主要技术内容，详细介绍见第 4.3 节。同时，为配合 GB/T 51141—2015 的推广应用，课题组开发了既有建筑绿色化改造效果评价软件，计算机软件著作权登记号为 2014SR169017，界面如图 4-16 所示。软件以 GB/T 51141—2015 为依托，确定各专业、可量化的评价指标，通过技术路线选择、标准条文评价的方式对既有建筑的绿色改造效果进行星级评定。

此外，既有建筑绿色化改造综合检测评定技术与推广机制研究课题组还研发了既有建筑绿色改造检测监测集成装置，综合分析了适用于我国的既有建筑绿色改造政策和推广机制，并建设了既有建筑绿色改造平台及服务平台。这些研究为 GB/T 51141—2015 的编制提供了必要的技术和政策支撑。

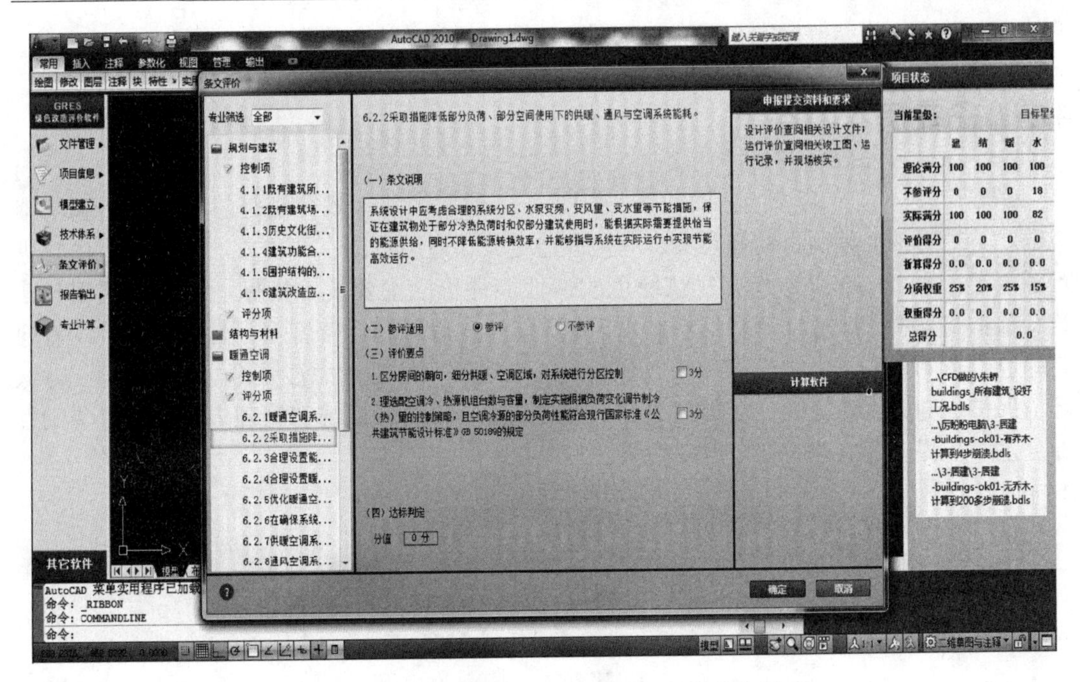

图 4-16 既有建筑绿色化改造效果评价软件主界面

4.2.5 指南编制

为配合 GB/T 51141—2015 的宣传、培训及贯彻实施工作的开展，全面系统地介绍标准编制情况和技术要点，帮助标准使用者准确理解和把握标准的有关内容，GB/T 51141—2015 编制组编写了《既有建筑绿色改造评价标准实施指南》。《指南》由四部分组成，分别为：第一篇 标准编制，第二篇 内容释义，第三篇 工程实践，附录。

第一篇 标准编制。阐述了标准编制背景、任务来源、国内外相关标准调研、内容框架、主要重点技术问题及展望。通过本篇内容，可以全面了解标准编制情况，理解标准定位、适用范围、重点和难点等，更好地利用标准指导既有建筑绿色改造评价。

第二篇 内容释义。该篇以标准主要目次为基础，对各章节条文进行了详细的释义。第1～3章的编排格式为：标准条文+【条文释义】；第4～11章的编排格式为：标准条文+【参评范围】+【条文释义】+【评价方法】。其中：【参评范围】说明本条适用的建筑类型、评价阶段及不参评情况；【条文释义】主要包括条文中特殊名词或数据的解释说明、条文含义说明、引用相关标准的规定、明确可能引起不准确理解的内容等；【评价方法】主要包括两部分：一部分是评价要点，即重点评价的内容；另一部分是明确参评所要提交的材料，即在这些材料上面能够体现评价要点。通过本篇，能够对标准条文内容有更加清晰、准确的理解。

第三篇 工程实践。该篇选择了 11 个具有特色的既有建筑改造项目，包括 7 项公共建筑和 4 项居住建筑，尽可能地兼顾各个气候区和系统形式。这些不同地域的典型案例，均从工程概况、改造目标、改造技术措施（按 GB/T 51141—2015 的 7 大类指标顺序介绍）、绿色等级评定、经济性等方面进行了分析，突出改造项目的特色技术措施，并利用 GB/T 51141—2015 对改造项目进行评价。通过本篇内容，会对既有建筑绿色改造有一定的认识，并进一步掌握标准在既有建筑绿色改造等级评价中的应用。

4.3 主要技术内容

GB/T 51141—2015 共包括 11 章，如图 4-17 所示。前 3 章分别是总则、术语和基本规定，其中对标准编制目的和意义、绿色改造定义、适用范围、评价方法和结果等内容进行了规定；第 4～10 章为既有建筑绿色改造性能评价的主要技术指标，分别是规划与建筑、结构与材料、暖通空调、给水排水、电气、施工管理和运营管理，是标准评价既有建筑绿色改造的主要技术内容；第 11 章是提高与创新，主要考虑涉及绿色建筑资源节约、环境保护、健康保障等的性能提高或创新性的技术、设备、系统和管理措施，通过奖励性加分进一步提升既有建筑绿色改造效果。

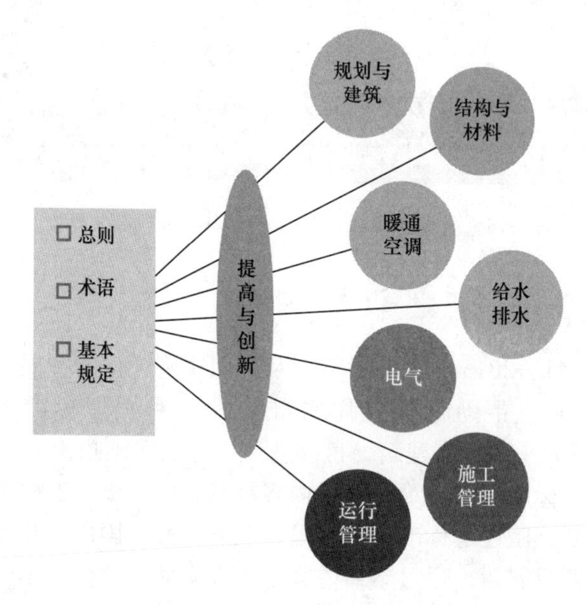

图 4-17 GB/T 51141—2015 内容框架

与新建建筑不同，对建筑的方方面面都能控制，既有建筑改造一般是只涉及部分方面，评价指标不宜使用“四节一环保”。结合既有建筑绿色改造潜力研究，既有建筑绿色改造评价指标按照专业划分更加合理，其一级指标由规划与建筑、结构与材料、暖通空调、给水排水、电气、施工管理、运营管理 7 大类组成，每类指标均包括控制项和评分项。控制项是对既有建筑绿色改造最基本的要求，是既有建筑绿色改造能够获得星级的必要条件。申请评价的既有建筑绿色改造项目必须满足标准中所有控制项的要求。评分项是对既有建筑绿色改造技术的引导和鼓励，如果参评项目采用相应的技术、措施就会得到一定的分数，是本标准用于评价和划分绿色建筑星级的重要依据。

4.3.1 规划与建筑

既有建筑规划与建筑的绿色改造评价指标适用于设计评价和运行评价。控制项对既有建筑所在场地安全问题、排放超标的污染源、日照要求、历史建筑和历史文化街区、围护结构等建筑和场地的基本性能进行了要求；评分项主要包括场地设计、建筑设计、围护结构和建筑环境效果，前三个指标是技术和性能的要求，最后一个指标是对场地优化、建筑功能和围护结构性能等绿色改造效果进行检验，如图 4-18 所示。

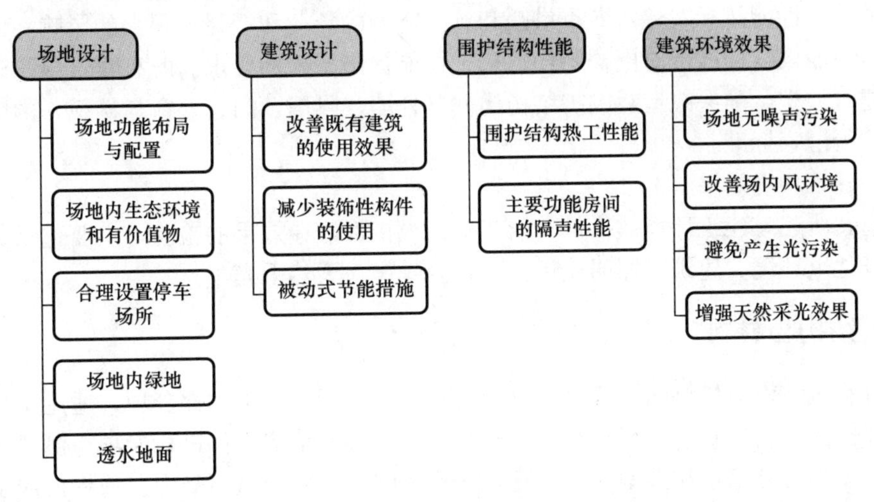

图 4-18 规划与建筑二级指标和三级指标

（1）场地设计

场地设计主要考虑了场地功能布局和配置、场地内生态环境和有价值物、合理设置停车场所、场地内绿地、透水地面等方面。场地功能分区合理、流线顺畅是保证土地高效利用的重要内容。在既有建筑绿色改造过程中应尽可能维护场地周边的生态环境，减少对场地及周边生态的负面影响，如确实需要改造场地内水体、植被等时，应在工程结束后及时采取生态复原措施；同时，场地内可利用的构筑物、构件和其他设施应按国家和地方的相关规定予以保护，并根据其功能特点加以利用，或改造后进行再利用。合理设置停车场所主要包括：设置自行车停车场，鼓励使用自行车等绿色环保的交通工具，绿色出行；采用多种机动车停车方式设施，可以满足日益增长的机动车停车需求，体现绿色建筑节约集约用地理念；同时，应科学管理、合理组织交通流线，有效提升场地使用效率。绿化是城市环境建设的重要内容，是改善生态环境和提高生活质量的重要措施，也是既有建筑绿色改造的重要内容之一，合理设置绿地可起到改善环境、调节微气候等作用。雨水下渗是消减径流和径流污染的重要途径之一，透水地面能够为雨水下渗提供良好的条件，也是建设海绵城市的重要措施之一。

（2）建筑设计

建筑设计应鼓励提升建筑使用功能、减少装饰性材料、优化室内空间利用、加强被动性措施等。随着经济发展和人们生活水平的提高，部分既有建筑受建造时技术和经济水平的制约，建筑使用功能不完善；或者随着时代的变迁和周围环境的改变，原来的使用功能不适应当前的需求。因此，需要对既有建筑的使用功能和使用空间进行提升改造。以较大的资源消耗为代价片面追求美观，不符合绿色建筑的基本理念，也是既有建筑绿色改造所不鼓励的，应减少装饰性材料的使用。采用可重复使用的隔断（墙），实现空间的灵活分隔和转换，能够在保证室内工作环境不受影响的前提下，减少室内空间重新布置时对建筑构件的破坏，避免空间布局改变带来的材料浪费和废弃物的产生。合理采用被动式措施降低建筑能耗、提升室内环境等，在既有建筑绿色改造中应优先采用被动式措施。

（3）围护结构

GB/T 51141—2015 对围护结构的要求主要体现在热工性能和隔声、采光等方面。围护结构的热工性能指标对建筑冬季供暖和夏季空调的负荷和能耗有很大的影响，国家和行业的建筑节能设计标准都对围护结构的热工性能提出明确的要求。既有建筑绿色改造应根据不同建筑类型，确保改造后围护结构构件（外墙、隔墙，门、外窗与楼板）的隔声量达到相关现行国家标准。

（4）建筑环境效果

如前文所述，建筑环境效果是对前三个二级指标改造效果的检验，主要包括场地噪声污染、场地风环境、建筑和照明光污染、室内噪声、天然采光等。

4.3.2 结构与材料

既有建筑结构与材料的绿色改造评价指标主要包括控制项和评分项，适用于设计评价和运行评价。控制项要求既有建筑绿色改造时，应对非结构构件进行专项检测或评估、不得采用国家和地方禁止和限制使用的建筑材料及制品、新增纵向受力普通钢筋应采用不低于 400MPa 级的热轧带肋钢筋、原结构构件的利用率不应小于 70%；评分项主要包括结构设计、材料选用、和改造效果，首先对结构设计和建材的选用提出了要求，然后对其改造效果进行综合评价，如图 4-19 所示。

结构设计

· 加固方案优化
· 结构加固新技术
· 土建装修一体化

材料选用

· 高强结构材料或预制构件
· 高耐久性结构材料
· 简约、环保、耐久性好的建筑装饰装修材料
· 环保、耐久性好的结构加固防护材料
· 可再利用材料、可再循环材料
· 预拌混凝土、预拌砂浆

改造效果

· 结构抗震性能提升
· 新增构件耐久性符合规范要求

图 4-19 结构与材料二级指标和三级指标

（1）结构设计

结构设计主要要求优化结构改造方案、提升结构整体性能、采用合理结构改造技术、土建工程与装修工程一体化设计。改造前应根据鉴定结果对原结构进行分析，进行方案优化，减少新增构件数量和对原结构的影响，着重提高结构整体性能。衡量抗震加固是否达到规定的设防目标，应以现行国家标准《建筑抗震鉴定标准》GB 50023 的相关规定为依据，即以综合抗震能力是否达标对加固效果进行检查、验算和评定。采用不使用模板的结构加固技术，例如外粘型钢加固法、粘贴钢板加固法、粘贴纤维复合材加固法等，可节约

模板材料，同时，加固后构件体积较原构件体积的增量越小，意味着加固材料用量越少。土建和装修一体化设计既可减少设计的反复，又可保证结构的安全，减少材料消耗，并降低装修成本。

（2）材料选用

材料选用要求在既有建筑绿色改造中应采用高强、高耐久性的结构材料，简约环保的装饰性材料，环保、耐久性好的结构加固防护性材料，可再利用、可再循环的材料，预拌混凝土、预拌砂浆等减少现场操作的材料。合理采用高强度结构材料，可减小改造过程中新增构件的截面尺寸及材料用量，同时也可减轻结构自重。形式简约的内外装饰装修方案是指形式服务于功能，避免复杂设计和构造的装饰装修方式。结构加固用胶粘剂为有机材料，可能存在异味或者对人体、环境有不利影响，且其耐久性往往比无机材料要差。结构加固材料和防护材料的耐久性对保证改造效果、延长使用寿命具有重要作用。因此，对此类材料提出环保和耐久性要求。建筑材料的再利用和循环利用是建筑节材与材料资源利用的重要内容，可以减少生产加工新材料带来的资源、能源消耗和环境污染，具有良好的经济、社会和环境效益。我国大力提倡和推广使用预拌混凝土，其应用技术已经成熟。与现场搅拌混凝土相比，预拌混凝土产品性能稳定，易于保证工程质量，且采用预拌混凝土能够减少施工现场噪声和粉尘污染，节约能源、资源，减少材料损耗。

（3）改造效果

结构改造的目的是延长使用年限，保证建筑结构的安全性，所以建筑结构的耐久性是改造效果的重要评价指标。改造时应根据实际情况和需要进行设计，使其达到现行国家标准《建筑抗震鉴定标准》GB 50023 的基本要求。当有条件时，可选用较高的后续使用年限进行改造设计和施工，且改造的施工质量满足相应验收规范的要求，改造后结构抗震性能满足设计要求，此时，可认为结构抗震性能提升，改造效果明显。建筑结构的耐久性决定着建筑的使用年限。建筑使用寿命的延长意味着更好地节约能源资源。应采取措施保证结构的耐久性符合设计使用年限的要求。

4.3.3 暖通空调

既有建筑暖通空调的绿色改造评价指标主要包括控制项和评分项，适用于设计评价和运行评价。控制项要求在暖通空调系统改造前应制定详细的节能诊断方案、重新进行热负荷和逐项逐时冷负荷的计算、不应采用电直接加热设备作为供暖热源和空气加湿热源、合理设置室内温湿度参数；评分项主要包括设备和系统、热湿环境与空气品质、能源综合利用和改造效果，其中前三个指标涵盖了主要改造技术，最后一个因素是对前三个指标的检验，如图 4-20 所示。

（1）设备和系统

设备和系统的绿色改造主要包括冷热源机组能效、水泵和风机性能、部分负荷能耗、能耗分项计量、能耗管理系统、低成本节能改造技术 6 个方面。暖通空调冷热源机组的能耗在建筑总能耗中占有较大的比重，机组能效水平的提升是改造的重点之一。在大量既有建筑中，输配系统的能耗占到整个暖通空调能耗的 25%以上，在绿色改造中要重视解决“大流量小温差”以及水泵低效率运转等问题。多数暖通空调都是按设计工况（满负荷工况）进行系统设计和设备选型的，而建筑在绝大部分时间内是处于部分负荷状况，或者同

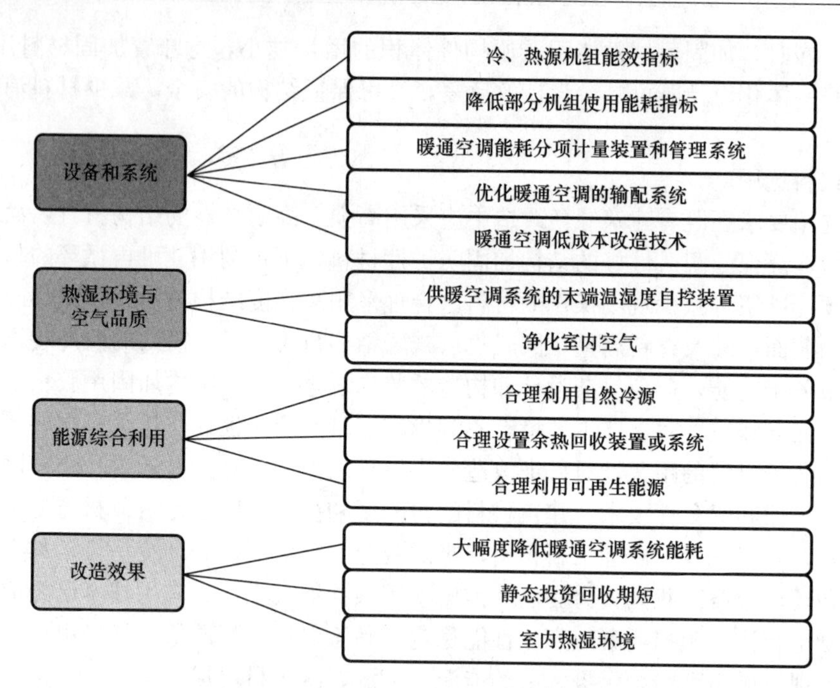

图 4-20 暖通空调二级指标和三级指标

一时间仅有一部分空间处于使用状态。针对部分负荷、部分空间使用条件的情况，如何采取有效措施节约能源，在改造过程中显得至关重要。当暖通空调能耗未分项计量时，不利于掌握系统和设备的能耗分布，难以发现能耗不合理之处。因此，在暖通空调改造时应当考虑这个问题，通过线路改造、加装电能表等方式，使暖通空调各项能耗（如冷热源、输配系统等）能实现独立分项计量，这有助于分析各项能耗水平和能耗结构是否合理，发现问题并提出改进措施，并根据独立分项计量进行收费，促进行为节能。管理是节约能源、资源的重要手段。通过设置暖通空调能耗管理系统，可以掌握各部分、设备的能耗情况，并进行数据分析对比，帮助运行管理者发现建筑运行中存在或潜在的低能效、高能耗问题，实现建筑节能潜力挖掘及运行优化，并对物业管理手段的多样化和精确化起到重要帮助作用。低成本改造技术是指在不更换机组的情况下，采取针对性改造技术降低暖通空调系统的整体能耗，主要包括增设变频装置、重设冷水机组出水温度、水泵叶轮切削技术等，其最大优势是成本较低。

（2）热湿环境与空气品质

热湿环境与空气品质主要有末端独立调节、室内净化 2 项指标。末端独立调节强调室内热舒适的可调控性，包括主动式供暖空调末端的可调性及个性化的调节措施，目标是尽量地满足用户个人热舒适的差异化需求及在满足热舒适的前提下促进行为节能的实现。鼓励根据房间、区域的功能和所采取的系统形式，合理设置可调末端装置；干式风机盘管、地板辐射等供暖空调形式，不仅有较好的节能效果，而且还能更好地提高人员舒适性。室内净化是采取有效措施净化室内空气，从而有效降低室内空气污染物的浓度。室内空气污染物大致可分为气态污染物、颗粒状污染物两类，包括甲醛、苯系物、氨、总挥发性有机物（Total Volatile Organic Compounds，TVOC）、PM10、PM2.5 等，室内空气质量直接影响到人们的生理健康、心理健康和舒适感。为了提高室内空气质量，改善居住、办公条件，增进身心健康，有必要对室内空气污染物进行控制。

(3) 能源综合利用

能源综合利用包括合理利用自然冷源、余热回收、可再生能源3项指标。在过渡季或冬季，有效利用室外低温空气，替代部分甚至全部空调冷负荷，能够大幅降低空调系统的能耗，常用的方法有全新风自然供冷、冷却塔直接或间接自然供冷、通风自然冷却（如地道风、太阳能热压通风）等。在既有建筑改造中，合理利用自然冷源供冷可以减少机组运行时间，从而达到节能目的。对空调区域排风中的冷（热）量加以回收利用，可以取得很好的节能效益和环境效益。因此，设计时可优先考虑回收排风中的能量，尤其是当新风与排风采用专门独立的管道输送时，有利于设置集中的冷（热）回收装置。可再生能源利用具有节能减排的综合效益，利用可再生能源提供生活热水、作为采暖或空调系统的冷热源等已有很多成功案例，在建筑绿色改造时，可根据当地气候和自然资源条件合理利用太阳能、地热能等可再生能源。

(4) 改造效果

改造效果包括空调能耗降幅、经济性（静态投资回收期）、室内热湿环境3项指标。采用暖通空调能耗降低幅度为评价指标，通过分别计算改造前后暖通空调的能耗，对比得出节能的实际效果，其中改造前后建筑的围护结构应具有一致性。暖通空调能耗降低幅度是指由于暖通空调采取一系列节能改造措施后，直接导致暖通空调的能源消耗（电、燃煤、燃油、燃气）降低的幅度，不包括由于围护结构的节能改造而间接导致暖通空调能源消耗的降低量。在考虑能耗降低幅度的情况下，缩短改造方案的静态投资回收期（Pt），提高投资方案的经济性。静态评价方法不考虑资金的时间价值，在一定程度上反映了投资效果的优劣，经济意义明确、直观，计算简便。室内热湿环境是建筑环境的重要内容，应当在保障室内热湿环境质量的前提下寻求建筑能耗降低的方法。室内热湿环境主要受人员的活动水平、服装热阻、室内温度、相对湿度、空气流速等参数的影响，根据既有建筑的功能需求、气候、适应性等条件，采用合理控制措施，营造节能、健康、舒适的室内热湿环境。

4.3.4 给水排水

既有建筑给水排水系统的绿色改造评价指标包括控制项和评分项，适用于设计评价和运行评价。控制项要求既有建筑绿色改造时，编制水系统改造专项方案、给排水系统设置应合理和安全、在非传统水源的安全利用；评分项主要包括设备和系统、热湿环境与空气品质、能源综合利用和改造效果，其中前三个指标涵盖了主要改造技术，最后一个因素是对前三个指标的检验，如图4-21所示。

(1) 节水系统

节水系统主要是评价给水系统无超压出流、避免管网漏损、用水分项计量和热水系统等。给水配件超压出流，不但会破坏给水系统中水量的正常分配，对用水工况产生不良的影响，同时因超压出流未产生使用效益，为无效用水量，即浪费的水量。管网漏失水量包括：阀门故障漏水量、室内卫生器具漏水量、水池、水箱溢流漏水量、设备漏水量和管网漏水量，应采取合理措施避免管网漏损。按使用用途、付费或管理单元的情况，对不同用户的用水分别设置用水计算装置，统计用水量，并据此施行计量收费，以实现“用者付

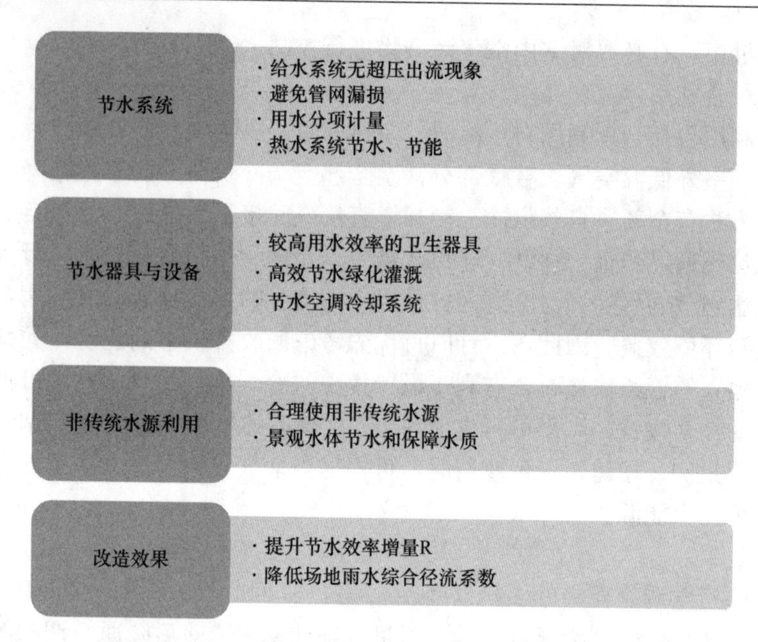

图 4-21 给水排水系统绿色改造二级指标和三级指标

费”，达到鼓励行为节水的目的，同时还可统计各种用途的用水量和分析渗漏水量，达到持续改进的目的。热水用量较小且用水点分散的建筑（办公楼、小型饮食店等），宜采用局部热水供应系统；热水用水量较大、用水点集中的建筑（居住建筑、旅馆、公共浴室、医院、疗养院、体育馆、大型饭店等），应采用集中热水供应系统，并应设置完善的热水循环系统。

（2）节水器具与设备

节水器具与设备要求建筑应安装较高效率的卫生器具、采取高效灌溉措施、选用节水空调冷却系统。采用节水型卫生器具是最明显、最直观的节水措施，由于既有建筑全面更换卫生器具存在一定难度，故根据项目具体情况采取合理措施。灌溉系统消耗了的用水，应提倡绿化灌溉或种植无需永久灌溉植物，绿化灌溉应采用喷灌、微灌、渗灌、低压管灌等节水灌溉方式，同时还可采用湿度传感器或根据气候变化的调节控制器；无需永久灌溉植物是指适应当地气候，仅依靠自然降雨即可维持良好的生长状态的植物，或在干旱时体内水分丧失，全株呈风干状态而不死亡的植物。公共建筑集中空调系统的冷却水补水量很大，可能占据建筑物用水量的30％～50％，减少冷却水系统不必要的耗水对整个建筑物的节水意义重大。

（3）非传统水源利用

虽然利用非传统水源是节水最直接、最有效的措施之一，但由于既有建筑的特殊性，对非传统水源的利用率均较新建建筑适当降低，故应合理采用，同时还应保证非传统水源的水质安全。应优先利用市政再生水，如项目周边无市政再生水利用条件，可根据可利用的原水水质、水量和用途，进行水量平衡和技术经济分析，合理确定非传统水源利用系统的水源、系统形式、处理工艺和规模。同时，鼓励将雨水控制利用和景观水体设计有机地结合起来。景观水体的补水应充分利用场地的雨水资源，不足时再考虑其他非传统水源的使用。

（4）改造效果

既有建筑给排水系统绿色改造的效果评价主要从节水效率增量和降低地面径流系数两方面进行。由于既有建筑改造存在用水规模、用水功能等多种变化的可能性，难以通过改造前后用水总量对比反映节水效果，故以节水效率增量作为评价改造后节水效果的指标。场地开发应遵循低影响开发原则，合理利用场地空间设置绿色雨水基础设施。绿色雨水基础设施包括雨水花园、下凹式绿地、屋顶绿化、植被浅沟、雨水截流设施、渗透设施、雨水塘、雨水湿地、多功能调蓄设施等。绿色雨水基础设施有别于传统的灰色雨水设施（雨水口、雨水管道等），能够以自然的方式控制城市雨水径流、减少城市洪涝灾害、控制径流污染、保护水环境。

4.3.5 电气

既有建筑电气系统的绿色改造评价指标包括控制项和评分项，适用于设计评价和运行评价。控制项要求公共建筑主要功能房间和居住建筑公共区域的照度、照度均匀度、显色指数、眩光、照明功率密度值等指标符合现行国家标准《建筑照明设计标准》GB 50034 的有关规定；照明光源应在灯具内设置电容补偿；照明光源、镇流器、配电变压器的能效等级不应低于国家现行有关能效标准规定的 3 级；夜景照明应设置平时、一般节日、重大节日三级照明控制模式。评分项主要包括配电系统、照明系统、智能化和改造效果，其中前三个指标涵盖了主要改造技术，最后一个因素是对前三个指标的检验，如图 4-22 所示。

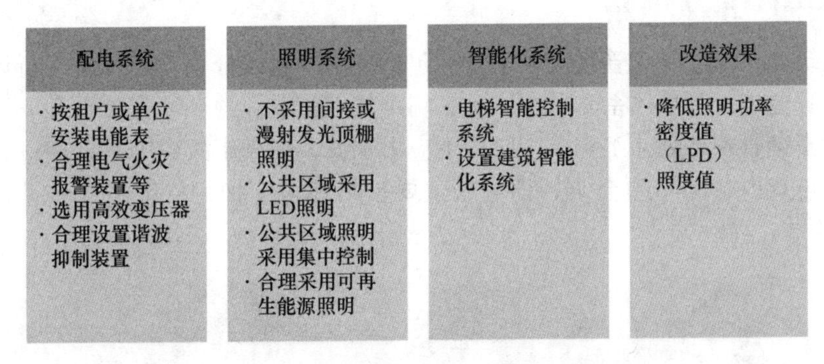

图 4-22 电气系统绿色改造二级指标和三级指标

（1）配电系统

配电系统要求用电分项计量、变压器经济运行、合理设置电气火灾报警装置、安装能效等级较高的电气设备、合理设置谐波抑制装置。供配电系统按系统分类或管理单元设置电能计量表，能够记录各系统的用电能耗。按租户或单位设置电能表，是节能管理的重要措施。现行国家有关标准中，规定了配电变压器经济运行区。增加电气火灾报警系统，能够有效减少电气火灾发生。为推进照明节能，设计中选用产品的能效水平不应低于相关能效标准中 2 级的要求。谐波是电力系统中的一种污染源，会造成一系列危害，因此必须严加抑制。

（2）照明系统

对既有建筑照明系统绿色改造的主要评价指标应包括：不采用间接照明或漫射发光顶棚的照明方式、公共区域采用 LED 照明、照明控制系统、可再生能源照明。间接照明或漫射发光顶棚的照明方式，不利于节能。间接照明是指由灯具发射的光通量只有不足10%的部分直接投射到假定工作面上的照明方式。发光顶棚照明是指光源隐蔽在顶棚内，使顶棚成发光面的照明方式，发光二极管（LED）具有启动快、寿命长、能效高等优点。相对于传统照明，其另外一大特点是其易于调节和控制，能进一步提高节能效果。分区、分组控制可以根据实际需求调整照明水平，做到按需照明，有利于节能。采取降低照度的自动控制措施，可以根据室外天气条件的变化，自动降低人工照明的照度，达到节能的目的。目前，利用可再生能源解决部分或全部照明用电的建筑在逐年增加，故在既有建筑绿色改造中也应鼓励可再生能源发电技术的应用。

（3）智能化系统

既有建筑智能化改造主要体现在电梯控制和设置建筑智能化系统方面。电梯和扶梯的节能控制措施包括但不限于电梯群控、扶梯感应启停及变频、轿厢无人自动关灯、驱动器休眠等。通过智能化技术与绿色建筑其他方面技术的有机结合，有望有效提升建筑综合性能。

（4）改造效果

在大部分建筑的电气中，照明系统的能耗占到了比较大的比例，故对于电气系统的改造，采用照明功率密度值和照度作为改造效果评价的依据。现行国家标准《建筑照明设计标准》GB 50034 中将主要功能房间一般照明的照明功率密度（LPD）作为照明节能的评价指标。在满足照度均匀度、显色指数、眩光等指标的前提下，照度过高浪费能源。

4.3.6 施工管理

既有建筑绿色改造施工管理的评价指标包括控制项和评分项，适用于运行评价。控制项要求建立绿色施工管理体系和组织机构、制定施工全过程的环境保护计划、制定施工人员职业健康安全管理计划、工程施工阶段不应出现重大安全事故、施工前应进行设计文件中绿色改造重点内容的专项会审；评分项主要包括环境保护、资源节约和过程管理，如图 4-23 所示。

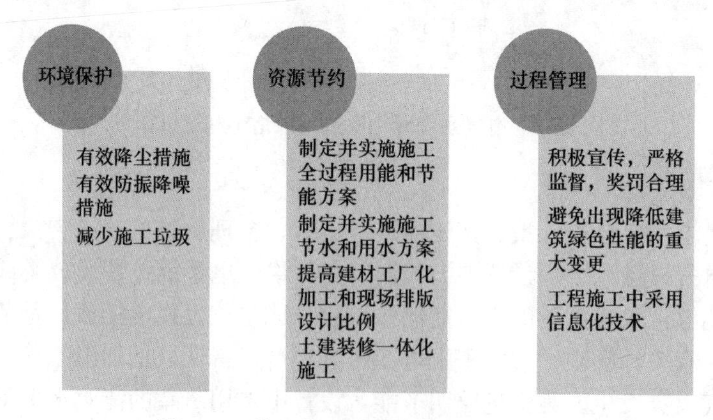

图 4-23 施工管理二级指标和三级指标

（1）环境保护

在既有建筑绿色改造施工过程中应对场地周边环境进行保护，主要包括以下方面：有效降尘措施、有效采取防振降噪措施、绿色拆除。施工扬尘是主要的大气污染源之一，施工中应采取有效的降尘措施，降低大气总悬浮颗粒物浓度。施工过程中产生的噪声是影响周边居民生活的主要因素之一，也是居民投诉的主要对象，为了减少施工噪声排放，应采取降低噪声和阻止噪声传播的有效措施。减少建筑施工废弃物并资源化，是施工管理需要重点考虑的问题，建筑改造施工废弃物减量化应在材料采购、材料管理、施工管理，以及既有建筑拆除的全过程实施。

（2）资源节约

制定并实施施工全过程用能和节能方案、用水和节水方案、提高工厂化加工比例和现场排版设计比例、土建装修一体化施工等是绿色改造施工节约资源的重要体现。施工中应制定节能（水）和用能（水）方案，提出建成每平方米建筑能（水）耗目标值，预算各施工阶段用电（水）负荷，合理配置临时用电设备，尽量避免多台大型设备同时使用，有效降低施工过程能（水）耗。工厂化加工制作不仅提高精度和减少材料浪费，还可减小现场的工作量和噪声排放，此外，合理的排版也可减少废料的产生。在选材和施工方面尽可能采取工业化制造，具备稳定性、耐久性、环保性和通用性的设备和装修装饰材料，从而在工程竣工验收时室内装修一步到位，避免二次装修造成大量垃圾及已完成建筑构件和设施的破坏。

（3）过程管理

既有建筑绿色改造施工过程管理主要体现在：积极宣传、严格监督、避免设计变更、信息化施工管理等方面。绿色施工对施工过程的要求较高，需要把“四节一环保”的理念贯彻到施工的各个环节中。因此，有必要开展绿色施工知识的宣传，定期组织面向单位职工和相关人员的培训，并进行监督；建立激励制度，保证绿色施工的顺利实施。绿色改造的设计文件经审查后，在改造施工过程中往往可能需要进行变更，这样有可能使建筑的相关绿色指标发生变化，故在建造过程中严格执行审批后的设计文件。在改造施工阶段更多的管理和技术环节中积极采用信息化技术，提高项目管理水平，降低技术、安全风险。

4.3.7 运营管理

既有建筑绿色改造后运营管理的评价指标包括控制项和评分项，适用于运行评价。控制项要求制定并实施节能、节水、节材与绿化管理制度；制定并实施生活垃圾管理制度，并应分类收集、规范存放；制定并实施废气、污水等污染物管理制度，污染物应达标排放；建筑公共设施应运行正常且运行记录完整。评分项主要包括管理制度、运行维护和跟踪评估，如图 4-24 所示。

（1）管理制度

管理制度主要是对既有建筑绿色改造完成投入运营后制定的相关制度和实施情况进行评价，主要包括：物业管理单位通过相关管理体系认证、设置能源和水资源管理小组、制定预防性维护制度及应急预案、实施能源资源管理激励机制、开展绿色建筑管理宣传活动。物业管理机构通过 ISO 14001 环境管理体系认证，是提高环境管理水平的需要，可达到节约能源、降低资源消耗、减少环保支出、降低成本的目的，降低环境风险。设置能源和水资源管理小组，对能源和水资源使用情况进行监督检查，分析能源和水资源消耗数据，挖掘设施节能与节水潜力。建立建筑公共设施的预防性维护制度和应急预案不仅可以降低设施维修成本，实现节能降耗和运行安全，而且有利于提高设施运行水平。实施能源资源管理激励机制，特别是经济激励机制将促进物业管理者和房屋使用者采取有效措施实

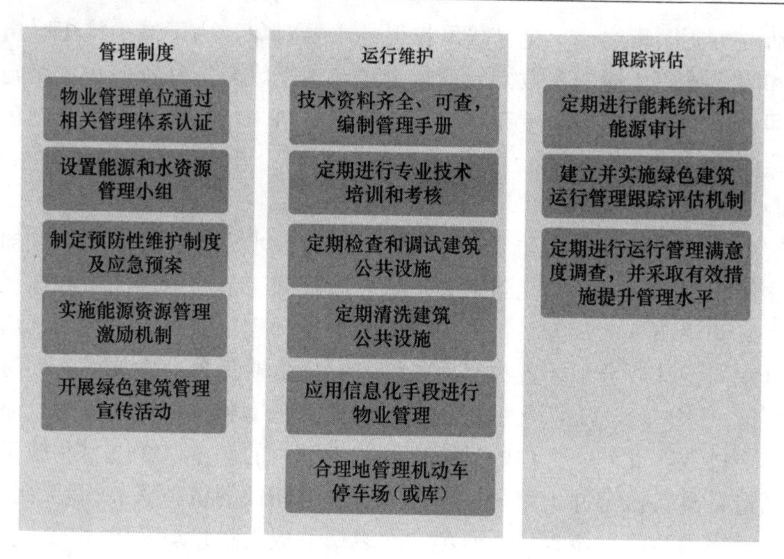

图 4-24 运营管理二级指标和三级指标

现节约能源和资源。在建筑的运行过程中，使用者和物业管理人员的意识与行为，直接影响绿色建筑的目标实现，因此需要建立绿色建筑知识宣传机制，倡导绿色理念与绿色生活方式。

（2）运行维护

运行维护的评价指标包括：技术资料齐全、编制管理手册、定期进行专业技术培训和考核、定期检查和调试建筑公共设施、定期清洗建筑公共设施、应用信息化手段进行物业管理、合理地管理机动车停车场（库）。目前项目运行中，普遍存在物业管理机构没有相关系统的设计资料，不了解设计意图，对调试过程也不甚清楚，这就导致很多物业人员不知道后期该如何对一些系统和设备进行运行管理。同时，应编制设施运行管理手册，其中包括系统和设备的运行管理措施、控制和使用方法、运行使用说明以及不同工况设置等手册，并将其作为技术资料纳入项目的物业管理中。应加强对运行管理和操作人员进行专业技术和绿色建筑新技术的培训，使之树立正确的绿色理念，掌握扎实的专业知识，承担起建筑公共设施的专业化运行管理。设备系统的调试不仅限于建筑的竣工验收阶段，而是一项持续性、长期性的工作，因此，物业管理机构有责任定期检查、调试设备系统，标定各类检测仪器的准确度，不断提升设备系统的性能，提高建筑的能效管理水平。清洗空调系统，不仅可节省系统运行能耗、延长系统的使用寿命，还可保证室内空气品质，降低疾病产生和传播的可能性。信息化管理是实现绿色建筑物业管理定量化、精细化的重要手段，对保障建筑的安全、舒适、高效及节能环保的运行效果，提高物业管理水平和效率，具有重要作用。智能停车场管理系统是现代化停车场车辆收费及设备自动化管理的统称，通过智能设备实现计时收费、车辆管理等目的。

（3）跟踪评估

在绿色改造后，为了高效、持久地保持绿色性能，应该对既有建筑的运行进行跟踪评估，跟踪评估的评价主要体现在：定期进行能耗统计和能源审计、建立并实施绿色建筑运行管理跟踪评估机制、定期进行运行管理满意度调查并采取有效措施提升管理水平等方面。能耗统计和能源审计是实施节能运行管理的重要手段，通过能耗统计和能源审计可以发现运行中存在的问题，找出一些低成本或无成本的节能措施，这些措施可为业主实现5%～15%的节能潜力。为保证项目的改造效果，应建立运行管理的跟踪机制，长期监管并及时修正偏差，以确保节能效果的持续性。物业的运行管理水平对项目的节能节水非常重要，本条重点是从使用者的角度考察物业管理，设计调查问卷了解使用者对运行管理各个方面的满意度，基于使用者不满意之处，采取有效措施进行改善。

GB/T 51141—2015 的 7 大类指标共包括控制项 32 条和评分项 89 条，基本涵盖既有建筑绿色改造效果评价的各个方面，详见表 4-1。

GB/T 51141—2015 评价指标体系（不含加分项） **表 4-1**

	规划与建筑	结构与材料	暖通空调	给水排水	电气	施工管理	运营管理
控制项	场地安全；污染源排放；日照标准；历史建筑和历史街区；围护结构基本性能	非结构构件专项检测；建筑材料及制品；新增纵向受力钢筋；原结构构件利用率	节能诊断；热负荷和逐时冷负荷重新计算；电直接加热设备；室内空气参数设置	专项方案；给排水系统安全可靠；安全非传统水源利用	照明质量；照明功率密度值；高压汞灯和白炽灯；照明光源电容补偿；电器产品能效等级；夜景照明控制模式	管理体系和组织机构；环境保护计划；安全施工；绿色改造专项会审	节能、节水、节材与绿化管理制度；垃圾管理制度；污染物管理制度；公共设施运行记录
评分项	场地交通；周边生态环境；停车场所和设施；绿化用地；透水地面；室内功能分区；风格统一、装饰简约；室内空间灵活分隔；被动降低能耗措施；围护结构热工性能；功能房间隔声性能；场地内环境噪声；场地风环境；光污染控制；室内噪声；天然采光	结构改造方案；结构改造要求；结构改造技术；土建与装修一体化设计；高强结构材料；高耐久性结构材料；装修简约、材料环保；结构加固和防护材料；可再利用和可再循环材料；预拌混凝土和预拌砂浆；结构抗震性能提升；结构耐久性与设计使用年限相适应	供暖空调机组能效；空调输配系统性能；部分负荷运行能耗；暖通空调用能计量；能源系统管理平台；低成本改造技术；末端独立调节；室内空气净化；自然冷源；余热回收；可再生能源；空调能耗；静态回收期；室内热湿环境	给水系统出水压力；管网漏损；用水分项计量与收费；热水系统；卫生器具；绿化灌溉；空调冷却水系统；非传统水源；景观水体；节水效率增量；场地雨水综合径流系数	用电分项计量；变压器优化运行；火灾报警和漏电保护；电器产品能效等级；谐波抑制装置；间接照明；LED照明；照明分区控制；可再生能源照明；电梯节能；建筑智能化；照明功率密度值照度	降尘措施；减振、降噪措施；绿色拆除；用能和节能方案；用水和节水方案；材料工厂加工和现场排版设计；土建装修一体化施工；绿色施工宣传，奖惩制度；设计文件变更；信息化施工技术	物业管理机构认证；能源和水资源管理机构；预防性维护制度及应急方案；能源资源激励机制；绿色建筑宣传；公共设施技术资料；运行管理人员培训和考核；公共设施检查和调试；公共设施清洗；信息化物业管理；机动车停车场管理；能耗统计和能源审计；运行管理跟踪评估；用户满意度调查

4.3.8 指标权重

考虑到不同指标对不同类型建筑的影响的差别，在 GB/T 51141—2015 中对既有建筑绿色改造按照公共建筑和居住建筑进行分类，同时又因为设计评价和运行评价所参评的指标不同，故既有建筑绿色改造评价体系应包括 4 套指标权重。设计评价指标包括建筑与规划、结构与材料、暖通空调、给水排水和电气 5 个一级指标；运行评价指标包括建筑与规划、结构与材料、暖通空调、给水排水、电气、施工管理和运行管理 7 个一级指标。通过向国内建筑不同领域专家发放调查问卷，利用群体决策层次分析法建立判断矩阵并求解权重值，结果如表 4-2 所示。

既有建筑绿色改造一级指标评价权重　　表 4-2

评价阶段与建筑类型 \ 评价指标		规划与建筑	结构与材料	暖通空调	给水排水	电气	施工管理	运营管理
设计评价	居住建筑	0.25	0.20	0.22	0.15	0.18	—	—
	公共建筑	0.21	0.19	0.27	0.13	0.20	—	—
运行评价	居住建筑	0.19	0.17	0.18	0.12	0.14	0.09	0.11
	公共建筑	0.17	0.15	0.22	0.10	0.16	0.08	0.12

标准编制组结合我国既有建筑绿色改造的实践经验和研究成果，借鉴有关国外先进标准，开展了多项专题研究和试评，广泛征求各方面的意见，编制完成我国第一部既有建筑绿色改造评价标准。GB/T 51141—2015 技术指标科学合理，针对既有建筑的改造特点，符合建筑全寿命期总体合理的原则，创新性、可操作性和适用性强，标准编制总体上达到国际先进水平。

4.4 关键技术及创新

4.4.1 关键技术

1. 适用范围

既有建筑绿色改造后，建筑的使用功能可能发生变化，本标准适用于改造后为民用建筑的绿色性能评价。具体包括以下 3 种情况：(1) 改造前后均为民用建筑，且改造前后使用功能不发生变化；(2) 改造前后均为民用建筑，但改造后使用功能发生变化，例如办公建筑改造为酒店建筑；(3) 改造前为非民用建筑，改造后为民用建筑，使用功能发生变化，例如工业厂房改造为公共建筑或居住建筑。同时，既有建筑改造绿色评价以进行改造的既有建筑单体或建筑群作为评价对象，评价对象中的扩建面积不应大于改造后建筑总面积的 50%，否则本标准不适用。

2. 改造技术选用

我国各地域在气候、环境、资源、经济与文化等方面都存在较大差异，既有建筑绿色改造应结合自身及所在地域特点，采取因地制宜的改造措施，这对 GB/T 51141—2015 条文提出了较高的要求。通过 4 次项目试评，不断发现问题并完善条文，使 GB/T 51141—2015 能够兼顾不同气候区、不同建筑类型和不同系统形式，有效避免了适用范围很窄的技术措施，尽可能避免不参评项。GB/T 51141—2015 条文不鼓励难度大、费用高的改造技术，而是鼓励在充分利用既有设备、系统等的基础上，合理采取主动和被动措施，提升既有建筑的综合性能。所以，在编写过程中按照改造技术对绿色性能的贡献来设置条文和分数，而不是按照改造技术实施的难易程度和成本高低来设置。

3. 评价方法

GB/T 51141—2015 的评价内容包括控制项、评分项和加分项。控制项是对既有建筑绿色改造最基本的要求，是既有建筑绿色改造能够获得星级的必要条件。对 7 类一级指标的评分项分别赋值 100 分，依据评价条文的规定确定得分或不得分，是 GB/T 51141—2015 用于评价和划分绿色建筑星级的重要依据。同时，为创新与提高设置了分数，即为加分项，加分项最高得分为 10 分。评价方法定为在满足所有控制项（不参评项除外）的基础上，对评分项逐条评分后分别计算各类指标得分和加分项附加得分，然后对各类指标得分加权求和并累加上附加得分计算出总得分。

对于具体的参评建筑而言，它们在功能、所处地域的气候、环境、资源等方面客观上存在差异，对不适用的评分项条文不予评定。这样，适用于各参评建筑的评分项的条文数量和总分值可能不一样。因此，用“得分率”来衡量建筑实际达到的绿色程度更加合理。具体计算示例如表 4-3 所示。

GB/T 51141—2015 评分算例（居住建筑运行评价） **表 4-3**

评价指标类别	规划与建筑	结构与材料	暖通空调	给水排水	电气	施工管理	运营管理	提高与创新
理论满分	100	100	100	100	100	100	100	10
实际满分	95	90	90	80	86	100	100	10
实际得分	75	80	66	72	83	80	85	0
得分率	0.79	0.89	0.73	0.90	0.97	0.80	0.85	0
权重	0.19	0.17	0.18	0.12	0.14	0.09	0.11	—
计算值	15.01	15.13	13.14	10.8	13.58	7.20	9.35	—
总得分	84.21							

4. 等级划分

根据绿色建筑发展的实际需求，结合目前有关管理制度，本标准将既有建筑绿色改造的评价分为设计评价和运行评价。设计评价的对象是图纸和方案，还未涉及施工和运营，所以不对施工管理和运营管理两类指标进行评价，但设计评价时可以对施工管理和运营管理 2 类指标进行预评价，为申请运行评价做准备。运行评价对象是改造后投入使用满一年（12 个自然月）的建筑整体，是对最终改造结果的评价，检验既有建筑绿色改造并投入实际使用后是否真正达到了预期的效果，应对全部 7 类指标进行评价。根据设计评价和运行评价得分对参评项目进行星级评定，鉴于既有建筑可能不对所有专业进行改造，标准不对各指标的最低得分进行要求，只要满足所有控制项即可，具体见表 4-4。

既有建筑绿色改造等级划分表 **表 4-4**

	参评指标	必要条件	得分与星级		
			≥50	≥60	≥80
设计评价	规划与建筑、结构与材料、暖通空调、给水排水、电气	满足所有控制项	一星	二星	三星
运行评价	规划与建筑、结构与材料、暖通空调、给水排水、电气、施工管理、运营管理				

5. 改造效果评价

在规划与建筑、结构与材料、暖通空调、给水排水、电气章节中设置了改造效果评价，分值为 25 分左右，目的是不仅要采用某一项技术或措施，还要保证其效果。为了提高效果评价的可操作性，根据改造技术或措施的不同，可选用改造前后性能对比或与相关标准要求相比较的方法。改造前后的性能对比是指，在满足有关标准规范基本要求的前提下，性能水平提升越高得分越多。这种方法主要适用于改造前后均采用相应的设备、系统等，例如建筑功能变化不大，既有办公建筑改造后仍为办公建筑。与相关标准要求相比较是指，只对项目改造后的性能进行评价，达到相关现行标准规范越高的要求得分越多。这种方法主要适用于改造前后采用的设备、系统等有较大变化的情况，例如建筑功能发生较大变化，酒店建筑改为办公建筑、工业厂房改为商店建筑等。

6. 结构改造评价

既有建筑改造后各方面绿色性能是建立在结构安全可靠的基础上，故在 GB/T 51141—2015 中提出了结构改造评价。对结构评价包括以下三种方法：

（1）既有建筑改造可能不进行结构改造，如装修改造、节能改造等。当结构经鉴定满足相应鉴定标准要求而不进行结构改造时，则在满足 GB/T 51141—2015 第 5 章相关控制项要求的基础上，评分项“结构设计”和“材料选用”节直接得满分，“改造效果”节不计分，第 5 章总得分为 70 分。

（2）若既有建筑结构是按现行国家标准《建筑抗震设计规范》GB 50011 和现行相关结构设计、施工规范进行设计、施工，且既有建筑改造不涉及结构改造，此时可不作鉴定，评价时在满足本标准第 5 章相关控制项要求的基础上，评分项“结构设计”和“材料选用”节直接得满分，“改造效果”节不计分，第 5 章总得分为 70 分。

（3）如果既有建筑进行结构改造，评价时应在满足 GB/T 51141—2015 第 5 章控制项的基础上按评分项条文逐条评价得分。

4.4.2 专家评价

GB/T 51141—2015 的专家审查委员会认为：标准评价指标体系充分考虑了我国国情和既有建筑绿色改造特点，具有创新性；标准技术指标科学合理，针对既有建筑的改造特点，符合建筑全寿命期总体合理的原则，创新性、可操作性和适用性强；标准编制总体上达到国际先进水平；标准的实施将对促进我国既有建筑绿色改造、规范绿色改造评价起到重要作用。

4.5 实施应用

为做好 GB/T 51141—2015 的贯彻实施，使有关人员深入理解、准确把握标准相关要求，统一既有建筑绿色改造评价尺度，进一步推动既有建筑绿色改造，促进我国绿色建筑发展，GB/T 51141—2015 宣贯培训会议于 2016 年 10 月 13 日至 14 日在北京召开。宣贯培训由 GB/T 51141—2015 主编单位中国建筑科学研究院主办；获得了中国工程建设标准化协会绿色建筑与生态城区专业委员会的支持；由中国建筑科学研究院培训中心和北京科海之滨国际会展服务有限公司负责具体实施。会议主要包括三部分：宣传推动我国既有建筑绿色改造发展；解读新制订的 GB/T 51141—2015 条款；结合新标准制订介绍既有建筑绿色改造方案设计和评价方法。

4.6 编制团队

4.6.1 编制组成员

GB/T 51141—2015 由中国建筑科学研究院、住房和城乡建设部科技发展促进中心共同主编，参编单位包括哈尔滨工业大学、上海市建筑科学研究院（集团）有限公司、中国建筑技术集团有限公司、华东建筑设计研究院有限公司、深圳市建筑科学研究院股份有限公司、沈阳建筑大学、上海维固工程实业有限公司、北京建筑技术发展有限责任公司、温州设计集团有限公司、中国城市科学研究会绿色建筑中心、北京中竞同创能源环境技术股份有限公司、方兴地产（中国）有限公司、哈尔滨圣明节能技术有限公司等 13 家单位。

GB/T 51141—2015 编制团队由国内一流的科研院所、高校、施工企业、设计单位、协会等组成，章节负责人均是“十一五”和“十二五”既有建筑改造项目及的研究团队成员，在既有建筑性能提升领域积累了丰富的理论和实践经验，各具所长，具有良好的延续性。编制组覆盖我国东北、华北、华东、华南和西南等地区，能够充分调动不同区域的优势资源，在全国范围内展开研究工作，为 GB/T 51141—2015 的顺利进行打下了良好的基础。

GB/T 51141—2015 具体分工为：第 1～3 章由中国建筑科学研究院王清勤教授级高级工程师、王俊研究员、程志军研究员编写；第 4 章由哈尔滨工业大学金红教授、住房和城乡建设部科技发展促进中心张峰教授级高级工程师、温州设计集团有限公司林胜华高级建筑师、哈尔滨圣明节能技术有限公司孙洪磊工程师编写；第 5 章由中国建筑科学研究院王俊研究员、程志军研究员和赵霄龙研究员，华东建筑设计研究院有限公司田炜教授级高级工程师，上海市建筑科学研究院（集团）有限公司李向民教授级高级工程师编写；第 6 章由中国建筑科学研究院王清勤教授级高级工程师、中国城市科学研究会绿色建筑研究中心孟冲工程师、沈阳建筑大学冯国会教授和于靓副教授、哈尔滨工业大学姜益强教授、北京中竞同创能源环境技术股份有限公司史新华教授级高级工程师、方兴地产（中国）有限公司左建波高级工程师编写；第 7 章由深圳市建筑科学研究院股份有限公司王莉芸高级工程师、中国城市科学研究会绿色建筑研究中心郭丹丹工程师编写；第 8 章由中国建筑科学研究院赵建平研究员编写；第 9 章由中国建筑技术集团有限公司李东彬教授级高级工程师、上海维固工程实业有限公司陈明中高级工程师、住房和城乡建设部科技发展促进中心梁洋工程师编写；第 10 章由中国建筑科学研究院上海分院孙大明教授级高级工程师、马素贞高级工程师编写；第 11 章由中国建筑科学研究院叶凌副研究员根据各章内容编写。

4.6.2 主编人

王清勤，博士，教授级高级工程师，中国建筑科学研究院副院长，“新世纪百千万人才工程国家级人选”，享受国务院政府特殊津贴专家。担任“十一五”国家科技支撑计划重大项目实施专家组副组长，建设部国家科技支撑项目管理办公室副主任，兼任建设部防

灾研究中心主任。住房城乡建设部绿色建筑评审专家委员会专家，中国建筑科学研究院学术委员会副主任，中国建筑节能协会副会长，中国工程建设标准化协会绿色建筑与生态城区专业委员会主任，中国城市科学研究会绿色建筑专业委员会副主任，北京市绿色建筑国际科技合作基地主任，北京市绿色建筑设计工程技术研究中心主任等。长期从事建筑环境与节能、绿色建筑方面的科研开发、标准规范编制、工程项目咨询等工作。

主持和承担了“九五”、“十五”国家科技攻关计划、“十一五”和“十二五”国家科技支撑计划、建设部科技计划、科技部科研院所科技专项等多项科研项目。负责和参与中加建筑节能国际科技合作 CIDA 项目、中日合作住宅性能和部品的认证 JICA 项目、中英城市可持续发展联盟（nCUBUS）项目、欧盟玛丽·居里国际科技人员交流框架计划项目、中美清洁能源国际合作项目、美能源基金会等多项国际合作项目。主持制定国家标准《既有建筑绿色改造评价标准》GB/T 51141—2015、《节能建筑评价标准》GB/T 50668—2011、《绿色商店建筑评价标准》GB/T 51100—2015 等 8 项，参与制定国家标准《绿色建筑评价标准》GB/T 50378—2014、《绿色生态城区评价标准》（在编）等 5 项。获省部级科技进步奖 10 项，合作出版著作 10 部，发表学术论文 60 余篇。负责组织编制绿色建筑年度报告、建筑防灾年鉴等系列图书。

4.6.3 核心专家

（1）王俊

王俊，工学博士，研究员，中国建筑科学研究院院长，国务院政府特殊津贴专家，中国建筑学会副理事长，中国土木工程学会副理事长，中国认证认可协会副会长，中国建筑业协会专家委员会副主任，中国绿色建筑委员会副主任。长期从事既有建筑绿色改造、结构工程检测与评定等领域的科研及管理工作。

主要研究成果如下：作为项目负责人，主持“十一五”国家科技支撑计划重大项目“既有建筑综合改造关键技术研究与示范”、“十二五”国家科技支撑计划项目“既有建筑绿色化改造关键技术研究与示范”和“十三五”国家重点研发计划项目“既有公共建筑综合性能提升与改造关键技术”；作为课题负责人，承担“十一五”国家科技支撑计划课题“既有建筑安全性改造关键技术研究”、“十二五”国家科技支撑计划课题“既有建筑绿色化改造综合检测评定技术与推广机制研究”和“十三五”国家重点研发计划课题“既有公共建筑改造实施路线、标准体系与重点标准研究”，以及其他多项国家、省部级课题；主持和参与编写多部国家、行业和学会标准；主编《既有建筑改造年鉴》（2010—2015 年度）6 本、《国外既有建筑绿色改造标准和案例》等著作；主持完成的多项研究成果获得国家、省部级奖励，其中“既有建筑安全性改造关键技术研究”等成果荣获 2013 年度华夏建设科技进步奖一等奖（个人排名第一）。

（2）程志军

程志军，工学博士，研究员，中国建筑科学研究院标准规范处处长，兼任住建部强制性条文协调委员会常务副秘书长、中国土木工程学会标准与出版工作委员会常务副主任委

员。荣获国家科技进步二等奖、华夏科技一等奖等8项省部级二等以上奖励及“中国标准化十佳人物”、“中国工程建设标准化年度人物”等称号。主持住建部房屋建筑标准体系、绿色建筑标准体系、BIM应用标准体系研究编制。主持完成国家科技支撑计划课题“绿色建筑评价指标体系与综合评价方法研究”，负责国家重点研发计划项目“建筑工业化技术标准体系与标准化关键技术”。目前，主持“十三五”国家重点研发计划项目“建筑工业化技术标准体系与标准化关键技术”，及其课题一“工业化建筑标准体系建设方法与运行维护机制研究”。

（3）张峰

张峰，教授级高级工程师，住房和城乡建设部科技与产业化发展中心科技工程与技术咨询处处长。

主要从事绿色建筑、绿色生态城区、城市修补生态修复和低碳生态城市等领域的研究与实践。先后负责和参与了建设部文件“绿色建筑评价标识管理办法”、“绿色建筑评价技术细则”、建设部课题“低能耗绿色建筑示范区技术导则”、“绿色生态城区规划导则”、“城市生态评估与修复导则”、国家标准“绿色医院建筑评价标准”、“既有建筑改造绿色评价标准”、地方标准“天津生态城绿色建筑评价标准”的编写，负责和参与了美国能源基金会项目“绿色建筑与低能耗建筑示范工程管理办法研究”、中法合作项目“中国高环境质量住宅技术指南”、中德可持续城市合作项目、联合国计划开发署（UNDP）项目“汶川震后农房恢复重建项目”、全球环境基金（GEF五期）项目“中国城市建筑节能和可再生能源应用项目”、国家“十五”“绿色建筑实施机制研究”、国家“十一五”“绿色建筑部品全生命周期成本和效益分析研究”、“城镇绿地建设后评估技术导则研究”、“绿色建筑及关键产品认证方法和标识体系”、国家“十二五”“既有建筑绿色化改造政策与机制研究”等课题研究。公开发表论文20余篇，参编书籍5部。曾经获住房和城乡建设部华夏科学技术进步一等奖1项、二等奖3项；获辽宁省科技进步二等奖1项，辽宁省科技进步三等奖1项；获得第二届绿色建筑创新奖二等奖1项。

4.7 延伸阅读

［1］王俊．既有建筑绿色改造的科研项目、标准规范与案例简介［J］．施工技术，2014，10：4-9.

［2］王俊，王清勤，程志军．国家标准《既有建筑改造绿色评价标准》编制［J］．建设科技，2014，06：87-89.

［3］王俊，王清勤，程志军．国家标准《既有建筑改造绿色评价标准》的框架结构和重点技术问题探讨［J］．施工技术，2014，10：1-3.

［4］朱荣鑫，王清勤，李楠．国外典型既有建筑绿色评价标准指标权重对比分析［J］．施工技术，2014，10：14-17.

［5］朱荣鑫，王厚华，王清勤，李国柱．既有建筑绿色改造评价指标体系和权重研究［J］．暖通空调，2015，12：2-7.

［6］孟冲，王清勤，朱荣鑫，李国柱．既有暖通空调系统绿色改造综合评价［J］．煤气与热力，2016，

36 (3)：10-14.
[7] 王清勤，叶凌，朱荣鑫. 国家标准《既有建筑绿色改造评价标准》GB/T 51141—2015 的主要技术内容和特点 [J]. 工程建设标准化，2016，8：74-77.
[8] 王清勤，王俊，程志军主编. 既有建筑绿色改造评价标准实施指南. 北京：中国建筑工业出版社，2016.
[9] 王俊，王清勤，叶凌主编. 国外既有建筑绿色改造标准和案例. 北京：中国建筑工业出版社，2016.

5 绿色工业建筑评价标准 GB/T 50878—2013

5.1 编制背景

发展绿色工业建筑既是国家发展的必然需求，也是全球经济环境下我国工业转型升级的必然要求。工业能源强度的下降是全球工业发展的必然趋势，中国作为全球工业化的重要组成部分，必然会在淘汰落后产能的进程上不断努力；另外，工业能源强度与国内收入成反比，发达国家平均能源强度较低，而低收入发展中国家平均能源强度较高，这也从一个侧面反映出，我国要实现经济发展，工业能源强度的下降是一个必然趋势。工业建筑能耗作为工业能耗的重要组成部分，开展绿色工业建筑以降低工业建筑能耗进而促进工业能源强度的下降，是我国工业转型升级的必然要求。近年来，我国高度重视节能减排工作，工业领域也面临着巨大节能压力和降耗指标。降低工业建筑能耗是落实工业节能减排的突破口和重要支撑。目前，我国工业建筑面积已近百亿平方米，而单位产值能耗较高，工业建筑节能潜力较大。改革开放以来，我国工业强势发展，由此也带来了明显的环境问题。解决环境问题、落实大气污染防治工作成为我国中央和地方政府的工作重点。而在工业建筑全寿命周期都高度重视环境保护的绿色工业建筑必然也是未来工业建筑的发展方向，是国家对工业可持续发展的要求。我国工业建筑能耗基础数据尚有待完善。目前多数发布的清洁生产标准，也是针对全厂能耗提出要求。发展绿色工业建筑，开展绿色工业建筑评价，可以收集企业建筑能耗、水耗的重要基础信息，为制订更加全面的清洁生产标准、能耗定额限值以及其他节能指标提供重要的数据支撑。

发展绿色工业建筑也是企业发展的内在需求。发展绿色工业建筑是企业良好社会形象的需求。开展绿色工业建筑建设，对于企业而言，是响应国家节能减排号召、企业落实大气污染防治的行动体现，也是一个企业社会责任心的体现。开展绿色工业建筑是企业节约成本的需求。节约成本，几乎是所有企业永不停歇的追求。开展绿色工业建筑建设，是在日趋激烈的竞争环境下，降低产品成本支出，挖掘利润空间的重要措施。开展绿色工业建筑是企业提升管理的需求。开展绿色工业建筑建设，有助于企业加强建筑管理和提高产品管理水平，有助于形成和提高企业的核心竞争力。

推行绿色工业建筑评价工作对工业建筑的节能、节地、节水、节材和环境保护将起到重要的作用，编制《绿色工业建筑评价标准》就是为了具体贯彻国家“建设资源节约型和环境友好型社会”可持续发展的方针，也是贯彻《国家中长期科学和技术发展纲要(2006—2020年)》中“城镇化与城市发展”重点领域内的“建筑节能与绿色建筑”项目。此标准的执行贯彻可取得很好的社会经济效益，可为工业建筑实现国家规定的节能20%和减排10%的约束性指标提供技术支撑。根据住房和城乡建设部《关于同意开展＜绿色工业建筑评价标准＞编制工作的函》（建标标函〔2009〕90号）及住房和城乡建设部《2010年工程建设标准规范制订、修订计划》（建标〔2010〕17号）的要求，由中国建筑科学研究院、机械工业第六设计研究院会同有关单位编制《绿色工业建筑评价标准》（发布后编号为 GB/T 50878—2013）。

5.2 编制工作

5.2.1 导则编制与实施效果分析

2010 年 1 月 22 日，住房和城乡建设部仇保兴副部长要求："迅速将绿色建筑评价工作扩大到工业建筑领域"。标准编制组的工作暂时转移到制订《绿色工业建筑评价导则》（以下简称《导则》）上来。

2010 年 3 月 30 日，由中国城市科学研究会绿色建筑与节能专业委员会、中国建筑科学研究院、机械工业第六设计研究院和中国城市科学研究会绿色建筑研究中心四家单位完成了《导则》的编制工作。《导则》于 2010 年 6 月 25 日顺利通过评审，并于 2010 年 8 月 23 日正式发布实施。

《导则》是编制组为迅速开展工业建筑领域的绿色建筑评价工作，编制完成的 GB/T 50878—2013 的先导工作。《导则》的实施迅速形成了对绿色工业建筑的指导，也为编制和实施 GB/T 50878—2013 奠定了基础，积累了经验（图 5-1）。

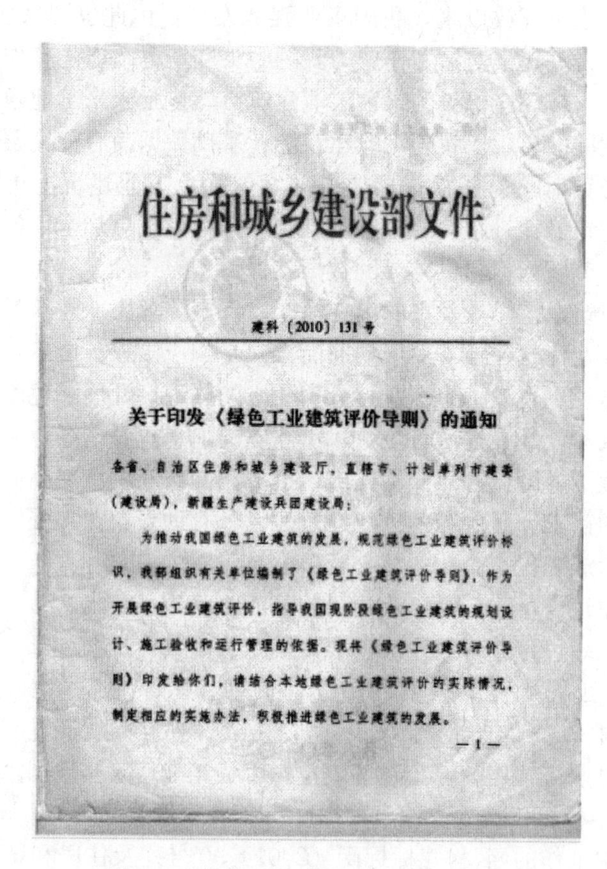

住房和城乡建设部文件

建科〔2010〕131 号

关于印发《绿色工业建筑评价导则》的通知

各省、自治区住房和城乡建设厅，直辖市、计划单列市建委（建设局），新疆生产建设兵团建设局：

为推动我国绿色工业建筑的发展，规范绿色工业建筑评价标识，我部组织有关单位编制了《绿色工业建筑评价导则》，作为开展绿色工业建筑评价，指导我国现阶段绿色工业建筑的规划设计、施工验收和运行管理的依据。现将《绿色工业建筑评价导则》印发给你们，请结合本地绿色工业建筑评价的实际情况，制定相应的实施办法，积极推进绿色工业建筑的发展。

—1—

图 5-1 《绿色工业建筑评价导则》发布

截至2014年1月，我国已据《导则》评出10项绿色工业建筑标识。标准编制组以这10项标识为案例，对《导则》的条文参评率、条文达标率等实施效果指标进行研究，指出了导则应用中的一些难点和问题，为随后实施的GB/T 50878—2013提供实施建议，也为各行业开展绿色工业建筑提供参考。

以10个项目为对象进行分析，除去对应阶段不参评的情况外，《导则》整体条文参评率为82.7%，参评率较高，说明《导则》具备对大多数工业行业的绿色工业建筑评价的适用性。

以9个设计标识项目为对象进行研究，其中"节能与能源利用"一章一般项不参评率最高，达38.3%；"节材与材料资源利用"一章次之，达26.7%。优选项整体不参评率平均为27.2%。各章一般项及优选项不参评率见图5-2。

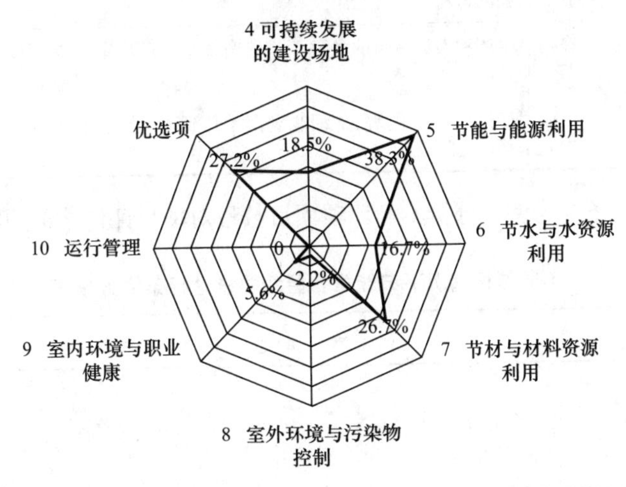

图5-2 《绿色工业建筑评价导则》各章一般项及优选项不参评率

逐条对不同项目的参评情况进行分析发现，有12条条文的不参评率达80%及以上，其中包括4条控制项、6条一般项、2条优选项，涉及共计10个评价要点，详见表5-1。《导则》共计108条，如认为不参评率达到80%及以上属于不参评率较高，则《导则》中不参评率较高的条文比例为11%。对于一本适用于几十大类工业行业的标准来说，编制组认为11%在可接受范围内；但同时建议此问题应引起重视，跟踪GB/T 50878—2013中此问题，将不参评率较高的条文数量比例尽可能降低。

不参评率较高的条文统计 **表5-1**

条文属性	编号	条文内容	不参评率
控制项	6.2.1	以地下水为供水水源的取水量符合最大允许开采量要求；以地表水为供水水源的取水量符合设计枯水流量年保证率的要求。	90%
	6.4.1	工业生产排水中有用物质的回收利用率达到国内同行业清洁生产标准基本水平，见附录B。	90%
	8.3.1	对具有放射性污染源的工业建筑，其室内外的空气、水、土壤中的放射性水平符合国家和所在地区标准的要求。	90%
	9.1.2	洁净厂房室内洁净度符合《洁净厂房设计规范》GB 50073及有关行业标准的要求	90%

续表

条文属性	编号	条文内容	不参评率
一般项	4.5.3	工业企业内外部的铁路运输设施符合国家、铁道部及当地铁路部门的有关政策规定、规划和标准规范。	90%
	5.2.9	需要采暖的厂房在条件具备时，采用红外线辐射采暖系统。	80%
	5.4.1	生产过程中产生的蒸汽、一氧化碳等气体设置回收或再利用系统。	100%
	5.4.2	生产过程中的高温凝结水设置回收系统，且回收利用率达到全厂凝结水的90%以上。	80%
	6.4.2	工业生产排水中有用物质的回收利用率达到国内同行业清洁生产标准先进水平，见附录B。	90%
	7.2.1	建设场地内的原有建筑物经局部或适度改造后进行合理利用，或对原有建筑物的材料进行再利用	100%
优选项	5.2.13	在满足生产和人员健康的条件下，洁净或空调厂房室内空气参数的调节有明显的节能效果。	80%
	6.4.3	工业生产排水中有用物质的回收利用率达到国内同行业清洁生产标准领先水平，见附录B	90%

以节能章一般项条文为例，分析不参评项项目数量对项目评价结果的影响，详见表5-2。

不同参评情况下节能章各星级要求达标条文数量　　表5-2

	★	★★	★★★
全部参评	5	6	7
5条不参评	2	2	3
4条不参评	2	3	3

从表5-2可以看出，按照《导则》各条不计权重的方式，如果不参评率较高，则可能会带来两个主要问题：一是降低了达标难度；二是不同星级之间达标区别度降低。例如，5条不参评时，一星级和二星级要求达标条文数量一样；4条不参评时二星级和三星级要求达标条文数量一样。建议GB/T 50878—2013实施时，充分考虑不参评对于不同评价结果的上述影响，在“实施细则”中对上述问题予以完善。

另外，值得注意的是，“10运行管理”共有5条一般项，设计阶段有3条不参评项，则按照现在的不计权重的方式，设计标识一星级该章的要求为0条，也就是说按照《导则》要求，即使该章所有参评条文都不达标，也能满足一星级设计标识要求。

5.2.2 专题研究和调查研究

1. 专题研究

根据标准编制过程中遇到的关键性问题，为了统一思想和方法，为标准提供技术支撑，编制组先后进行了6项专题研究，并形成专题研究报告，包括：

专题研究一：《编制＜绿色工业建筑评价标准＞可行性研究报告》

专题研究二：《“综合工业建筑能耗”的定义和范围专题研究报告》

专题研究三：《绿色工业建筑评价方法专题报告》

专题研究四：《绿色工业建筑调研内容专题报告》

专题研究五：《工业建筑能耗的计算和统计方法专题研究报告》

专题研究六：《水资源利用有关指标范围、计算和统计方法专题研究报告》

2. 企业调研

为验证标准制定的方法、重要技术措施与可操作性，编制组先后对13家不同生产制造行业（啤酒、医药、饮料、机床、汽车、烟草、能源、铸造等）的工业建筑的各种能耗、水耗及综合能耗进行了调研、收集、测试、统计、核对、计算、验证、分析，调研结果形成调研报告《绿色工业建筑现状调研报告》。调研企业包括：

（1）重庆百事可乐公司

（2）北京啤酒朝日有限公司

（3）中国铂金斯芝浦发动机厂

（4）广州本田增城工厂

（5）湖南中烟工业有限责任公司长沙卷烟厂

（6）福建中烟工业有限责任公司龙岩卷烟厂

（7）内蒙古金隅宝灵生物制品有限公司

（8）北京桑普阳光技术有限公司

（9）北京清华阳光新能源开发有限责任公司

（10）宁夏小巨人机床有限公司

（11）长城须崎铸造有限公司

（12）南通科技投资集团股份有限公司

（13）华润雪花啤酒（中国）有限公司上海工厂

调研范围涵盖了经过美国LEED评价认证的企业、经过地方政府部门进行评价表彰的企业，有国有企业、外资独资企业和中外合资企业等多种类型。调研结果证明，制定符合我国绿色工业建筑评价标准的必要性具有重要的现实意义，标准中制定的评价方法具有较强的针对性、可操作性和科学性，更适合我国现阶段的实际情况。

5.2.3 标准编写

2009年11月12日于北京召开了国家标准《绿色工业建筑评价标准》启动会及第一次工作会议（图5-3）。编制组成员第一次工作会议上形成了如下共识：评价的适用范围、评价内容的要求、工业建筑能耗与工艺能（水）耗的确定要求、评价等级的确定等，并通过了GB/T 50878—2013编写大纲、编制标准需调研和测试验证项目、编写工作进度计划、编制组成员分工等文件。标准编制工作正式启动。

此后，还召开了一系列的标准编制专题工作会议，包括：

- 2010年4月9日于郑州召开“节水与水资源利用”编制组工作会议。
- 2010年9月14日于郑州召开编制组部分章节负责人工作协调会议。
- 2010年10月12日于南京召开“节能与能源利用”章节编制组工作会议。
- 2010年10月27日于北京召开“节地与可持续发展的场地”章节编写工作会议。
- 2010年11月18～19日于长沙召开“节水与水资源利用”编制组第二次工作会议。

图 5-3 GB/T 50878—2013 启动会暨第一次工作会

• 2010 年 11 月 30 日于北京召开“节材与材料资源利用”编制组工作会。

• 2011 年 2 月 14～15 日于上海召开“节能与能源利用”部分编制组工作预备会议。

• 2011 年 3 月 9 日于上海召开“节能与能源利用”编制组工作会议。

• 2011 年 3 月 24 日于南京召开“节水与水资源利用”编制组第三次工作会议。

• 2011 年 3 月 31 日～4 月 1 日于北京召开“室外环境与污染物控制”编制组工作会议。

2011 年 6 月 23～26 日，编制组于哈尔滨召开标准征求意见稿定稿工作会议。会议对标准内容进行了充分讨论，达成一致意见，根据本次会议的纪要，编制组经过修改和整理，形成征求意见稿。编制组于 2011 年 9 月在国家工程建设标准化等三个网站发布标准征求意见稿，向全国公开征求意见，同时送至全国 78 位专家，进行标准意见征求。截止到 2011 年 10 月 13 日，共收到纸质回执意见、电话意见、口头意见总计 206 条。标准编制组对 206 条意见进行逐条分析、核对、斟酌、筛选，采纳意见 71 条，部分采纳意见 14 条，采纳及部分采纳比例 41.3%。在此基础上，对标准进行了修改和整理，形成标准送审稿。

2011 年 12 月 28 日，标准审查会在北京召开。住房和城乡建设部科技司王建清处长代表行业主管部门出席了会议，并对审查工作提出了希望和要求。来自设计院、科研院所、大专院校的专家和编制组成员共 37 位专家参加了会议。审查会成立了由王有为、王唯国、王国钰、艾为学、汪崖、邓有源、彭灿云、李育杰、冀兆良、王伟军、同继锋、王宇泽等 12 名专家组成的审查委员会。审查委员会一致通过了《标准》审查，并认为：《标准》集中体现了绿色工业建筑评价的共性要求，评价内容全面，突出工业建筑的特点和绿色发展要求，具有科学性、先进性和可操作性；是国际上首部专门针对工业建筑的绿色评价标准，填补了国内外针对工业建筑的绿色建筑评价标准空白，总体上达到了国际领先水平。

5.2.4 支撑技术文件编制

为方便绿色工业建筑规划设计、运行管理、咨询、评价工作中正确使用标准，编制组将标准编制过程中参考、收集、整理的部分工业行业现行标准的有关技术参数以及相关法律、国家标准、行业标准进行了编辑整理，并汇集成册，形成五类技术支撑文件，包括：

（1）土地资源利用有关法规和指标

（2）工业综合能耗指标

（3）水资源利用及废水指标

（4）气态及固态废物产生和利用指标

（5）评价用法律、标准、规范目录

针对 GB/T 50878—2013 适用于几十个大类工业行业几百个细分行业的特殊情况，编制组还整理出17部分385本法律标准规范，编制了《绿色工业建筑评价技术细则》（以下简称《细则》）、《绿色工业建筑评价标准实施指南》（以下简称《指南》）支撑GB/T 50878—2013实施。

《细则》是为绿色工业建筑的规划、设计、建设和管理提供更加规范的具体指导，为绿色工业建筑标识的评价提供更加明确的技术原则和评判依据。《细则》针对GB/T 50878—2013中主要技术章节逐条编写了条文释义、适用范围、参评阶段、证明材料、评分要点等具体技术评判依据内容。

《指南》全面介绍了绿色工业建筑发展背景、评价要求、常见问题、示范案例等内容，翔实可靠。特别是，大量评价案例、评价中常见问题的介绍，丰富实用。本书对于行业相关人员有重要的参考价值，也可促进我国绿色工业建筑又快又好地发展。

5.3 主要技术内容

5.3.1 主要内容

1. 核心内容与指导思想

GB/T 50878—2013贯彻了量化指标和技术要求并重的指导思想，技术要求与量化指标之间互为联系，形成系统。GB/T 50878—2013中有关节地、节能、节水、节材和环境保护的量化指标，是按已颁布的国家规定、行业的“清洁生产评价标准”的量化指标执行，并分解到绿色工业建筑应达到的量化指标，标准的附录规定了工业建筑能耗、水耗的定义、范围的计算方法。经调研总结了有代表性的多类工业厂房，证明计算方法具有可操作性。

GB/T 50878—2013将职业健康和环境保护作为绿色工业建筑评价的重要方面，也是工业建筑与民用建筑的明显区别之处，在GB/T 50878—2013中充分体现了这一内容。

2. 主要章节

GB/T 50878—2013核心部分是：第四章至第十章有关节地与可持续发展场地、节能与能源利用、节水与水资源利用、节材与材料资源利用、室外环境与污染物控制、室内环境与职业健康、运行管理的共性条文内容，涵盖了建筑全寿命周期内各个方面的内容。集中体现了评价绿色工业建筑的共性要求，具有实际意义和可操作性，是各工业行业进行绿色工业建筑评价共同遵守的依据。

其中第四章“节地与可持续发展场地”，主要从总体规划与厂址选择、节地、物流与交通运输、场地资源保护与再生四个方面制订相关条文。第五章“节能与能源利用”主要从能源利用指标、节能、能量回收、可再生能源利用四个方面制订相关条文。第六章“节水与水资源利用”，主要从水资源利用指标、节水、水资源利用三个方面制订相关条文。第七章“节材与材料资源利用”，主要从节材、材料资源利用两个方面制订相关条文。第八章“室外环境与污染物控制”，主要从环境影响、水、气、固体污染物控制、室外噪声与振动控制、其他污染控制四个方面制订相关条文。第九章“室内环境与职业健康”，主要从室内环境、职业健康两个方面制订相关条文。第十章“运行管理”，主要从管理体系、管理制度、能源管理、公用设施管理四个方面制订相关条文。

5.3.2 评价体系

1. 指标与权重评价体系

为确保 GB/T 50878—2013 的编制水平，学习借鉴国内外其他绿色建筑评价标准的成功经验，并充分体现绿色工业建筑的特点，GB/T 50878—2013 编制过程中十分重视与国内外其他评价标准的比较研究，英国的 BREEAM、日本的 CASBEE 和加拿大的 GBTool，都有比较完善的定量化指标和权重体系，美国的 LEED 无权重体系，其中英国、日本、加拿大的评价标准都采用了多级权重体系。

GB/T 50878—2013 根据国外比较成熟的评价体系经验，采用专家群体层次分析法，与国际上绿色建筑评价方法保持了一致。章、节两个层次的权重通过对各专业专家问卷调查得出。条文的分值由本专业专家初步确定，然后根据各节条文数量和重要性，并参考国内外绿色建筑评价标准的评价方法进行适当调整。各章的权重分值如表 5-3 所示。

各章相对权重表 **表 5-3**

章	相对权重（%）
节地与可持续发展场地	12
节能与能源利用	26
节水与水资源利用	19
节材与材料资源利用	10
室外环境与污染物控制	12
室内环境与职业健康	11
运行管理	10

在评价阶段划分上，GB/T 50878—2013 按照建筑的全寿命周期分为规划设计和全面评价两个阶段，评价可以分阶段或综合进行，全面评价阶段的评价在正常运行一年后进行，每个阶段的评价内容着重点不同。

2. 评价等级的结构设置

参考国内外已成熟的绿色建筑评价标准，各国均采用了分级制来体现绿色建筑的实现程度。绿色工业建筑的评价等级根据标准所规定的方法评价后的总得分（包括附加分），分为一星级、二星级、三星级共三个级别来进行分级，按表 5-4 确定。

绿色工业建筑等级的分值要求 **表 5-4**

序号	必达分值	总得分值	等级
1	11	$40 \leqslant P < 55$	★
2	11	$55 \leqslant P < 70$	★★
3	11	$P \geqslant 70$	★★★

虽然采用权重体系进行评价，但是 GB/T 50878—2013 也有必达分要求，主要涉及一些能耗、水耗等指标和国家对工程建设的一些强制性要求，这些是评价绿色工业建筑的前提，只有满足必达分要求，才可以申请绿色工业建筑评价。

总得分有必达分、基本分和创新分组成，必达分要求必须达到的分数，创新分是在已得分的基础上的加分，但创新分最高不超过 10 分。

不同评价阶段、不同工业行业、不同地区的工业建筑其功能等有一定差异，当工业建筑所在地区、气候与建筑类型等条件造成不适用本标准中的条文可不参与评价，并不计分值，以所得总分按比例调整后评定等级。

5.3.3　重点内容

在GB/T 50878—2013中，最复杂的一条为5.1.1条，即工业建筑能耗的范围、计算和统计方法符合GB/T 50878—2013附录B的规定，单位产品（或单位建筑面积）工业建筑能耗指标达到下列国内同行业的基本、先进或领先水平。下面将详细介绍工业建筑能耗标准定义的依据、综合工业建筑能耗的范围界定、综合工业建筑能耗量化指标的计算方法。

1. 有关工业建筑能耗标准定义的依据

依据一：GB/T 2589—2008《综合能耗计算通则》的3.5综合能耗定义：是指统计报告期内，主要生产系统、辅助生产系统和附属生产系统的综合能耗总和。企业中主要生产系统的能耗量应以实测为准。

依据二：HJ/T 425—2008《清洁生产标准　制订技术导则》的3.5综合能耗定义：指规定的耗能体系在一段时间内实际消耗的各种能源实物量按规定的计算方法和单位分别折算为一次能源后的总和。

值得注意的是，各行业清洁生产标准中所规定能耗指标的内容略有差异，有的是按全厂的全部能耗，有的则明确不包括生活及非生产区的能耗，在制定本行业工业建筑能耗指标时需特别注意。

依据三：GB/T 50878—2013编写大纲第1章总则中对绿色工业建筑的定义是：绿色工业建筑是指在建筑的全寿命周期内，最大限度地节约资源（节能、节地、节水、节材）、保护环境和减少污染，为生产、科研和人员提供适用、健康安全和高效的使用空间，与自然和谐共生的低碳型工业建筑。

依据四：GB/T 50878—2013编写大纲和编写说明的2.0.2条，综合工业建筑能耗是指：为保证正常生产、科研、人员的室内外环境所需的各种能源耗量，而不计入直接用于生产的各种能耗。

2. 综合工业建筑能耗的范围界定

按上述所列出的依据，新建、改建、扩建的单体厂房或厂房群的综合工业建筑能耗范围是：

范围一：为保证正常生产、科研、人员的室内环境的采暖、通风、空调、净化、制冷系统（包括用于这些系统的风机、水泵、空气压缩机、制冷机、电动阀门、各类电机及设备和自控、锅炉、热交换机组等）的全年能耗量。

范围二：为保证正常生产、科研、人员的室内外环境的环境保护、防尘防毒和人防设备、系统的全年能耗量。

范围三：用于上述范围一及范围二的各种设备、系统的汽、水、气等的折算全年能耗量。

注：属于产品和工艺生产设备能耗不应计入工业建筑能耗，如：工艺用输送生产材料的气力输送系统。但用于除尘系统回收粉尘或废料的气力输送系统和压块、包装设备的能耗应计入工业建筑能耗。

范围四：工艺设备设有余热回收系统而回收的热能用于生活、改善室内外环境时，其余热回收系统的全年能耗应计入工业建筑能耗。而回收的热能用于生产时则不予计入。

3. 综合工业建筑能耗量化指标的计算

推荐方法一：可选择各行业有代表性和有实际统计数值的三个及以上企业，从全厂总能耗量和上述第二项所列出的工业建筑实际能耗值（也可按这些系统的安装容量及运行数量、时间计算）求得工业建筑能耗所占比例，再按本行业清洁生产标准所规定的综合能耗指标按比例求得综合工业建筑能耗量化指标，并考虑必要的修正。

推荐方法二：可选择各行业有代表性的三个及以上的工厂，从有完整的施工图设计或初步设计的项目中，按设计所提供的全年总能耗量和按第二项所列出的工业建筑能耗范围，以及设计提供的数据（如用电设备安装容量、用水量、用汽量等），计算出综合工业建筑能耗和占总能耗的比例，再按本行业清洁生产标准所规定的综合能耗指标按比例求得综合工业建筑能耗量化指标，并考虑必要的修正。

5.4 关键技术及创新

5.4.1 主要创新成果

GB/T 50878—2013 规定了各制造行业评价绿色工业建筑需要达到的共性要求，并采用权重计分法设置不同章节和条文权重，采用行业水平对比进行重要综合建筑能耗、水耗指标进行评分。GB/T 50878—2013 共分 11 章和 3 个附录，其中包括主要创新成果四大项。

1. 首次采用权重计分法

在 GB/T 50878—2013 编制前，国内绿色建筑评价标准采用的是基于达标条目数量的方法，GB/T 50878—2013 通过分析和对比国内外主要绿色建筑评价方法后，在国内首次提出权重计分法。

不采用控制、一般和优选三类子项的项数法评价，而是对相当于控制项一类的、必须达到的评价项目在正文中予以明确。评价项目的重要性程度，如对设计性能类（如节地、节能、节水、节材的数值）的评价项目其权重大；对于措施性评价项目则视其对“四节一环保”的贡献程度给出相应的权重。在绿色工业建筑评价标准的章、节和条文确定后，拟采用层次分析法、矩阵法和专家打分法，数学模型采用加法模型（加权线性求和）$x = \sum_{i=1}^{n} x_i \omega_i$ 。

（1）指标层次

一级指标：按绿色工业建筑评价编写大纲第 4 章至第 10 章的内容，即分节地与室外环境、节能与能源利用、节水与水资源利用、节材与材料资源利用、污染物控制、职业健康与室内环境、运行管理 7 项。每项的权重采用专家群体层分析法和矩阵法求得，总评满分分值为 100 分，即每章的满分为权重乘 100。

二级指标：按照成稿后每章的节数，例：第 5 章节能与能源利用（暂按编写大纲）下分 5 节：工业建筑能耗指标，工业建筑物节能，热回收，可作能源的气、液体回收，可再生能源利用等 5 项二级指标。每项的权重仍采用专家群体层次分析法和矩阵法求得，建议二级指标的满分分值为一级指标的满分值乘以本节权重。

三级指标：按照每节的条文数，采用专家群体层次分析法和矩阵法求得每条的权重和得分值。

最后把每条得分值相加，即求得被评价项目的总得分值。

本标准还要选择典型的、曾经被一些评价机构评价过的项目按本办法再进行试评价和验证，再确定适合工业建筑的一星、二星、三星级的分值标准。

（2）专家群体层次分析法和矩阵法

在确定了本标准三个层次的评价指标和条文后进行以下步骤：

步骤一：一、二、三级指标可由熟悉本级指标的不同专家群体层次分析，每个层次可通过问卷调查获得 m 个（初步意见至少 $m=10$）专家对本标准规定的每级评价指标重要性的个人判断。

依照层次分析法两两判断的要求，在已确定的评价指标体系的基础上用 Saaty 推荐的 9 点法设计调查问卷，获取每个专家对某一级指标权重判断，构造判断矩阵。

设某级指标有 n 个评价指标 X_1，X_2，$X_3 \cdots X_n$，通过评价指标的两两对比，即每次取两个指标 X_i 和 X_j 比较其重要程度，aij 表示指标 X_i 和 X_j 对评价的影响重要程度，得到 n 行 n 列的判断矩阵。

设通过问卷调查 m 个专家对某一级的评价指标权重的评价，并得到 m 个专家的判断矩阵如下：

$$A_e = \begin{bmatrix} a_{11}^{3} & a_{12}^{e} & \cdots & a_{1n}^{e} \\ a_{21}^{e} & a_{22}^{e} & \cdots & a_{2n}^{e} \\ \cdots & \cdots & \cdots & \cdots \\ \cdots & \cdots & \cdots & \cdots \\ a_{n1}^{e} & a_{n2}^{e} & \cdots & a_{nn}^{e} \end{bmatrix}$$

式中：A_e——第 e 个专家的判断矩阵，$e=1，2，\cdots，m$；

a_{ij}^{e}——第 e 个专家对指标 a_i 和 a_j 重要程度的判断，其值采用 Saaty 推荐的 9 点法，见表 5-5，$i=1，2，\cdots，n$；$j=1，2，\cdots，n$。

其中 a_{ij} 的取值由 Saaty 的 9 点法决定，并且 $a_{ij}=1/a_{ji}$。

层次分析法的 9 点评价表达法 **表 5-5**

标度 a_{ij} 取值	含义
1	表示两个因素相比，具有相同重要性
3	表示两个因素相比，前者比后者稍重要
5	表示两个因素相比，前者比后者明显重要
7	表示两个因素相比，前者比后者强烈重要
9	表示两个因素相比，前者比后者极端重要
2，4，6，8	表示上述相邻判断的中间值
倒数	若因素 X_i 与因素 X_j 的重要性之比为 a_{ij}，那么因素 X_i 与因素 X_j 的重要性之比为 $a_{ij}=1/a_{ji}$

步骤二：将专家个人对评价指标重要性判断综合成为专家组的综合判断。

通过问卷调查获得各专家的判断，然后用几何平均的方法将各专家的判断矩阵综合成为专家组的判断矩阵，再计算出评价指标权重。

将 m 个专家个体判断矩阵经几何平均后得到专家组的判断矩阵：

$$A=\begin{bmatrix} \sqrt[m]{a_{11}^{1}\times a_{11}^{2}\times\cdots\times a_{11}^{m}} & \sqrt[m]{a_{12}^{1}\times a_{12}^{2}\times\cdots\times a_{12}^{m}} & \cdots & \sqrt[m]{a_{1n}^{1}\times a_{1n}^{2}\times\cdots\times a_{1n}^{m}} \\ \sqrt[m]{a_{21}^{1}\times a_{21}^{2}\times\cdots\times a_{21}^{m}} & \sqrt[m]{a_{2n}^{1}\times a_{2n}^{2}\times\cdots\times a_{2n}^{m}} & \cdots & \sqrt[m]{a_{1n}^{1}\times a_{1n}^{2}\times\cdots\times a_{1n}^{m}} \\ \cdots & \cdots & \cdots & \cdots \\ \cdots & \cdots & \cdots & \cdots \\ \sqrt[m]{a_{n1}^{1}\times a_{n1}^{2}\times\cdots\times a_{n1}^{m}} & \sqrt[m]{a_{n2}^{1}\times a_{n2}^{2}\times\cdots\times a_{n2}^{m}} & \cdots & \sqrt[m]{a_{nn}^{1}\times a_{nn}^{2}\times\cdots\times a_{nn}^{m}} \end{bmatrix}$$

A 即为专家群体的综合评价意见。再按层次分析法 AHP 求出判断矩阵 A 最大特征值对应的，即为指标 X_1，X_2，$X_3\cdots X_n$ 的权重。

步骤三：一致性校验。一致性校验包括个体成员判断矩阵的一致性校验和专家组总判断矩阵的一致性校验。

① 计算一致性指标 CI

$$CI=\frac{\lambda_{\max}-n}{n-1}$$

其中 $\lambda_{\max}$ 为比较矩阵 A 的最大特征值。

② 查照相应的平均随机一致性指标 RI。对 $n=1$，…，9，Saaty 给出了 RI 的值，如表 5-6 所示。

随机一致性率指标值 *RI* **表 5-6**

n	1	2	3	4	5	6	7	8	9	10	11	12	13	14	15
RI	0	0	0.58	0.90	1.12	1.24	1.32	1.41	1.45	1.49	1.51	1.48	1.56	1.57	1.59

③ 计算一致性比率 CR

$$CR=\frac{CI}{RI}$$

当 $CR<0.10$ 时，认为判断矩阵的一致性是可以接受的，可用其归一化特征向量作为权向量，否则要重新构造成对比较矩阵，加以调整。

2. 首次采用行业水平比较法

GB/T 50878—2013 适用于几十个大类工业行业几百个细分行业，不同行业之间由于产品、工艺差别很大，能耗、水资源利用指标差别也很大。GB/T 50878—2013 开创性地提出了行业水平比较法对项目的能耗、水资源利用指标进行得分判定。涉及行业水平比较法的内容包括：单位产品（或单位建筑面积）工业建筑能耗指标、单位产品取水量指标、水重复利用率、蒸汽凝结水利用率、单位产品废水产生量。

对于行业水平对比的方法，GB/T 50878—2013 在实施细则中给出了几种情况的适用方法。下面以 5.1.1 条的工业建筑能耗一条为例进行说明，水资源利用指标的适用方法同上。

当有行业清洁生产标准或国家、行业和地方规定的工业综合能耗指标时，可选择行业内有代表性且有施工图设计的若干企业，从而获得这些代表性企业的指标，可以它们的平均值作为行业水平。

当无行业清洁生产标准或国家、行业和地方规定的能耗指标时，可选择本行业在节能方面做得好、较好、较差（符合国内基本水平的要求）且有施工图设计的若干企业进行计算。

如果选择企业有困难时，可提供被评价项目所采用的各项节能措施及节能效果详细说明，供评审机构组织专家确定其建筑能耗水平。

全面评价阶段以生产达产后实际计量建筑能耗与指标进行比较评价。已经通过政府清洁生产评审的，认定满足基本要求。

3. 统一不同行业工业建筑能耗的范围、计算和统计方法

各行业清洁生产标准中所规定能耗指标的内容略有差异，有的是按全厂的全部能耗，有的则明确不包括生活及非生产区的能耗。GB/T 50878—2013 统一了工业建筑能耗的范围、计算和统计方法。

工业建筑能耗应包含下列内容：用于照明、供暖、通风、空调、净化、制冷（包括风机、水泵、空气压缩机、制冷机、电动阀门、各类电机及设备、控制装置、锅炉、热交换机组等）系统的全年能耗量；用于环境保护、职业健康安全预防设施的全年能耗量；用于上面没有涉及的各种设备和系统的电、煤、汽、水、气、油等各种能源的全年能耗量；工艺设备回收的能量，当用于生活、改善室内外环境时，为回收该部分能量所消耗和回收的能量。

规划设计阶段，工业建筑能耗指标计算方法为：工业综合能耗指标与全年工业建筑能耗的乘积再除以全年工业综合能耗。其中全年工业建筑能耗，当有行业清洁生产标准或国家、行业和地方规定的综合能耗指标时，可选择行业内有代表性且有施工图设计的若干企业按工业建筑能耗范围和工业建筑能耗指标计算方法进行计算；当无行业清洁生产标准或国家、行业和地方规定的能耗指标时，可选择本行业在节能方面做得好、较好、较差（符合国内基本水平的要求）且有施工图设计的若干企业按工业建筑能耗范围和工业建筑能耗指标计算方法进行计算。

全面评价阶段，工业建筑能耗的统计方法应根据工业建筑能耗范围，按申请评价的项目统计期内各种工业建筑能耗的实际分项计量，求得工业建筑能耗。

各种能源折算成标准煤的系数应采用国家规定的当年折算值。电力折算标准煤系数按火电发电标准煤耗等价值计算，在实际应用中应以国家统计局正式公布数据为准。引用某行业标准煤耗时，按照行业清洁生产标准所规定的数据折算。

4. 统一不同行业工业建筑水资源利用指标的范围、计算和统计方法

工业企业的用水与民用建筑用水有很大的不同，因此必须紧密结合工业企业用水的特点来评价是否达到绿色工业建筑的要求。而在以往不同行业的用水定额标准中，水资源利用指标的范围并不完全一致。GB/T 50878—2013 统一了不同行业工业建筑水资源利用指标的范围、计算和统计方法。

申请评价的项目所属行业已经发布清洁生产标准且该标准对水资源利用有关指标的范围、计算和统计方法等内容已有规定时，评价按该行业清洁生产标准执行；否则按下面的方法执行。

取水量包括下列内容：企业自备给水工程取自地表水、地下水的水量；取自城镇供水工程的水量；企业从市场购得的其他水或水的产品（如蒸汽、热水、地热水及城市再生水等）；不包括企业自取的海水和苦咸水，不包括企业为外供给市场的水或水的产品（如蒸汽、热水、地热水等）而取用的水量。

取水量的确定应选择本行业在节水方面处于不同水平（至少符合国内基本水平的要求）的若干企业，根据项目提供的相关数据（每班员工人数、台班、总取水量、平均时用水量、变化系数、设备数量及同时使用百分数等），扣除水以产品形式外供给市场的部分求得。

单位产品取水量为统计期内的取水量除以统计期内合格产品的产量。水重复利用率为统计期内的重复利用水量与统计期内的重复利用水量与统计期内进入系统的新鲜水量之和的比值。单位产品废水产生量为统计期内的废水产生量除以统计期内合格产品的产量。取水量应按所评价项目统计期内实际计量的水量、以水或水的产品等形式外供给市场的总水量，计算得出该项目的取水量。蒸汽凝结水的有关数据的统计应以年度为计量周期，与水重复利用率的统计各自独立。

5.4.2 专家评价

GB/T 50878—2013 的审查委员一致认为：

(1) 随着绿色建筑评价工作的开展，迫切需要规范绿色工业建筑评价工作，GB/T 50878—2013 的制订对实现十二五纲要“绿色发展，建设资源节约型、环境友好型社会”的要求起到重要作用。

(2) GB/T 50878—2013 集中体现了绿色工业建筑评价的共性要求，具有可操作性，是各工业行业进行绿色工业建筑评价共同遵守的依据。

(3) GB/T 50878—2013 评价体系科学，指标合理，体现了量化指标和技术要求并重的指导思想。GB/T 50878—2013 采用权重计分法进行绿色工业建筑的评级，与国际上绿色建筑评价方法保持一致，规定了各行业工业建筑的能耗、水资源利用指标的范围、计算和统计方法，经过对几个行业的调研统计计算验证是可行和有效的。

(4) GB/T 50878—2013 是国际上首部专门针对工业建筑的绿色评价标准，评价内容全面，突出工业建筑的特点和绿色发展要求，具有科学性、先进性和可操作性，总体上达到了国际领先水平。

5.5 实施应用

5.5.1 应用效果

1. 真正为企业带来了节能、减排、提效、创牌收益

GB/T 50878—2013 的先导《导则》，已经作为评价依据进行了 17 项绿色工业建筑标识的评价；GB/T 50878—2013 本身已经作为评价依据进行了 26 项绿色工业建筑标识的评价，这些已评价企业本身收到了良好的节能、减排、提效、创牌收益。以南京天加空调设备有限公司为例，该企业通过锯齿结构屋面辅以天窗的结构形式、工艺生产的多余冷水用于夏季空调、加强职业健康管理等多项措施践行 GB/T 50878—2013 中提出的四节二保措施，不但年节省能源成本约 50 万元，而且提高了员工工作的积极性和工作效率。践行绿色工业建筑，也为该企业树立了良好的社会形象，对公司开拓海外市场业务具有重要意义，良好的效果也促进该企业决定在刚建成的天津分厂充分落实和应用 GB/T 50878—

2013 中的主要措施。再如，博思格建筑系统（西安）有限公司新建工厂、中煤张家口煤矿机械有限责任公司装备产业园等项目，通过采用 GB/T 50878—2013 中措施后，平均节能率达到 26%，降低成本和减少排放效果明显。上述行业知名企业的绿色工业建筑先行实践，在相关行业起到了良好的示范和带头作用。

2. 向国际社会诠释了中国负责任大国形象

GB/T 50878—2013 的制订向国际社会深刻诠释了中国负责任大国形象。通过国际绿色建筑大会等渠道宣传 GB/T 50878—2013 的主要内容和应用情况，让国际社会特别是欧美等发达国家看到了中国在绿色环保上做出的努力，提升了我国的国际形象。不少国家了解到标准编制消息后，表示愿意进一步加强交流合作并希望将 GB/T 50878—2013 翻译成本国语言。

3. 引起了相关政府部门和行业对绿色工业建筑的高度关注

GB/T 50878—2013 得到了相关政府部门的高度重视和大力支持。住房和城乡建设部将 GB/T 50878—2013 列为“2014 年度重要标准实施指南编制计划”，并下达《指南》编制任务，计划尽快做好 GB/T 50878—2013 的宣贯推广工作。工业和信息化部专门听取编制组的汇报，并表示将出台系列政策推动绿色工业建筑的发展。

第十、十一届、十三届国际绿色建筑与建筑节能大会暨新技术与产品博览会，均开辟“绿色工业建筑”论坛，邀请政府主管部门、主要编委、先进企业代表等进行研讨交流。目前，GB/T 50878—2013 的实施案例已经从最初的机械加工业、烟草制品业扩大医药制造、海洋工程专业设备制造、汽车生产等行业，影响不断深入，作用日益明显。

GB/T 50878—2013 获 2015 年度华夏建设科学技术奖二等奖，证书如图 5-4 所示。

证　书

为表彰你单位在促进建设事业科学技术进步中做出的突出贡献，特颁发二〇一五年“华夏建设科学技术奖”奖励证书，以资鼓励。

获奖项目：《绿色工业建筑评价标准》GB/T50878-2013

获奖单位：中国建筑科学研究院

奖励等级：二等奖

奖励年度：2015年

证 书 号：2015-2-3901

二〇一六年四月

图 5-4　华夏奖获奖证书

5.5.2 代表项目

1. 南京天加空调设备有限公司大型中央空调产业制造基地项目

本项目是南京天加空调设备有限公司的大型中央空调产业制造基地，建在南京经济技术开发区内，是一座集空调冷源、商用机以及空调末端的生产、检测和实验于一身的联合厂房（图 5-5）。项目规划总占地面积 17 万 m^2，绿色工业建筑认证区占地面积 7.14 万 m^2。

该项目为我国绿色工业建筑 001 号，获设计二星级、运行三星级标识。

图 5-5 南京天加空调设备有限公司大型中央空调产业制造基地项目效果图

天加生产厂房在建筑中采取了多种手段，达到工业厂房的整体绿色设计概念。建筑形式上采用了联合厂房，绿化做到地区适宜性和厂区功能适宜性。以锯齿形屋面采光、混合通风、生产余冷回收和工位空调等手段保证综合建筑能耗达到国内领先水平。建筑用水重复率达到国内领先水平、卫生器具采用节水型器具和附属设备；建筑结构采用钢结构，围护结构采用高耐久建材，尽量采用工厂化预制构件，建材尽量选用可循环材料；对固废回收利用、严格控制危废、采用低臭氧破坏性和零温室效应的冷媒。除此之外，设计方案在分项计量、智能化控制、施工及物业管理方面也做了详细设计。

本项目的设计方案本着以低成本技术保证建筑正常功能的理念，采用大量被动式措施、余热技术等替代传统做法如屋顶采光及通风、生产余冷回收和工位空调、良好的围护机构等，绿色建筑增量成本为 58.1 元/m^2。

2. 鲁南厚普制药有限公司现代中药产业化示范项目（一期）

鲁南厚普制药有限公司现代中药产业化示范项目（一期）（图 5-6）属临沂市重点项目，《临沂市医药产业“十二五”发展规划》特别指出：以鲁南制药等企业为骨干，以中药现代化为契机，加快中药生产工艺创新，促进现代生产技术与传统生产工艺的融合。项目分一期、二期建设。一期工程项目用地面积为 38246m^2，总建筑面积约 47773m^2，其中 1 号提取车间 11797m^2，1 号综合制剂车楼 27120m^2，综合仓库 4248m^2，动力车间 3168m^2，沼气发生站 720m^2，污水处理池 720m^2。一期建成后可形成年提取中药材 5000 吨、年产颗粒剂 1200 吨、年产胶囊剂 3 亿粒、年产丸剂 300 万瓶的生产能力。主要生产脉络舒通颗粒（丸剂）、川蛭通络胶囊、运肠胶囊、归芪活血胶囊等产品。

该项目获绿色工业建筑设计三星级标识。

本项目采用多项创新性技术，简列如下：

（1）选用一级节能的冷水机组、高效率水泵，比普通能效产品实现节电 34.8 万 kWh，使单位建筑面积节能 6.59 元/m^2。

（2）利用风机变频技术在降低风量运行以满足 GMP 连续运行的要求，实现节电 75.2 万 kWh，节煤 1448GJ，使单位建筑面积节能 17 元/m^2。

（3）利用生产的废中药渣，回收其中物质进行沼气制备。建年产 175 万 m^3 沼气用于锅炉燃烧，折合每年节约标准煤 1750t，在满足建筑热力需求后还可以补充部分生产能源

图 5-6 鲁南厚普制药有限公司现代中药产业化示范项目（一期）效果图

消耗。降低单位产品建筑能耗 34%，减少能源费用支出 5.8%。

（4）通过温度优先和湿度优先的切换控制，实现净化车间除湿节能。

（5）减低洁净车间运行换气次数，计算节电 33.8 万 kWh、节煤 932GJ。

（6）在提取车间等大发热量区域全年大部分时间采用自然进风、机械排风方式降温，在冬季可实现自然通风方式降温。

（7）在部分区域采用了冬季过渡季节利用新风降温、空调通风排风热回收，制水车间和空调机房的蒸汽凝结水全部回收利用。

（8）本项目车间内设置有大量工艺设备，工艺设备散热量较大，设计采用机械排风进行通风降温，冬季对排风进行乙二醇热回收，预热净化空调系统新风。

（9）本厂区的路灯照明系统采用风光互补发电系统，其中一期安装灯具 54 套，二期安装灯具 21 套。

（10）纯水制备产生的尾水通过专用排水管道排入位于综合仓库西侧的回用水池，经处理达到回用使用标准后，通过手提泵用于室外道路冲洗和景观浇灌。非生产性用水总量为 16484.28m^3/a。回收利用的纯水制备尾水的年用量为：4976.4m^3/a，利用率为：30.19%。

本项目增量成本为 165 元/m^2。

5.6 编制团队

5.6.1 编制组成员

GB/T 50878—2013 编制组涵盖 8 大工业领域 15 家单位。主编单位为中国建筑科学研究院、机械工业第六设计研究院有限公司。参编单位包括绿色建筑主要评审机构、高等院校、工业领域主要设计研究院三类：

• 绿色建筑主要评审机构——中国城市科学研究会绿色建筑与节能专业委员会、中国城市科学研究会绿色建筑研究中心

• 高等院校——清华大学、重庆大学

• 工业领域主要设计研究院——中国海诚工程科技股份有限公司、中国五洲工程设计有限公司、中国电子工程设计院、中机国际工程设计研究院、中国航空规划建设发展有限公司、中国建筑设计研究院、中国石化集团上海工程有限公司、中国中元国际工程公司、合肥水泥研究设计院

GB/T 50878—2013 的主要起草人员有：吴元炜、刘筑雄、张家平、徐伟、江亿、李百战、李国顺、徐士乔、刘健灵、王立、宋高举、董霄龙、林洪扬、虞永宾、张小龙、郝军、张小慧、巫曼曼、顾继红、晁阳、李刚、夏建军、刘猛、朱锡林、尹运基、孙宁、陈曦、许远超、陈宇奇、余学飞、李亨、袁闪闪、郭振伟、陈明中、张森。

5.6.2 主编人

吴元炜先生生于1935年。1951年考入哈尔滨工业大学暖通专业，1957年研究生毕业后一直从事暖通行业。1972年后一直在中国建筑科学研究院从事研究及管理工作，曾任中国建筑科学研究院总工程师、副院长，主持开拓城市集中供热、建筑节能、空调设备检测、标准化等方面工作。

先后获得黑龙江省、建设部、北京市颁发的科技进步奖。组织筹建“国家空调设备质量监督检验中心”并兼任主任到1999年。负责筹组“全国暖通空调及净化设备标准化技术委员会”（TC143），任主任委员到2003年。参与筹组“建设部建筑节能中心”，兼任负责人之一。参与中国与加拿大政府间合作项目“中国建筑节能”，被任命为中方项目经理。兼任全国注册公用设备工程师管理委员会副主任、中国制冷学会副理事长、北京市人民政府第八届顾问团顾问、《西部制冷空调与暖通》杂志顾问、《制冷学报》、《建筑科学》主编，《建筑热能通风空调》主任委员。

5.6.3 核心专家

1. 张家平

张家平先生生于1931年11月19日，教授级高工，国务院政府特殊津贴专家，英国皇家特许建筑设备工程师学会荣誉资深会员，中国科协第二届全国代表大会代表。先后担任全国勘察设计注册工程师公用设备专业委员会委员和暖通空调考试专家组组长、全国高校建筑环境与设备工程学科专业指导委员会和专业评估委员会委员、国家科学技术奖励环保专业评委会评审委员。历任机械部冷暖通风设备标委会副主任、全国建筑环境与节能标准委员会顾问、中国建筑学会暖通空调专业委员会副主任委员、中国环境工程学会常务理事、中国劳动保护学会工业防尘委员会副主任委员、机械部冷暖通风设备标委会副主任、中国绿色建筑委员会委员、中国绿色建筑委员会绿色工业建筑学组顾问、河南省建筑学会暖通空调专业委员会主任委员等社会职务。

主编国家标准《铸造防尘技术规程》、《绿色工业建筑评价标准》、全国烟草行业标准《卷烟厂空调机组》、《卷烟厂除尘器》，参编《滤筒式除尘器》等行业标准。主要著作有：主编《铸造车间通风除尘》，参编《工业防尘手册》、《简明通风设计手册》、《机械工厂恒温车间建筑设计》等。发表论文40余篇。

2016年6月27日，张家平先生因病医治无效仙逝。张家平先生从事通风除尘、空调设计研究多年，在铸造车间通风除尘、精密机床车间恒温和绿色工业建筑、卷烟厂、空调除尘等方面作出了重要贡献。他的仙逝是多个技术领域的一大损失。先生已故，但先生严谨治学的精神将一直激励编制组向前，代代相传。

2. 徐伟

徐伟，研究员，博士生导师，中国建筑科学研究院专业总工程师，建筑环境与节能研究院院长，国家建筑节能质检中心主任，住建部供热质量监督检验中心主任。住建部科学技术委员会委员、建筑节能专家委员会委员、城镇供热专家委员会委员。中国绿色建筑委员会委员兼公共建筑学组组长，中国建筑学会暖通空调分会理事长，中国制冷学会副理事长，国际制冷学会热泵与热回收委员会副主席，IEA/ECES 国际能源机构蓄能节能委员会中国代表。2008 北京奥运工程技术咨询顾问、2014 北京 APEC 雁栖湖会议中心工程顾问、北京市政府供热办公室技术顾问。

1986 年毕业于清华大学热能工程系暖通空调专业，1989 年中国建筑科学研究院研究生毕业。20 世纪 90 年代分别在欧洲、美国、加拿大学习“现代区域供热技术”以及“建筑节能技术”。长期从事供热空调和建筑节能技术研究开发、工程应用和相关国家标准的制定工作，在供热计量、节能改造、绿色建筑、地源热泵等方面取得多项创新性研究和工程应用成果。

先后主持和参加了 9 项国家“八五”“九五”“十五”“十一五”“十二五”重大科技计划课题和一项国家自然科学基金项目，获得过 9 项部级科技进步奖。

主持了人民大会堂空调改造工程设计、国家航天局导弹测试中心 831 工程空调设计、北京北苑家园地热热泵系统工程设计等重要的设计和施工工程。

主编国家和行业标准《绿色医院建筑评价标准》、《绿色工业建筑评价标准》、《建筑碳排放计算标准》、《民用建筑供暖通风与空气调节设计规范》、《地源热泵系统工程技术规范》、《公共建筑节能设计标准》、《空调通风系统运行管理规范》、《公共建筑节能改造技术规范》等 10 余本。完成《＜绿色医院建筑评价标准＞实施指南》、《地源热泵工程技术指南》、《供暖控制技术》、《可再生能源建筑应用技术指南》等 9 本著作。发表论文 40 余篇。获得发明专利 1 项。

5.7 延伸阅读

[1] 绿色工业建筑评价导则（建科［2010］131 号）. http://www.mohurd.gov.cn/lswj/tz/jk2010131.htm.

[2] 绿色工业建筑评价技术细则（建科［2015］28 号）. http://www.mohurd.gov.cn/zcfg/jsbwj_0/jsbwjjskj/201502/t20150216_220328.html.

[3] 徐伟主编. 绿色工业建筑评价标准实施指南. 北京：中国建筑工业出版社，2015.

[4] 徐伟，袁闪闪. 中国绿色工业建筑发展现状及方向. 建设科技，2014，(5)：12-16.

[5] 曹国光. 绿色节能技术在工业建筑中的应用和效果. 建设科技，2014 (5)：28-32.

[6] 张家平，许远超，尹运基，等. 论绿色工业建筑. 建设科技，2014 (5)：24-27.

[7] 郭丹丹，郭振伟，李丛笑. 我国绿色工业建筑标识评价工作综述. 建设科技，2014 (5)：17-20.

[8] 许远超，李国顺，宋高举，等. 国标《绿色工业建筑评价标准》编制及要点. 建设科技，2012 (6)：44-46.

[9] 许远超，尹运基，牛秋蔓. 绿色工业建筑评价标准与示范工程创建. 建设科技，2014 (16)：22-24.

[10] 刘猛，李百战，姚润明，等. 基于群体专家层次分析法的绿色工业建筑指标体系权重确定. 建设科技，2014 (5)：33-38.

[11] 魏慧娇，尹波，周海珠，等. 一汽-大众佛山工厂绿色工业建筑案例. 建设科技，2014 (5)：44-48.

6 绿色商店建筑评价标准 GB/T 51100—2015

6.1 编制背景

随着我国经济的快速增长和人民物质生活水平的不断提高，人们对商店建筑的需求也越来越大。以北京为例，目前的大型商店超过100个，其营业时间多达12小时以上，且基本全年无假日，消耗大量的能源。据统计，我国大型商店是公共建筑中能耗较高的建筑，单位面积耗能是普通住宅的15～20倍，其中，空调能耗与照明能耗所占比例最大，两者能耗约占总能耗的60％～90％。商店建筑作为商业零售建筑的首要功能是为顾客提供良好购物环境，保证销售效益，但多数商店建筑由于营业时间长，客流量大，商品种类多，导致室内新风量不足，空气环境品质普遍较差，并未达到预期室内热舒适环境要求。

为贯彻国家技术经济政策，节约资源，保护环境，提高室内环境质量，规范商店建筑的规划、设计、建造、运营管理等建筑全生命周期的各个环节，加快和推动商店建筑的可持续发展成为我国实施可持续发展的重要内容之一。

在国外绿色商店建筑的发展相对较早，英国是发展绿色商业零售建筑最早的国家，在1991年就开始对绿色超级市场建筑评价工作进行规范引导。随后，美国、澳大利亚、日本等发达国家分别开发了自己的绿色建筑评估工具，针对不同类型的建筑分别制定不同的评价标准，或在同一标准中针对不同建筑类型进行相应权重调整。

我国绿色商店建筑发展起步较晚，目前没有制定专门针对商店建筑的绿色建筑评价标准，主要依据我国当前实施的《绿色建筑评价标准》。已获得绿色建筑标识的绿色商店建筑标识项目主要依据《绿色建筑评价标准》GB/T 50378—2006中以普通公共建筑评价标准进行评定。商店建筑具有内热量大、运行时间长、空调负荷大、照明密度高等特点，为进一步增强绿色商店建筑评价的针对性，引导和促进绿色商店建筑的发展，完善我国绿色建筑评价体系，建立绿色商店建筑的综合评价指标体系，根据住房和城乡建设部《关于印发〈2012年工程建设标准规范制订、修订计划〉的通知》（建标〔2012〕5号）的要求，由中国建筑科学研究院会同有关单位开展了国家标准《绿色商店建筑评价标准》（发布后编号为GB/T 51100—2015）的编制工作。

标准立项同年，科技部、住房和城乡建设部启动实施了国家科技支撑计划项目“绿色建筑评价体系与标准规范技术研发”。项目设课题“绿色建筑标准体系与不同气候区不同类型建筑重点标准规范研究”，《绿色商店建筑评价标准》编制是课题主要的研究任务和考核指标之一，该课题已于2016年4月通过验收。

6.2 编制工作

6.2.1 调查研究

1. 国外绿色商店建筑评估体系

早在20世纪90年代，绿色商店建筑在英国就受到关注，但因商店建筑作为商品交换的终端场所，涉及房地产商、开发商、租赁者、消费者等多方利益，因此，与迅速增加的商场建筑面积相比，绿色商店建筑的发展相对较慢。绿色商店建筑评价标准发展也相对滞后。

国外发达国家的绿色建筑评价体系中大多都开发了零售建筑的绿色建筑评价标准，如英国的BREEAM Retail 2008，澳大利亚的Green Star-Retail V1，美国的LEED 2009 for retail，日本的CASBEE等，这些标准的实施，促进了各自国家绿色商场建筑的发展，同时也丰富了绿色商店建筑评价技术体系内容。

国外相关标准在等级划分、评价范围、权重设置等方面均体现了不同的技术特点。

（1）BREEAM Retail：与BREEAM主体结构保持一致，共9大部分和创新项内容组成。适用于建筑不同阶段的评估，包括新建、翻新、扩建、重新组建和大量翻新的建筑、室内改造的既有建筑以及其他毛坯房等建筑的评估。BREEAM Retail可用于评估单体或由以下任一复合组成建筑类型：

• 一般展示或销售物品：包括一般商店和非食品零售店等；

• 食物商店：包括大型超市、大型商场和其他便利店等用于食物生产和出售的综合建筑；

• 饮食的制作和服务：包括旅馆、咖啡厅、酒吧、面包房、快捷餐饮店等以食物制作加工消费为主的建筑；

• 提供服务的场所：包括银行、邮局、出版社、干洗店、旅行社等，但是BREEAM Retail应用评估的建筑必须满足零售和运行管理的区域面积要大于室内建筑总面积的50%。

（2）LEED Retail：随着LEED的不断发展完善，美国绿建委研究出绿色零售建筑的两个评价工具：LEED for Retail Commercial Interiors（针对零售建筑的租赁工程）and LEED for Retail New Construction（针对独立的零售工程）。2013年之前，零售建筑评价工具已经很好地融入LEED体系中，其中LEED NC可用于新建商店评估，LEED CS可用于商店建筑Core and Shell的评估，LEED CI可用于商店建筑的室内装修改造评估。LEED Retail针对商店建筑的特点在具体评价指标中做适当调整。

（3）Green Star-Retail：可用于评价商场等零售建筑的新建、改造等不同阶段的环境特征评估。每一类别的评分，均强调提高环境表现的主动性。此外考虑到地域差异，每个评价系统中，往往会附有一个关于权重分析的附件，很好地体现了Green Star-Retail的地域实用性和主体框架的一致性（表6-1）。

Green Star-Retail 在澳大利亚不同地区的权重　　表 6-1

	分数	澳大利亚各地区的权重（%）							
		NSW	ACT	NT	QLD	SA	TAS	VIC	WA
Man 管理	15	10	10	10	10	10	10	10	10
IEQ 室内环境质量	14	12	12	12	12	12	12	12	12
Ene 能源	27	24	24	24	24	24	24	24	24
Tre 交通	12	8	8	8	8	6	8	8	8
Wat 水	23	19	19	17	21	22	17	21	21
Mat 材料	23	10	10	10	10	10	10	10	10
Eco 土地使用与生态	8	9	9	11	7	7	11	8	8
Emi 排放	16	8	8	8	8	7	8	7	7
Inn 创新	5	5	5	5	5	5	5	5	5

（4）CASBEE：与其他国家绿色建筑评价标准不同，日本的绿色建筑评价标准 CASBEE 对不同类型建筑具有很强的通用性。而且，CASBEE 通过提出“对假象密闭空间外部公共区域的负面影响（Q）”和“对假象密闭空间内部建筑使用者生活舒适性的改善（L）”两方面的评价，明确了评价理念，丰富了绿色建筑评价体系的方式。

2. 绿色商店建筑案例

为保证标准指标的合理性和科学性，编制组在全国范围内开展了商店建筑绿色性能（节能、节地、节水、节材、室内空气质量、运行管理）调研。

（1）调研分析了《绿色建筑评价标准》GB/T 50378—2006 在商店类绿色建筑标识项目中的应用效果，总结了绿色商店建筑评价技术需求。

（2）调研分析了全国不同气候区的 38 栋典型商店建筑能耗、水耗、室内空气质量等，分析了室内空气质量、光环境测评技术及应用现状，确定了适宜绿色商店建筑评价的关键指标。

（3）完成了对 4 栋商店建筑室内热湿环境的现场调研与实测，分析了人工冷热源、非人工冷热源的商店建筑室内热湿环境评价方法差异性，验证了基于 PMV、适用于绿色商店建筑热湿环境评价的 APMV 方法。

6.2.2　标准编写

在 GB/T 51100—2015 编制过程中，编制组经广泛深入调研，总结了我国商店建筑工程建设的实践情况，同时参考了国外先进技术法规、技术标准，并广泛征求了社会各界的意见，具体包括：

2012 年 9 月 8 日，标准编制组成立暨第一次工作会议在北京召开（图 6-1）。标准编制组成立会由住房和城乡建设部建筑环境与节能标准化技术委员会邹瑜秘书长主持。程志军处长代表标准主编单位致辞，对主管部门、标准参编单位及编制组成员所给予的大力支持表示感谢。住建部标准定额司代表对标准编制工作做了重要指示，要求标准明确适用范围与定位，充分结合我国国情，并保持与我国相关的现行标准良好衔接。其他代表也分别对标准编制工作提出了具体要求。邹瑜秘书长宣读了标准编制组成员名单，并宣布编制组成立。

随后，标准编制组召开了第一次工作会议。标准主编王清勤教授级高工主持会议，并向会议报告了前期筹备工作。标准编制组讨论了标准编制的定位、重点和难点，及标准章节框架，明确了工作重点和进度计划。

图 6-1 GB/T 51100—2015 编制组成立暨第一次工作会议

2012 年 10 月 17 日，标准编制第二次工作会在上海召开。会上，标准编制章节负责人先后向编制组汇报了标准前期编制情况。会议进一步明确了标准编写规范要求及注意事项，统一了标准条文框架及编写体例要求，讨论了标准技术指标设置的合理性、与其他国标的协调性等问题。

2013 年 4 月 12 日，标准编制第三次工作会议在苏州召开。会上，各章节负责人分别汇报了各章编写思路、内容、编写中存在的共性问题，讨论了与《绿色建筑评价标准》GB/T 50378 修订送审稿的协调性、兼容性等问题，并完成了标准第二稿的修改工作。

2013 年 7 月 9 日，标准编制第四次工作会议在北京召开。会上，编制组秘书处向编制组成员汇报了标准的公开征求意见及反馈情况，讨论并处理标准反馈意见，形成标准送审稿初稿。

2013 年 8 月 30 日，标准（送审稿）项目试评工作会议在北京召开。会议总结了 14 个试评项目存在的共性问题，讨论分析了本标准与《绿色建筑评价标准》GB/T 50378—2006、GB/T 50378—2014 的异同，并对标准（送审稿）条文提出了修改意见和建议。

2013 年 9 月 11 日，标准（送审稿）审查会在北京召开（图 6-2）。会议由住房和城乡建设部建筑环境与节能标准化技术委员会汤亚军工程师主持。会议成立了由吴德绳、郎四维、俞红、毛志兵、刘京、陈琪、赵锂、娄宇、蒋荃、徐文杰、林杰 11 位专家组成的审查委员会。审查委员会听取了标准编制工作报告，对标准各章内容进行了逐条讨论和审查。审查专家认为标准编制过程符合工程建设标准的编制程序要求，内容与《绿色建筑评价标准》GB/T 50378 等相关标准规范相协调，送审资料齐全，符合审查要求。经充分讨论，审查委员一致同意通过标准审查。建议标准编制组根据审查意见，对送审稿进一步修改和完善，尽快形成报批稿上报主管部门审批。

图 6-2 GB/T 51100—2015 审查会

2013 年 9 月 12 日，编制组召开了标准报批稿修改会议。根据审查会议提出的主要意见和建议，对标准进行了进一步的修改和完善，于 2014 年 1 月 10 日，主编单位向住房和城乡建设部提交了审批文件。

6.2.3 项目试评

绿色商店建筑的评价是以商店建筑群、商店建筑单体或综合建筑中的商店区域为评价对象，评价过程中首先应满足评价对象的功能诉求。考虑到综合楼中的单层商业等特殊业态，故在国家标准《绿色建筑评价标准》GB/T 50378—2014 相关规定的基础上，补充将综合性建筑中的商店区域作为绿色商店建筑的评价对象。项目试评选择大中型典型商店建筑的单体建筑 13 栋，商业步行街建筑群 1 个。

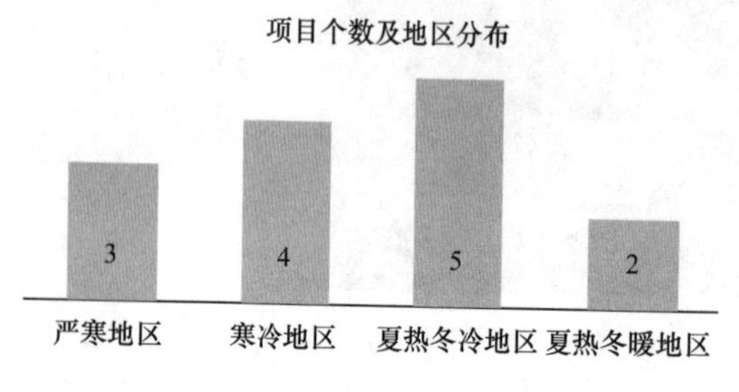

图 6-3 商店建筑试评项目地区分布

1. 项目分布

编制组根据全国不同气候区典型城市大中型商店建筑项目分布情况，选取 14 个项目开展试评工作。项目具体分布如图 6-3 所示。

本次试评项目规模大小的选择，依据商店建筑类型的多样性，考虑商店建筑功能的综合性，主要以大中型商店建筑为主，建筑面积从 1.49 万 m^2 至 19.35 万 m^2 不等（图 6-4）。

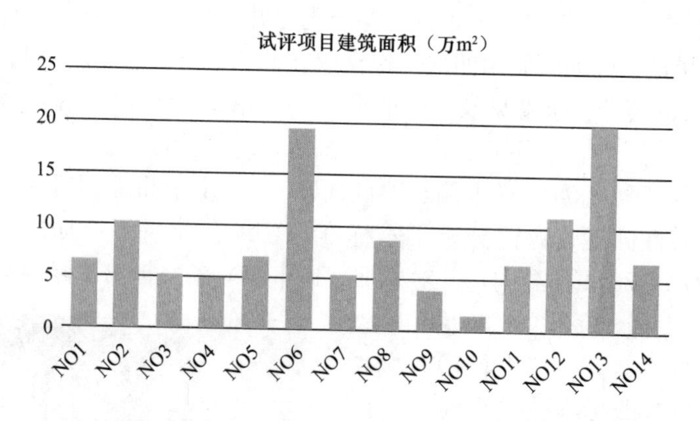

图 6-4 绿色商店建筑项目试评面积（万 m^2）

2. 项目试评结果（表 6-2）

试评项目编号及评价分值 表 6-2

编号	项目名称	试评分数
NO1	华润清河公建西区项目	54.98
NO2	乌兰察布察哈尔银座	54.45
NO3	重庆煌华国际商城一期项目	49.74
NO4	广州番禺万博 CBD 商业广场商业综合楼	45.60
NO5	郑州华南城 1＃交易广场	54.15
NO6	莆田万达广场批发零售中心	49.27

续表

编号	项目名称	试评分数
NO7	仁恒海河广场商场项目	63.87
NO8	苏州国际广场综合体	67.06
NO9	五玠坊（商业）	69.56
NO10	南京市江宁区大都会	62.50
NO11	通辽新城·欢乐河岸地块二	52.10
NO12	哈尔滨万达衡山店	41.75
NO13	郑州二七万达	48.37
NO14	昆山康居商店	69.35

3. 分项指标评分情况

设计评价时，不对施工管理和运营管理两类指标的条文进行评价和计分，但可对其中部分条文进行预审。绿色商店建筑的评价按总得分确定等级。总得分为相应类别指标的评分项得分经加权计算后与加分项的附加得分之和（表 6-3）。本次评价重点分析商店建筑设计阶段“四节·一环保”评分项的情况进行统计分析。分析不同大类、子类指标的平衡性和评价过程中的得分难易程度。

试评项目各大类指标得分情况 表 6-3

项目编号	节地	节能	节水	节材	室内环境	创新项	评价得分	星级
NO1	55.00	66.00	40.00	50.00	45.00	2.00	54.98	一星级
NO2	61.00	53.00	49.00	69.00	46.00		54.45	一星级
NO3	69.47	44.00	37.00	56.47	47.00		49.74	一星级
NO4	72.00	40.00	26.00	49.00	41.00		45.60	不合格
NO5	69.00	56.00	57.00	60.00	38.00		54.15	一星级
NO6	65.00	33.00	55.00	38.00	56.00	2.00	49.27	不合格
NO7	78.00	61.00	64.00	59.49	58.00	1.00	63.87	二星级
NO8	71.00	64.00	81.00	49.37	62.00	3.00	67.06	二星级
NO9	72.00	70.00	71.00	49.37	71.00		69.56	二星级
NO10	70.00	62.00	54.00	56.00	55.00	1.00	62.50	二星级
NO11	69.00	27.00	26.00	39.00	54.00		52.10	一星级
NO12	69.00	27.00	26.00	39.00	54.00		41.75	不合格
NO13	60.00	36.00	55.00	41.77	56.00	1.00	48.37	不合格
NO14	66.00	66.00	83.00	62.03	67.00		69.35	二星级

选取的 14 个试评项目中，二星级 5 个，一星级 5 个。其中 NO4、NO6、NO12、NO13 4 个项目总分不合格，且 NO6、NO12、NO13 节能项也不满足评价最低分 40 低限要求。

通过技术应用和可达性分析，整体而言商店标准实现不同星级增量成本变化不大，技术经济合理。

6.2.4 支撑技术文件编制

为进一步加快绿色建筑发展，配合 GB/T 51100—2015 实施，帮助读者更好地理解标准条文技术内容，中国建筑科学研究院组织有关专家共同编制绿色建筑技术应用指导系列丛

书——《绿色商店建筑评价标准实施指南》(下文简称《指南》)。《指南》共包括四部分内容:

• 编制概况 介绍了 GB/T 51100—2015 编制背景、编写过程、主要内容和特点、技术水平、作用和效益等。

•《标准》条文释义 按 GB/T 51100—2015 结构内容，对技术条文内涵外延进行了释义，对参评范围、评价方法进行了逐条解读和说明。

• 专题论述 对 GB/T 51100—2015 权重设置、关键技术指标等内容进行了系统论述。

• 案例介绍 收录了 11 个不同气候区的典型案例，为绿色商店建筑评估提供参考和借鉴。

6.3 主要技术内容

GB/T 51100—2015 标准编制组深入调研了我国商店建筑存在的共性问题，考虑了不同气候区建筑人文、地理、气候、经济等因素，在标准评价内容设置及技术应用引导方面，加深了对商店建筑节能与能源利用、室内环境质量、运营管理等方面的商业功能需求的考虑，兼顾标准的全面性和均衡性。GB/T 51100—2015 的目录框架保持了与《绿色建筑评价标准》GB/T 50378—2014 的一致性。

6.3.1 主要内容

主要技术内容包括：总则、术语、基本规定、节地与室外环境、节能与能源利用、节水与水资源利用、节材与材料资源利用、室内环境质量、施工管理、运营管理、提高与创新。主要技术内容特点如下：

(1) 节地与室外环境

控制项条文要求商店建筑规划应选择人员易到达、交通便利的适宜位置，以保证绿色交通出行，减少交通碳排放；评分项包括商店建筑的土地利用、室外环境、交通设施与公共服务、场地设计与生态等方面评价内容。鼓励合理开发地下空间、集约节约利用土地；结合周边环境，合理优化建筑室外照明设计和风环境；场地与公共交通设施有便捷联系，方便客流集散，提供便捷服务；建筑布局设计应结合地形地貌充分利用场地空间，设置绿色雨水设施，控制地表径流，采取对绿化等保护生态的措施。

(2) 节能与能源利用

控制项条文对围护结构、冷热源机组效率、照明系统等节能性能控制提出要求；评分项条文对进一步提升围护结构热工性能、供暖通风与空调、照明与电气、能源综合利用四方面技术内容进行了系统引导。

建筑围护结构应充分结合场地自然条件进行优化设计，提高热工性能，减少采暖空调负荷；合理采用天然采光、通风技术优化技术降低建筑能耗。鼓励采用能效高的设备、变频技术等节能措施减少供暖、空调与通风系统全年运行能耗；通过降低照明密度、采用分区和计量控制、无功率补偿的供配电系统等措施降低照明能耗；同时，鼓励采用排风热回收技术、余热废热回收利用、可再生能源等节能技术。

(3) 节水与水资源利用

控制项对商店建筑用水规划、水系统设置、节水器具等提出明确要求；评分项包括建筑节水系统、节水器具与设备、非传统水源利用三部分内容。鼓励水系统充分利用系统压力，采用分项计量装置，避免管网漏损；提倡采用节水器具、节水灌溉等节水效率高的系统和设备，以及非传统水源的综合利用技术等。

（4）节材与材料资源利用

控制项对国家禁止的建筑材料和制品，建筑造型装饰性构件等提出节材要求；评分项包括节材设计和材料选用两部分内容。建筑结构应优先选用规则的建筑形体，并对建筑地基基础、结构体系、结构构件等进行优化设计；建筑公共部位建议土建装修工程一体化设计、施工，采用工业化生产预制构件和建筑部品；建筑材料鼓励选用当地生产的建筑材料、使用现浇预拌混凝土、预拌砂浆、可再生材料和可循环材料等节材技术，合理采用高性能钢筋、耐久性好易维修的建筑材料等。

（5）室内环境质量

控制项对商店建筑照明、采光、噪声、卫生状况、室内污染物浓度等内容提出控制要求；评分项包括室内声环境、光环境、热湿环境、室内空气质量四个方面技术内容。鼓励优化室内功能设计，合理组织空间气流，改善自然通风效果，公共区域设置空气质量监控系统，保证建筑室内空气质量。

（6）施工管理

施工管理是绿色建筑全寿命期评价的重要内容之一，控制项对建筑绿色施工的机构组织、施工计划、环境保护措施等内容提出要求；评分项包括了环境保护、资源节约、过程管理三部分评价内容。施工过程应采取环境保护、降低施工噪声污染的措施，制定能源资源节约利用方案，鼓励采用定型模板以及其他减少建筑混凝土、砂浆、钢筋损耗的施工技术或措施。

（7）运营管理

运行管理是绿色建筑实现真正绿色的重要保证，该部分内容从运行管理制度、技术管理、环境管理三方面提出要求。

首先应具备完善的运行管理制度，制定并实施节能、节水、节材、绿化管理措施，保证绿色建筑技术落到实处；对建筑的用能、用水、能源管理系统、供暖、通风空调系统的调试、定期清洗维修提出技术要求，建议采用信息化手段加强物业管理信息化水平。采取无公害病虫防治技术、垃圾分类处理等环境管理和保护措施。

（8）提高与创新

提高与创新评价鼓励商店建筑各环节和阶段采用先进、适用、经济的技术、产品和管理方式。鼓励采用进一步提升绿色建筑围护结构热工性能、建筑冷热源机组能效、蓄热蓄冷技术的节能技术，选用资源消耗少和环境影响小的建筑结构体系、应用改善室内环境质量的功能性建筑装修新材料或新技术。提倡采用 BIM 技术、碳排放计算分析，降低建筑环境负荷的创新技术。

6.3.2 技术特点

与《绿色建筑评价标准》GB/T 50378—2014 相比，GB/T 51100—2015 的特色主要体现在三个方面：一是评价权重差异较大；二是评价条文数量不同，针对商店建筑特点进行了删减和补充，因此评价条文的数量不同；三是具体评价指标分值的差异，即评价指标内容和要求相同，但评价分值不同。

1. 权重比较

与 GB/T 50378—2014 相比，GB/T 51100—2015 评价权重和评价指标体系针对商店建筑功能特点进行了补充和删减，增加了标准的适用性（图 6-5）。

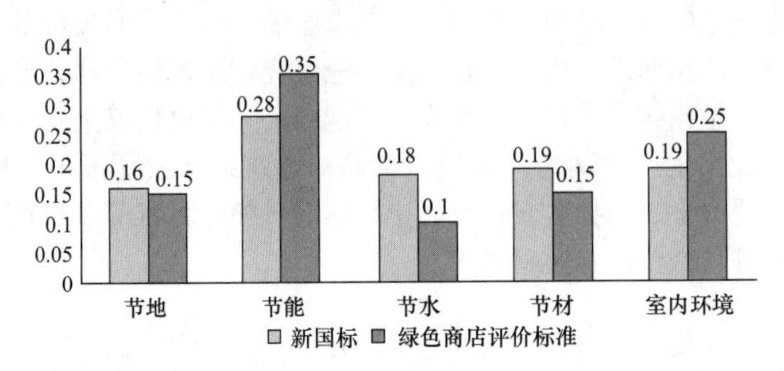

图 6-5 设计阶段 GB/T 50378 与 GB/T 51100—2015 评价权重比较

设计阶段，与 GB/T 50378—2014 相比，GB/T 51100—2015 节能与能源利用、室内环境评价内容权重分别提高 7%和 6%，加大了对商店建筑节能和室内环境质量的引导，同时根据商店建筑的功能需求，在节水和节材评价权重均有弱化（图 6-6）。

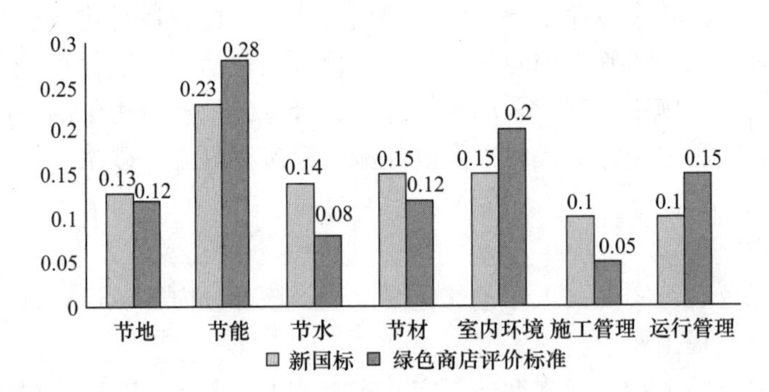

图 6-6 运行阶段 GB/T 50378—2014 与 GB/T 51100—2015 评价权重比较

运行阶段，GB/T 51100—2015 在节能、室内环境和运行管理方面，权重均提高 5%。节水和节材分别降低 6%和 3%。通过比较可以发现，绿色商店建筑评价标准权重设置增加了绿色商店建筑在室内环境质量、能源利用、运营管理方面的引导，同时兼顾了其他评价内容的均衡性。

2. 条文数量差异

通过条文内容梳理，发现节能、运营管理部分一致条文数最多，为 11 条，室内环境部分：内容相同指标不同的条文最多，为 8 条。新增条文中节能部分最多，新增 10 条；删除条文部分节水条文最多，删减 5 条（图 6-7）。

（1）节地与室外环境：商店建筑控制项中增加了“场地交通便利条件”，说明了商店建筑对人员活动便利性的重点考虑。删除了“场地噪声”、“降低热岛强度”条文，噪声考虑到商店建筑处于城市繁华区域，因此不对噪声提要求，设置合理；商店建筑由于没有独立的场地，室外直接与人行道连接，因此取消热岛强度要求。

（2）节能与能源利用：控制项，新增条文 3 项，第 5.1.2 条严寒和寒冷地区商店建筑

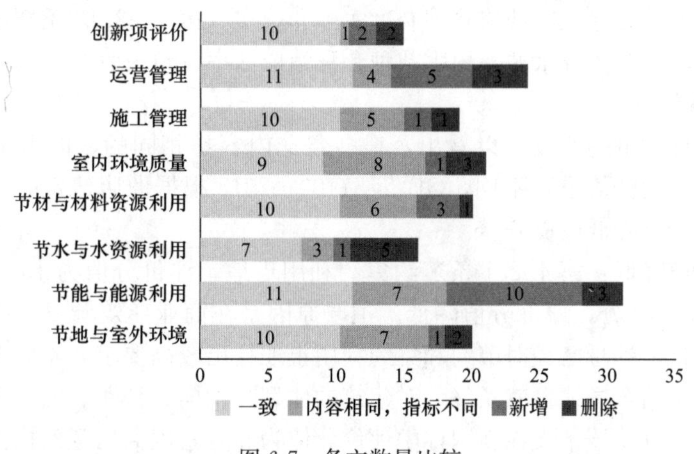

图 6-7 条文数量比较

的主要外门应设置门斗、前室或采取其他减少冷风渗透的措施、第 5.1.6 条电感镇流器的气体放电灯应在灯具内设置电容补偿、第 5.1.7 条室内照明灯具能效等级不低于 2 级要求、5.1.8 夜景照明节能控制。

评分项，新增加 7 项。其中围护结构部分新增 3 项：第 5.2.2 条外窗、幕墙气密性要求、第 5.2.4 商店建筑围护结构传热系数不同气候区要求、第 5.2.5 条中庭采光顶设置，删减外窗、幕墙可开启条文。照明与电气部分，新增第 5.2.12 条照明光源、镇流器能效等级，第 5.2.16 条电气照明分区或分租户计量，第 5.2.17 条广告、标识照明照度要求，第 5.2.18 条谐波治理措施。能量综合利用部分删除蓄冷蓄热系统评价条文，调整至创新条文。

（3）节水与水资源利用：节水部分条文是删除 5 项：节水定额、公共浴室节水、其他用水设备采用了节水技术或措施、冷却水使用非传统水源、采用雨水补充景观水体等条文。符合商店建筑中人员流动比较频繁，计算节水定额时人数不好界定、实际工程中公共浴室的项目不多、商业用地紧张、景观水体较少设置等现状。

（4）节材与材料利用：节材部分条文新增 3 项，第 7.2.11 条制订施工节材方案、第 7.2.6 条采用工厂化生产的建筑部品、第 7.2.14 条合理采用耐久性好、易维护的装饰装修建筑材料。删除了工业化生产的预制构件、采用整体化定型设计的厨房、卫浴间条文 1 项。

（5）室内环境质量

《商标准》删除的技术条文有围护结构隔声性能的基本和较高要求、降噪措施中排水减噪的要求，视野设计要求、自然采光要求。新增第 8.2.6 条局部照明要求、第 8.1.7 条楼地面使用和维护性能要求和第 11.2.5 条改善室内环境质量功能材料的使用要求。

（6）施工管理

新增第 9.2.7 条减少预拌砂浆损耗条文，删除采取相关保证建筑的耐久性措施条文要求，放在创新项条文中。

（7）运行管理

新增条文 5 项，第 10.1.6 条二次装修管理制度，第 10.2.5 条对不同用途和不同使用单位的用能、用水进行计量收费，第 10.2.6 条结合建筑能源管理系统定期进行能耗统计和能源审计，并合理制定年度运营能耗、水耗指标和环境目标。第 10.2.11 条二次装修进行严格的过程管理，确保二次装修管理制度实施和落实。第 10.2.13 条新风系统优化管理等。删除条文 3 项，非传统水源、树木栽种和移植成活率、垃圾收集站点环境控制条文。

3. 评价分值差异

通过与新国标数量的比较可以看出，很多条文内容是相同的，但出于标准的系统考量，相同内容条文的分值设置不同，GB/T 51100—2015 根据商店建筑的功能特点将对应条文评价分值进行了降低或提升。

（1）评价分值降低：第 4.2.1 条节约集约利用土地，评价分值为 10 分。该条文在新国标中评价分值为 19 分，评价分值降低。主要原因是在商业建筑开发过程中，业主对商业利益追求最大化，本身已经对节约和集约利用土地提出较高要求，不宜再给予过高分值奖励。第 5.2.1 条结合场地自然条件，对建筑的体型、朝向、楼距、窗墙比等进行优化设计，评价分值为 3 分。该条文在新国标中评价分值为 6 分，因商店建筑内热较大，围护结构节能贡献率降低，因此，降低评价分值较为合理。

（2）评价分值提高：第 4.2.7 条合理设置停车场所，评价分值为 10 分。该条文在新国标中的评价分值为 6 分，分值提高 4 分。在商店建筑中，购物停车是较为突出的矛盾，GB/T 51100—2015 增加了对停车设计评价分值，鼓励商店建筑优先解决停车难问题。第 8.2.5 条改善建筑室内天然采光效果，评价分值为 10 分。该条文在新国标中的评价分值仅为 3 分，条文分值提升较多。究其原因，主要是因为商店建筑多为闭合建筑，且室内展销柜台的特殊照明居多，照明能耗约占总能耗的 20%～50%，很少采用天然采光。为进一步引导和鼓励绿色商店建筑采用天然采光，降低照明能耗，评价分值设置为 10 分。

6.4 关键技术及创新

GB/T 51100—2015 不仅保持了与我国绿色建筑体系的整体协调性，技术评价内容包括节地与室外环境、节水与水资源利用、节材与材料利用、室内环境质量、施工管理、运营管理、提高创新 7 大类指标（表 6-4）。各类指标评价内容分为控制项加评分项，控制项为绿色商店建筑的必备条件，评分项指标为可选加分项，是绿色建筑评价星级划分项依据，单项最高得分为 100 分。为鼓励绿色商店建筑的技术创新和提高，依据我国不同气候区、不同地域文化和当地适宜技术等问题，设置了提高创新项，最高得分为 10 分，单独计入加权后的总分。针对绿色商店建筑的功能诉求，增加了相应的技术评价条文。

绿色商店建筑评价标准评价内容分项设置 表 6-4

评价内容	控制项	评分项	提高创新项	
			性能提高	技术创新
节地与室外环境	6	12		
节能与能源利用	8	21	3	
节水与水资源利用	3	8		
节材与材料利用	3	14	2	5
室内环境	7	12	2	
施工管理	4	13		
运营管理	6	15		

1. 一级权重

一级权重为各类指标所占比例，本标准一级权重（表 6-5）通过专家问卷调查，采用层次分析法确定，7 类评分项的单项评价总分为 100 分，分项得分 Q_1、Q_2、Q_3、Q_4、Q_5、Q_6、Q_7 按参评建筑该类指标的评分项实际得分值，除以适用于该建筑的评分项，总分值再乘以 100 分计算，统一设置加分项 Q_8。

$$\sum Q = w_1Q_1 + w_2Q_2 + w_3Q_3 + w_4Q_4 + w_5Q_5 + w_6Q_6 + w_7Q_7 + Q_8 \tag{6-1}$$

GB/T 51100—2015 一级权重 **表 6-5**

	节地与室外环境 w_1	节能与能源利用 w_2	节水与水资源利用 w_3	节材与材料资源利用 w_4	室内环境质量 w_5	施工管理 w_6	运营管理 w_7
设计评价	0.15	0.35	0.10	0.15	0.25	—	—
运行评价	0.12	0.28	0.08	0.12	0.20	0.05	0.15

根据商店建筑能耗高、室内环境差、运行管理水平低等突出问题，GB/T 51100—2015 分别对节能与能源利用、室内环境质量和运行管理评价内容通过增加一级权重设置进行了重点引导（表 6-5 与表 6-6）。设计阶段，与《绿色建筑评价标准》GB/T 50378—2014 相比 GB/T 51100—2015 节能与能源利用、室内环境评价内容权重分别提高 7%和 6%，但结合商店建筑水资源利用情况，节水和节材评价权重均有减弱。运行阶段，GB/T 51100—2015 节能与能源利用、室内环境质量和运行管理权重均提高 5%。节水与水资源利用、节材与材料资源利用分别降低 6%和 3%。

GB/T 50378—2014 公共建筑评价 7 类评价指标一级权重 **表 6-6**

	节地与室外环境 w_1	节能与能源利用 w_2	节水与水资源利用 w_3	节材与材料资源利用 w_4	室内环境质量 w_5	施工管理 w_6	运营管理 w_7
设计评价	0.16	0.28	0.18	0.19	0.19	—	—
运行评价	0.13	0.23	0.14	0.15	0.15	0.10	0.10

注：表 6-5、表 6-6 中“—”表示施工管理和运营管理 2 类指标不参与设计评价。

2. 二级权重

GB/T 51100—2015 各大类评价指标中的子项评价权重，即各子项评价内容的百分比。二级权重是对 7 大类评价内容的进一步量化。7 大类单项评价权重通过评价分值来体现，单项评价权重分值为 100 分，各评价条文的分值多少代表了评价指标二级权重的大小。如图 6-8 所示，GB/T 51100—2015 中对供暖、通风空调、照明电器、材料选用、室内空气质量等都是重点评价内容的二级权重值较大。

GB/T 51100—2015 编制组结合我国绿色商店建筑的实践经验和研究成果，借鉴了有关国外先进标准，开展了多项专题研究和试评工作，广泛征求了各方面的意见。经审查会专家组审查认定，GB/T 51100—2015 评价指标体系充分考虑了我国国情和商店建筑的特点，具有创新性，GB/T 51100—2015 技术指标可操作性和适用性提高，标准编制总体上达到国际先进水平。

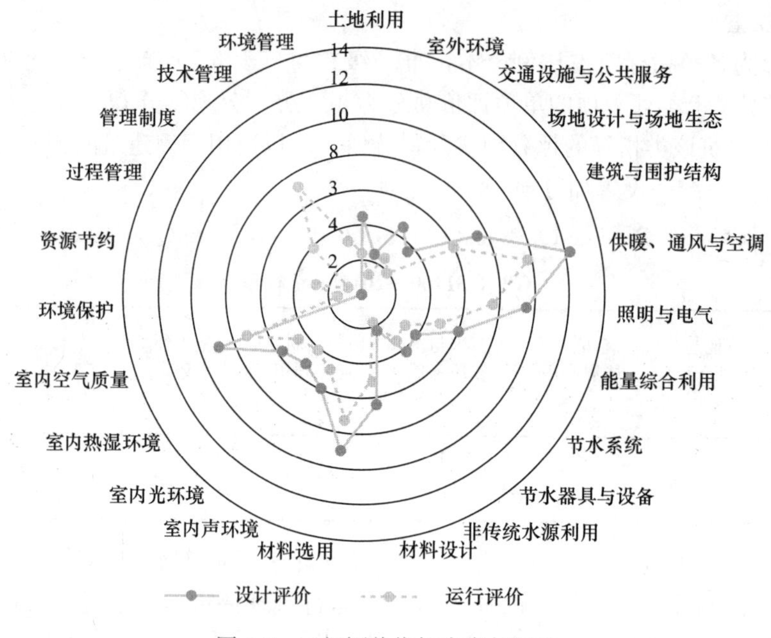

图 6-8 二级评价指标内容与权重

6.5 实施应用

GB/T 51100—2015 评价内容覆盖建筑全寿命期各阶段节地与室外环境、节能与能源利用、节水与水资源利用、节材与材料资源利用、室内环境质量、施工管理、运营管理等内容，GB/T 51100—2015 编制有助于我国绿色商店建筑的进一步发展，对于全面促进我国建筑节能工作的开展，实现我国的节能减排目标具有重要的意义。

GB/T 51100—2015 立足我国商店建筑现状，针对商店建筑客流密度变化大、运行时间长、能耗高、室内环境差等重点问题，在评价指标和权重的设置，有针对性地加大了对相应问题的引导，为规范我国绿色商店建筑评价，解决我国商店建筑能耗、提升室内环境质量等问题具有良好的社会、经济和环境效益。

6.6 编制团队

6.6.1 编制组成员

参加 GB/T 51100—2015 编制工作的单位有中国建筑科学研究院、中国城市科学研究会绿色建筑与节能专业委员会、重庆大学、哈尔滨工业大学、上海现代建筑设计（集团）有限公司、南京工业大学、内蒙古城市规划市政设计研究院、广东省建筑科学研究院、中国中建设计集团有限公司（直营总部）、浙江大学、北京工业大学、南京建工集团有限公司、上海维固工程实业有限公司、陕西省建筑科学研究院、深圳市科源建设集团有限公司等 15 家单位。

GB/T 51100—2015 编制团队由来自前述单位的 27 位专家组成，来自全国知名院校、科研单位、设计施工企业各个领域的专家学者，具体是：王清勤、王有为、赵建平、李百战、吕伟娅、赵霄龙、孙大明、杨永胜、田炜、金虹、程志军、周序洋、杨仕超、薛峰、葛坚、陈超、孟冲、陈明中、李荣、喻伟、马素贞、叶凌、陈乐端、王军亮、孙全、周荃、李婷。

6.6.2 主编人

王清勤，博士，教授级高级工程师，中国建筑科学研究院副院长，"新世纪百千万人才工程国家级人选"，享受国务院政府特殊津贴专家。担任"十一五"国家科技支撑计划重大项目实施专家组副组长，建设部国家科技支撑项目管理办公室副主任。兼任建设部防灾研究中心主任。住房和城乡建设部绿色建筑评审专家委员会专家，中国建筑科学研究院学术委员会副主任，中国建筑节能协会副会长，中国工程建设标准化协会绿色建筑与生态城区专业委员会主任，中国城市科学研究会绿色建筑专业委员会副主任，北京市绿色建筑国际科技合作基地主任，北京市绿色建筑设计工程技术研究中心主任等。长期从事建筑环境与节能、绿色建筑方面的科研开发、标准规范编制、工程项目咨询等工作。

主持和承担了"九五"、"十五"国家科技攻关计划、"十一五"和"十二五"国家科技支撑计划、建设部科技计划、科技部科研院所科技专项等多项科研项目。负责和参与中加建筑节能国际科技合作 CIDA 项目、中日合作住宅性能和部品的认证 JICA 项目、中英城市可持续发展联盟（nCUBUS）项目、欧盟玛丽·居里国际科技人员交流框架计划项目、中美清洁能源国际合作项目、美能源基金会等多项国际合作项目。主持制定国家标准《既有建筑绿色改造评价标准》GB/T 51141—2015、《节能建筑评价标准》GB/T 50668—2011、《绿色商店建筑评价标准》GB/T 51100—2015 等 8 项，参与制定国家标准《绿色建筑评价标准》GB/T 50378—2014、《绿色生态城区评价标准》（在编）等 5 项。获省部级科技进步奖 10 项，合作出版著作 10 部，发表学术论文 60 余篇。负责组织编制绿色建筑年度报告、建筑防灾年鉴等系列图书。

6.7 延伸阅读

[1] 王清勤，王军亮，叶凌，林常青. 国家标准《绿色商店建筑评价标准》GB/T 51100—2015 简介 [J]. 工程建设标准化，2016，No. 209 (04)：72-76.

[2] 王军亮，王清勤，王晓飞，袁扬.《绿色商店建筑评价标准》GB/T 51100—2015 内容解读 [J]. 工程质量，2015，v. 33；No. 305 (12)：31-36.

[3] 樊瑛. 新版《绿色建筑评价标准》在商店类绿色建筑中的应用 [J]. 建筑科学，2014，v. 30；No. 201 (04)：72-77.

[4] 孙大明，樊瑛，张雪，张敏.《绿色商店建筑评价标准》对于商店建筑的适用性研究 [A]. 中国城市科学研究会、中国绿色建筑与节能专业委员会、中国生态城市研究专业委员会. 第十届国际绿色建筑与建筑节能大会暨新技术与产品博览会论文集——S01 绿色建筑设计理论、技术和实践 [C].

中国城市科学研究会、中国绿色建筑与节能专业委员会、中国生态城市研究专业委员会：中国城市科学研究会，2014：11.

[5] 王清勤，王有为，王军亮，陈乐端. 国家标准《绿色商店建筑评价标准》编制 [J]. 建设科技，2013，No. 238 (06)：71-73.

[6] 王军亮，龚延风，王清勤，陈乐端. 国内外绿色商店建筑评价标准基本情况简介 [J]. 建筑科学，2012，v. 28；No. 185 (12)：31-34.

[7] 王清勤. 绿色商店建筑评价标准实施指南，北京：中国建筑工业出版社，2016.

7 绿色医院建筑评价标准 GB/T 51153—2015

7.1 编制背景

7.1.1 背景情况

随着我国经济社会的不断发展和人民生活水平的不断提高，我国能耗呈逐年上升趋势，目前我国已经成为世界上第一大能源消耗国。节约能源已经成为关系到我国社会经济发展的重要战略问题。建筑是我国社会三大耗能领域之一，占全社会总能耗的近30%。而医院建筑又是建筑中的耗能大户，能耗居大型公共建筑之首，约为普通公共建筑平均能耗的2倍。据全国医院财务年报数据显示，2009—2013年，全国医院的水电暖气费支出5年上涨了53.42%。同时，随着医疗技术的不断进步，医疗功能的不断完善，患者和医生对就医环境和工作环境舒适度的需求不断提高，医院能耗也会持续上升。

目前，世界主要国家普遍重视绿色医院建筑的建设，世界卫生组织和许多国家都在绿色医院和绿色医院建筑方面制定了相关政策和评价体系。绿色医院建筑是将可持续发展理念引入建筑领域的结果，必将成为未来医院建筑的主导趋势。

2006年我国颁布了《绿色建筑评价标准》GB/T 50378—2006并建立了一整套评价和管理办法。在党和政府及主管部门的大力推动下，我国绿色建筑高速发展。但是，医院建筑作为建筑中的耗能大户，因其安全性能要求高、医疗流程复杂、室内外环境要求严格、各功能房间用能用水要求差别较大，有必要编制一本专门针对医院建筑的绿色建筑评价标准。

借鉴国际先进经验，建立一套适合我国国情的绿色医院建筑评价体系，推广建筑领域可持续发展理念，对积极引导和大力发展绿色医院建筑，促进我国和谐社会的发展，具有十分重要的意义。根据住房和城乡建设部《关于印发〈2012年工程建设标准规范制订、修订计划〉的通知》（建标〔2012〕5号）的要求，由中国建筑科学研究院、住房和城乡建设部科技与产业化发展中心会同有关单位共同编制国家标准《绿色医院建筑评价标准》（发布后编号为GB/T 51153—2015）。

7.1.2 工作基础

中国医院协会会同有关单位编制了中国医院协会标准《绿色医院建筑评价标准》（以下简称协会标准），住房和城乡建设部科技发展促进中心会同有关单位编制了《绿色医院建筑评价技术细则》（以下简称中心细则）。

1. 协会标准

协会标准主要评价内容包括五大方面，分别为：规划、建筑、设备及系统、环境与环境保护、运行管理。

协会标准的评价体系与 GB/T 50378—2006 基本相同，以控制项、一般项和优选项划分为三星等级。

协会标准统筹考虑医院建筑能耗高、安全性能要求高、医疗流程复杂、室内外环境要求严格、各功能房间用能用水要求差别较大等突出特点，明确评价标准对医院建筑的针对性。在满足节能、节地、节水、节材、保护环境、满足建筑功能的前提下，突出医院的运行管理对于绿色医院建筑的重要性。

2. 中心细则

中心细则评价体系基本结构和评价方法与 GB/T 50378—2006 保持一致，主要评价内容包括六大方面：节能、节地、节水、节材、环境保护、运行管理，同样以控制项、一般项和优选项划分为三星等级。中心细则在与现有的《绿色建筑评价技术细则》保持一致的基础上，加强绿色理念的传播和应用，并借鉴国际先进的经验，推广符合我国国情的节能环保、先进适用技术，在满足建筑功能需求和绿色建筑技术要求的同时，重点突出医院建筑的特殊性和人文关怀。

3. 前期研究工作

2012 年，科技部、住房和城乡建设部启动实施了国家科技支撑计划项目“绿色建筑评价体系与标准规范技术研发”。项目设课题“绿色建筑标准体系与不同气候区不同类型建筑重点标准规范研究”，《绿色医院建筑评价标准》编制是课题主要的研究任务和考核指标之一，该课题已于 2016 年 4 月通过验收。

7.2 编制工作

7.2.1 调查研究

1. 国外绿色医院建筑评估体系

对国际绿色医院建筑评价体系进行研究，借鉴国际先进经验，结合我国医院建筑实际综合分析，为制定符合我国医院建筑特色的指标提出建议，以正确引导我国绿色医院建筑的可持续发展。

国际上应用较广的绿色医院建筑评价体系有四种，分别是 2003 年美国“无害医疗”（HCWH）和“最大潜能建筑研究中心”（CMPBS）联合组织编制的 GREEN GUIDE for Health Care（GGHC）、2008 年英国建筑科学研究院（BRE）发布的 BREEAM Healthcare 2008（BREEAM HC）、2009 年澳大利亚绿色建筑委员会（GBCA）发布的 Green Star-Healthcare v1 tool（Green Star HC）、2011 年美国绿色建筑委员会（USGBC）发布的 LEED 2009 for Healthcare（LEED HC）。德国可持续建筑协会（DGNB）也于最近制订了德国可持续医院建筑评价标准（DGNB HC），前四大体系应用较广，且各具特色，可作为我国标准编制的参考。

（1）GGHC V2.2 版分为建造版本和运行版本（2008 年，运行版本更新为 GGHC V2.2-Ops-08Rev），建造版本评价体系包括集成设计、可持续性场址、节水、能源和大气、材料和资源、环境质量、设计创新，运行版本评价体系包括整体运行和教育、可持续性场址管理、交通运行、设施管理、化学物质管理、废弃物管理、环境服务、食品服务、采购环境友好产品、创新设计。GGHC 采用计分法，但由于其不属于第三方认证工具，因此没有达标得分范围。设置得分系统的目的在于，模拟 LEED 的得分系统，同时为医院设计、施工、运行团队提供达标基准，从而实现可持续发展与改进。

GGHC 条文一小部分是直接引用 LEED 条文，约一半是在 LEED V2.2 版基础上进行修改的，另有一部分是针对医院新设立的。每条除包括评价内容外，还包括以下六部分内容：条文设置目的（含健康议题）、得分要点、提交证明材料、参考标准、潜在技术和策略、相关资料。与 LEED-NC 相比，GGHC 基于医疗建筑特有结构和使用特点，特别强调了材料、环境和公共卫生问题，从而实现医疗建筑的可持续性。另外，GGHC 在条文编写结构上特设了“健康议题”，指出了评估条文所涉及的特定健康问题。

（2）LEED HC 评价内容分为七大方面，分别是可持续场址、节水、能源和大气、材料和资源、室内环境质量、创新设计、地区优先。LEED HC 采用得分制，评价指标包括强制项和得分项两种，全文共有 13 个强制项指标，52 个得分项指标，得分项依据其指标重要程度设置不同分值，七大内容可能的最高分值比重如图 7-1 所示。根据实际得分情况，40～49 分为认证级、50～59 分为银级、60～79 分为金级、80 分以上为铂金级。

与 LEED 相比，LEED HC 的主要特点是强调了环境品质（人工环境和自然环境）和防止医疗环境污染的重要性。比如设置了强制性条文：采取措施减少具有累计性的有害物质汞；强制项条文：考虑到医疗装置中噪声是一个非常重要的压力来源，采取措施减少医疗设施对病人的噪声污染；强化生态环境营造：对于 75%的住院患者和 75%的就诊时间超过 4 小时的门诊患者，可以直接触及享受的室外庭院、草坪、花园、阳台等空间总面积不低于每人 $5ft^2$。另外，对燃烧燃料的设备、围护结构饰材，都提出了散发污染物限制的要求，以保证医疗环境不被污染。

（3）BREEAM Healthcare 评价体系主要包括九大内容，分别为管理、健康、能源、交通、水、材料、废弃物、土地使用、污染，各部分的权重如图 7-2 所示。

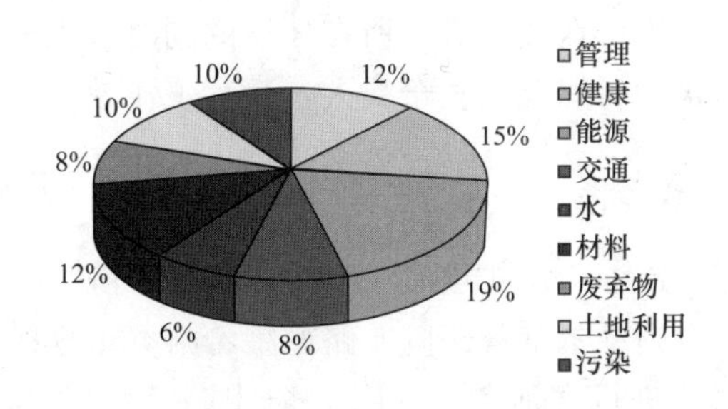

图 7-1 LEED HC 内容分值比重

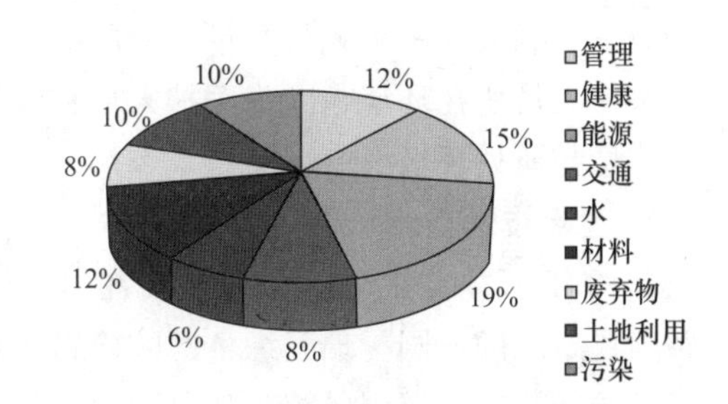

图 7-2 BREEAM HC 内容权重

与 BREEAM Europe Commercial（适用于公共建筑）相比，BREEAM HC 也强调院区环境的重要性。比如，鼓励开阔病人的直接视野，要求病人常在区域 7m 范围内有窗户或永久对外敞开的区域，当房间进深超过 7m 时，则需要加大窗户面积至一定比例；并且要求窗户与室外距其最近的固定物（如建筑、墙）的距离不小于 10m。同时，强调了采光系数对医院建筑的重要性，要求建筑面积 80%以上的医护人员所在区域及公共区域采光系数不低于 2%；建筑面积 80%以上的住院部或诊疗室采光系数不低于 3%。

(4) Green Star HC 评价体系包括八大方面内容，分别为：管理、室内环境品质、能耗、交通、水、材料、土地利用和生态、创新，各部分的权重如图 7-3 所示。Green Star HC 根据得分划分为六个星级。

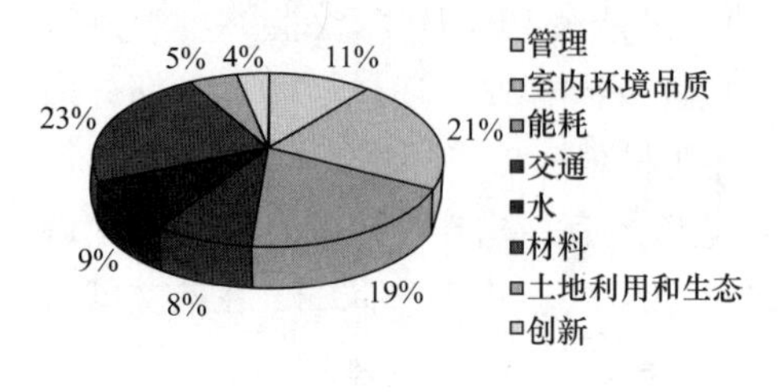

图 7-3 Green Star HC 内容权重

与 Green Star 相比，Green Star HC 也对重视环境质量要求，在防止医疗环境污染和营造良好康复环境方面设置了不少条文。比如对于采光的要求，至少 30%建筑面积的住院部采光系数不小于 3%（或日光照度不低于 300lx），其他区域建筑面积的 30%采光系数不小于 2.5%（或日光照度不低于 250lx）。

(5) 由国外四个的绿色医院建筑评价体系的研究分析可以看出：首先，节能和环境是所有绿色医院建筑评价体系中关心的重中之重，其分值比例几乎占到了标准总分值的一半；其次，绿色医院建筑评价体系越来越重视定量评价，国外绿色医院建筑评价体系几乎无一例外的重视定量评价和支撑计算工具的开发；最后，国外绿色医院建筑评价体系都非常重视国际影响，除在本国实施外，还做了很多国际开发和推广工作。

鉴于此，总结以下几点供我国标准编制参考：

第一，在评价方法方面，引入指标权重。国外基本标准引入权重的做法是值得我国标准参考的，但同时应注意到，将节能与环境相比，国外更注重环境和舒适质量提升。而我国面临巨大的节能减排压力，医院建筑作为我国建筑的耗能大户，尤其要注重节能方面的指标要求。

第二，重视良好院区环境对医院建筑的必要性。国外几本标准都强调了营造良好的院区环境对病人健康恢复的重要性，这也是值得我国标准借鉴的。但同时应注意到，由于不同的气候条件和建筑标准，切不可生搬照抄国外具体指标，比如我国对于不同气候区的建筑窗墙面积比有一定的限值，直接照搬国外大外窗的做法并不可行。

第三，病人与医护人员并重。开展绿色医院建筑，在关注病区所在环境的同时，也要重视医护人员所在环境，因为医护人员在医院建筑的时间要远长于病人，而其工作效率和工作质量与所处环境有密切关系。

2. 国际技术交流

2012 年 11 月，标准主要编委参加由中德技术合作“公共建筑（中小学校和医院）节能”项目组织的德国、瑞士绿色医院建筑考察，对施派尔基督医院、路德维希哈芬市立医院、海德堡艾提拉努姆医院、胡贝图斯基督教医院进行实地考察（图 7-4～图 7-7），并与医院后勤管理人员、改造项目建设人员进行交流。2012 年 11 月于上海，标准主要编委参加“国际绿色医院建筑研讨会”，与德国、奥地利绿色医院建筑评价标准编委进行技术、标准交流。通过学习国外先进经验，结合我国国情，增强了 GB/T 51153—2015 先进性和可操作性。

3. 国内医院座谈研讨

通过召开全国以下五区院长研讨会，听取 93 家国内医院运行管理经验，收集医院关心的建筑问题，如床均用地面积、停车方式、中水利用、地下空间使用、医疗废物处理、

图 7-4　施派尔基督医院概览

图 7-5　路德维希哈芬市立医院概览

手术室净化等。

研讨会之一：吉林地区院长座谈会；

研讨会之二：北京地区院长座谈会；

研讨会之三：天津地区院长座谈会；

研讨会之四：深圳地区院长座谈会；

图 7-6 海德堡艾提阿努姆医院概览

图 7-7 胡贝图斯基督教医院交流

研讨会之五：青海地区院长座谈会。

7.2.2 标准编写

标准编制组于2012年5月29日在北京召开启动会暨第一次工作会（图7-8），成立编委会、讨论编制大纲和重难点问题。

2012年11月14日、2013年3月22日于北京先后召开两次编委会，讨论修改标准编制内容。在与现有的国家相关规范和标准相衔接、相呼应的同时，突出医院的特殊性。

图7-8 GB/T 51153—2015启动会暨第一次工作会

2013年7月，标准整理出征求意见稿，面向社会征求意见。2013年11月，由卫计委下发到各省卫生厅定向征求意见，共计在各地卫生厅、建设厅、二级以上医院、设计单位、施工单位、咨询机构、科研院所、大学、中国绿色建筑与节能委员会及相关专家等近300个单位/专家中定向征求意见，最终收集到反馈意见共计140条。其中，整体意见和章节目录意见26条，条目意见114条。

编制组在认真梳理反馈意见的情况下，于2013年10月25日召开第四次编委工作会议，对意见进行逐条讨论，其中采纳意见41条，部分采纳意见29条，不采纳意见70条。根据征求意见和项目试评意见，形成送审稿。

2014年1月8日，国家卫生计生委会同住房城乡建设部在北京组织召开了《绿色医院建筑评价标准》送审稿专家审查会。会议成立了由郎四维、张树军、刘春林、赵东方、顾均、徐雷、徐宏庆、李丛笑、吕伟娅、程大章共10位专家组成的审查委员会。审查委员会一致通过标准审查，并建议标准组尽快形成报批稿，上报国家卫生计生委。

7.2.3 专题研究与项目试评

1. 用地指标调研

编制组调研全国253家医院用地指标，在我国首次提出了医院建筑床均用地面积、容积率分级量化指标，以优化我国绿色医院建筑场地与土地合理利用。

2. 能源系统评价

编制组引进国际通用指标，基于百家医院能耗数据，采用优序对比法，创造性的形成一套新的能源系统评价方法。

国际通用指标：编制组逐项分析多本国际评价体系中能源系统评价方法和评价指标，提炼形成国际通用指标，即：优化能源方案、可再生能源、节能调试、计量审查、设备能效。

百家医院能耗数据：基于对全国百家医院建筑用能方式和能耗现状的分析，最终建立适合我国国情的节能指标和技术措施的具体要求。

优序对比法：改变以往“专家打分”的惯例，创造性的采用优序对比法这一更适合医院实际的指标权重确定方式。

3. 权重系数调查

2013年2月，向医院管理专家、医院建筑系统专家、绿色委员会专家及各编委发放权重调查系数问卷。标准编制组专门展开讨论，根据问卷统计结果对主要评价内容的权重系数进行调整。

4. 项目试评

2013年9月，为增强标准的可操作性，并协调GB/T 51153—2015与GB/T 50378—2014的关系，在江西萍乡医院、浙江大学医院附属妇产科医院、北京市东直门卫生服务中心、常州南夏墅街道卫生院四家医院开展项目试评，并结合试评阶段反映出的问题，对标准内容进行了增加量化指标、删除操作性差的条文等调整，使标准更可落地。

7.2.4 支撑技术文件编制

为更好指导GB/T 51153—2015的实施推广，编制组同步编制出版《＜绿色医院建筑评价标准＞实施指南》（以下简称《指南》），对GB/T 51153—2015评价技术条文逐条给出“条文说明扩展”和“具体评价方式”。

7.3 主要技术内容

7.3.1 主要内容

GB/T 51153—2015重点突出医院的特殊性，贯彻科学、合理地实现安全与四节一环保。此标准评价对象以医院建筑为主，适当考虑其他医疗建筑；考虑到医院量大面广的改造建筑，GB/T 51153—2015的内容应既适用于新改扩医院建筑，也能适用于改造的医院建筑。其内容主要包括：场地优化与土地合理利用、节能与能源利用、节水与水资源利用、节材与材料资源利用、环境与环境保护、运行管理、创新，各内容设置不同的权重值，并设置创新项用以鼓励经济技术合理的“绿色”措施。

GB/T 51153—2015共分十章，即：总则、术语、基本规定、场地优化与土地合理利用、节能与能源利用、节水与水资源利用、节材与材料资源利用、室内空气质量、运行管理、创新。

其中第四章“场地优化与土地资源利用”，主要从规划、绿地率、地下空间利用、建筑布局、玻璃幕墙指标、交通、停车、绿化等方面制订相关条文。第五章“节能与能源利用”主要从建筑设计、暖通空调负荷、照明功率密度、自控系统、可再生能源利用等方面制订相关条文。第六章“节水与水资源利用”，主要从节水系统、节水器具与设备、非传统水源利用等方面制订相关条文。第七章“节材与材料资源利用”，主要从建材本地化、材料预制、材料耐久性、可重复利用性、废弃物材料使用等方面制订相关条文。第八章“室内环境质量”，主要从隔声、采光、净化、医疗废气、空气质量、色彩运用等方面制订相关条文。第九章“运行管理”，主要从管理体系、监控、能源管理、化学品管理、医疗废物管理等方面制订相关条文。

7.3.2 评价体系

1. 指标与权重评价体系

绿色医院建筑的评价可分为设计阶段评价和运行阶段评价。设计阶段评价应在医院建筑工程施工图设计文件审查通过后进行，运行阶段评价应在医院建筑通过竣工验收并投入使用一年后进行。

GB/T 51153—2015 的评价体系与 GB/T 50378—2014 基本一致，设计评价阶段和运行评价阶段各类指标的权重如表 7-1 所示。

绿色医院建筑各类评价指标的权重 表 7-1

	场地优化与土地合理利用 w_1	节能与能源利用 w_2	节水与水资源利用 w_3	节材与材料资源利用 w_4	室内环境质量 w_5	运行管理 w_6
设计阶段评价	0.15	0.3	0.15	0.15	0.25	—
运行阶段评价	0.1	0.25	0.15	0.1	0.2	0.2

注：表中“—”表示运行管理指标不参与设计阶段评价。

2. 评价等级的结构设置

绿色医院建筑分为一星级、二星级、三星级三个等级。三个等级的绿色医院建筑均应满足本标准所有控制项的要求，且每类指标的评分项得分不应小于 40 分。三个等级的最低总得分应分别为 50 分、60 分、80 分。

7.3.3 重点内容

医院建筑作为我国公共建筑中的耗能大户，能耗消耗种类多、运行管理复杂，其整体节能性能相对于一般公共建筑来说要差一些，与国外发达国家的医院建筑相比也要差一些。因此绿色医院建筑“节能与能源利用”一章的评价为 GB/T 51153—2015 中的最为重要的重点难点。国外几种绿色医院建筑评价体系，可以为我国评价指标设置提供一定的参考，但不可照搬。

1. 节能章控制项指标建立

尽管与部分发达国家相比，我国医院建筑存在一定差距，但是近些年来，医院建筑节能在我国也得到了高度重视（比如公共建筑节能设计标准中对包含医院在内的围护结构的热工性能指标提出了要求等）。绿色医院建筑评价首先应保证所评项目满足一定的基本条件，这些基本条件大多数是节能标准或现行标准规范的要求，也包括一些最基本的节能措施。经专家讨论，节能方面有以下几项基本条件需要满足：

• 建筑围护结构的热工性能指标及建筑设备和管道保温和保冷的热工性能符合国家和行业的公共建筑节能设计标准的规定。

• 建筑电耗进行分区计量。

• 用能建筑设备能效指标符合现行国家和行业节能标准或法规的规定。

• 不采用电热设备和器件作为直接供暖和空气调节系统的热源。

• 房间或场所的照明功率密度值不高于现行国家标准《建筑照明设计标准》GB 50034 规定的现行值。

• 供暖用蒸汽产生的冷凝水回收利用满足有关节能规范要求。

• 工程竣工验收前，所有建筑设备和设施系统进行调试。

2. 节能章评分项指标建立

考虑到我国医院建筑能源系统发展水平，评价指标应以措施性指标为主；兼顾考虑能源系统最终实现性能提升，评价指标还应包括效果性指标，如鼓励用户通过在设计阶段对能耗和能耗费用计算，降低建筑能耗和能耗费用的目标。评分项指标主要考虑以下几项要求：

• 建筑能耗分项计量

医院各类设备能源消耗情况较复杂，主要包括暖通空调系统、照明系统、医疗和办公设备以及其他动力系统等。分项计量是指按照明、空调通风、采暖、生活热水、电梯、办公设备、医疗设备、其他动力等分别计量能耗。当未分项计量时，不利于建筑各类系统设备的能耗分布，难以发现能耗不合理之处。

• 设备能效

国家已经颁布实施了主要建筑用能设备的能效要求，如锅炉额定热效率、冷热源机组能效比、三相配电变压器能效等。绿色医院建筑提倡采用较高能效的设备。

• 照明功率密度

《建筑照明设计标准》，提出了照明功率密度的“目标值”，绿色医院建筑应尽可能使大部分房间照明功率密度低于其目标值。

• 节能运行措施

建筑设备系统应根据负荷变化采取有效措施进行节能运行。供暖、通风和空调系统根据室内外环境参数，通过自动控制进行运行调节。照明系统采取分区设置，通过手动或自动根据室内照度进行调节。有多部电梯时，采用集中控制有效、节能运行。散热器安装独立的恒温阀或区域温度调节阀。

• 可再生能源应用

可再生能源利用是各国均非常重视的措施之一。在我国，可再生能源利用效果较好的主要是提供生活热水或照明。

• 电气和暖通空调系统输配能耗减少

变配电室、锅炉房或换热站、空调机房和空调冷站等靠近负荷中心，以及多联机的室外机至室内机的制冷剂管线长度在适当范围之内，都可以节省水系统、蒸汽、制冷剂、电气线路或管网输配能耗。有关国家节能标准、技术规范已经给出定性要求和限值要求，设计阶段应满足，并进一步优化。

• 建筑能耗或能源费用降低

为避免设计阶段单纯地进行节能技术应用的“堆砌”，鼓励在设计阶段对供暖、通风和空调系统进行能耗和能耗费用计算，以此推动综合建筑节能技术的应用。设定参照建筑要求，所评项目经寿命周期成本分析后，采取技术措施使建筑的供暖、通风、空调等的一次能源消耗（或能源费用）比参照建筑降低一定比例，则可获得对应分数。

最终确定的能源系统评价指标体系如图 7-9 所示。

3. 节能章指标权重设置

通过对比分析，选用优序对比法确定指标权重。

首先构建判断尺度为 9，重要程度尺度用 1～9 九级表示，数字越大，表明重要性越大。当两个目标对比时，如果一个目标性为 5，则另一目标重要性为 4；如果一个目标 3，

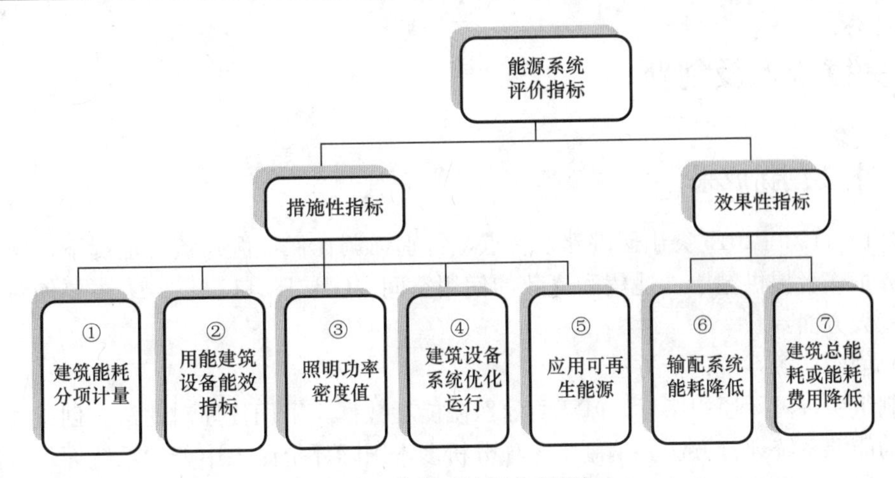

图 7-9　能源系统评分项指标

则另一个目标为 6。

指标有序权重如表 7-2 所示。

指标优序权重表　　表 7-2

	①	②	③	④	⑤	⑥	⑦	合计	最终权数
①		5	5	5	6	6	5	32	0.17
②	4		5	4	6	6	4	29	0.15
③	4	4		4	6	6	4	28	0.15
④	4	5	5		6	6	5	31	0.16
⑤	3	3	3	3		5	4	21	0.11
⑥	3	3	3	3	4		3	19	0.1
⑦	4	5	5	4	5	6		29	0.16[a]
			合计					189	1

注：a. 本条计算为 0.15，考虑到总权数要为 1，且该条相对重要，增加 0.01 的权数。

最终，所建立的能源系统评价方法（评价指标及指标权重）如图 7-10 所示。

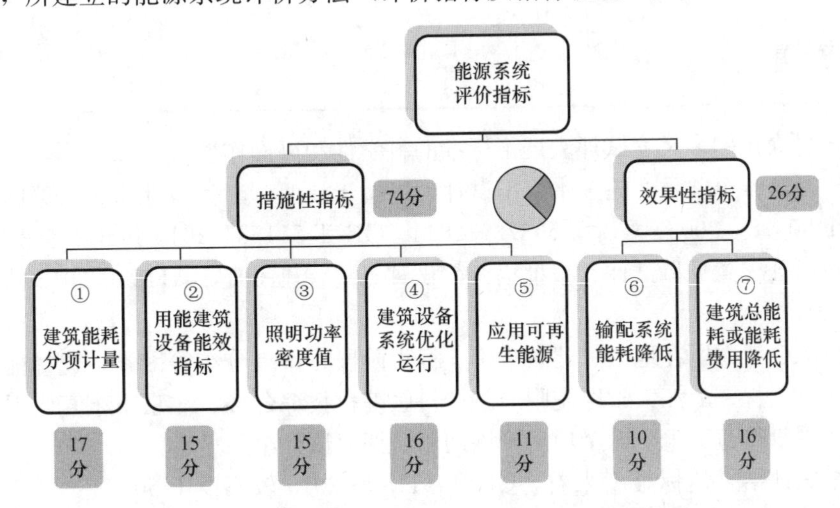

图 7-10　能源系统评价体系（评价指标及指标权重）

7.4 关键技术及创新

7.4.1 主要创新成果

GB/T 51153—2015 突出医院建筑特点，特别强调在保证医疗流程前提下，同时为病人和医务工作者提供健康、适用和高效的使用空间。GB/T 51153—2015 主要创新成果包括以下三大方面：

（1）创新能源系统评价方法

编制组引进国际通用指标，基于百家医院能耗数据，采用优序对比法，创造性地形成一套新的能源系统评价方法。编制组逐项分析多本国际评价体系中能源系统评价方法和评价指标，提炼形成国际通用指标：优化能源方案、可再生能源、节能调试、计量审查、设备能效。改变以往"专家打分"的惯例，创造性地采用优序对比法这一更适合医院实际的指标权重确定方式。基于对全国百家医院建筑用能方式和能耗现状的分析，最终建立适合我国国情的节能指标和技术措施的具体要求。

（2）国内首次提出医院建筑床均用地面积、容积率分级量化指标

编制组统计全国 253 家医院用地指标，在我国首次提出了医院建筑床均用地面积、容积率分级量化指标，以优化我国医院建筑场地与土地合理利用。标准中要求绿色医院建筑要合理开发利用土地，在保证功能和环境要求的前提下节约土地。新建医院建筑合理建设用地的具体指标值如表 7-3 所示。

新建医院建设用地的评分要求　　表 7-3

评价内容		得分
符合城乡规划有关控制要求		2
采用合理的床均用地面积	在相关医院建设标准的规定值±5%以内	7
	小于相关医院建设标准的规定值 5.1%～25%以内	6
	小于相关医院建设标准的规定值 25.1%～40%	4
采用合理的容积率	3.01～4.00	3
	1.0～1.39，1.81～3.00	6
	1.40～1.80	9

（3）通过大比例多尺度试评验证了标准的科学性和可操作性

编制组开展 4 个项目 2 轮 3 本标准试评，以位于江西、浙江、北京、江苏的 4 家医院开展 GB/T 50378—2006、GB/T 50378—2014、GB/T 51153—2015 共计 3 本标准的试评，试评过程包括征求意见稿试评、报批稿两轮试评，以保证 GB/T 51153—2015 的科学性和可操作性。

编制组综合考虑所在地区、建筑规模、标识阶段、星级分布等因素，选择萍乡市人民医院三期建设工程、浙江大学医院附属妇产科医院科技综合楼、北京市东直门卫生服务中心、常州南夏墅街道卫生院四个项目开展两轮试评。试评结果显示：

从整个试评结果达标难度来看，GB/T 51153—2015 较 GB/T 50378—2006 要难，较 GB/T 50378—2014 略简单，主要也是考虑到医院建筑特点和实践。医院建筑领域刚开始

推行绿色建筑评价标准，不易过难。

从整个试评结果操作难度来看，GB/T 51153—2015 大部分较易操作，不容易判断的个别条文通过将定性内容增加定量指标或细化条文解释也可实现较易操作。

从整个试评结果修改程度来看，分析第一轮试评结果中的可改进之处，对 GB/T 51153—2015 进行不少修改，第二轮试评结果显示，GB/T 51153—2015 报批稿已具备较高的可操作性和合理的难易程度。

7.4.2 国内外比较

与当前国内外同类研究、同类技术进行比较，GB/T 51153—2015 具有以下几方面优势。

（1）评价内容更具有针对性

与国际绿色医院建筑评价体系相比，GB/T 51153—2015 基于我国 100 家医院能耗数据、253 家医院用地指标、93 家医院运行管理经验的调研，形成的评价内容更契合我国医院建筑实际。与国内同类绿色建筑评价标准相比，GB/T 51153—2015 特别强调在保证医疗流程前提下，同时为病人和医务工作者提供健康、适用和高效的使用空间，突出了对医院建筑的针对性。

（2）评价指标达到国际领先水平

编制组对 6 本国际绿色医院及绿色医院建筑评价体系进行比对研究，并联合德国国际合作机构 GIZ 翻译奥地利 ÖGNI NGE。基于对几乎全部国际评价体系的深入分析，提出我国评价指标，评价指标达到国际领先水平。

（3）评价体系更具有可操作性

编制组中包括卫生领域的编制单位涵盖卫生领域最大的行业协会、6 所医疗建筑设计院、3 个地方卫生计生委以及 5 家不同地区医院，通过集合我国卫生领域各方面技术力量提高 GB/T 51153—2015 各个环节实施的可操作性。编制组开展 4 个项目 2 轮 3 本标准试评，通过这一大比例多尺度试评过程验证了标准的科学性和可操作性。编制组同步编制出版《指南》，指导 GB/T 51153—2015 更好实施。通过这三个方面工作，GB/T 51153—2015 较其他评价标准更具有可操作性。

GB/T 51153—2015 具有较高的科学性、先进性和可操作性，总体上达到了国际领先水平。

7.4.3 专家评价

2014 年 1 月 8 日，GB/T 51153—2015 审查会在北京召开。审查委员一致认为：

（1）绿色医院建筑是未来医院建筑发展的重要趋势，迫切需要开展绿色医院建筑评价工作以引导医院建筑健康发展，GB/T 51153—2015 的制订对实现十二五纲要“绿色发展，建设资源节约型、环境友好型社会”的要求起到重要的促进作用。

（2）GB/T 51153—2015 结合我国常规公共建筑绿色评价思想，针对医院建筑自身特点，集中体现了绿色医院建筑评价的共性要求，具有可行性。

（3）GB/T 51153—2015 评价体系科学，指标合理，体现了量化指标和技术要求并重的指导思想。GB/T 51153—2015 采用权重计分法进行绿色医院建筑的评级，与国际上绿色建筑评价方法保持一致，经过项目试评保证了评价工作的可操作性。

GB/T 51153—2015 是我国首部专门针对医院建筑的绿色评价标准，评价内容全面，突出医院建筑的特点和绿色发展要求，具有科学性、先进性和可操作性，总体上达到了国际领先水平。

7.5 实施应用

7.5.1 宣贯培训

2016 年 7 月 14 至 15 日，由国家卫计委规划与信息司组织、中国建筑科学研究院协办的 GB/T 51153—2015 宣贯会在长春顺利举行。来自各省（区、市）卫计委规划处（规财处）、委属（管）医院相关负责同志共计约 100 人参加了此次宣贯会。

国家卫计委规划与信息司齐贵新副司长、住房和城乡建设部标准定额司实施指导监督处马骥同志代表行业主管部门出席了会议。会上，中国建筑科学研究院环能院徐伟院长、设计院曾捷副院长、环能院曹国庆研究员等 10 位标准的主要编制专家和医院院长详细讲解了 GB/T 51153—2015 的编制背景、评价体系、主要技术要求以及实施应用中的重点。会后专家对与会人员提出的问题进行了耐心答疑，消除了广大医院建设主管部门和医院院长在医院建设中存在的困惑。与会人员一致反映此次宣贯会授课材料翔实，专家讲解到位，参加宣贯会收获颇丰。特别是 GB/T 51153—2015 主编单位配套编写的《指南》对以后具体执行标准帮助很大。

此次宣贯会面向各地医院规划、建设主管部门以及委属医院的负责同志，覆盖面广、针对性强，必将积极推动 GB/T 51153—2015 在我国各省（区、市）的实施。

7.5.2 效益分析

1. 促进我国社会可持续发展

GB/T 51153—2015 为贯彻落实国家“建设资源节约型和环境友好型社会”方针、十三五规划纲要“创新、协调、绿色、开放、共享”的发展理念提供适用的技术支撑，促进我国社会可持续发展。

2. 支撑卫生服务机构全面节能减排、营造健康环境

医院建筑能耗居我国所有大型公共建筑能耗之首。据相关机构测算，通过开展绿色医院建筑，德国医院电能和热能的节约潜力分别在 40%和 32%左右。如果将我国所有医院改造成绿色医院，根据我国目前实际情况，电能和热能的节约潜力按照 20%和 15%分别测算，预计每年可为医院节约费用约 40 亿元，节约标煤 200 万吨，减少排放 524 万吨二氧化碳。

3. 体现以人为本，益于病人快速康复和医护人员高效工作

医院建筑绿色化，能够创造一个良好的医疗环境，有利于患者产生并保持愉悦的心情，满足患者各种医疗、护理、生理及精神舒适的需要。为患者提高良好的医疗环境，无疑会提高医疗质量。同时，良好的医疗环境，适宜于正常开展医疗活动，为医护工作人员提供良好的工作环境，使他们得以心情舒畅地为病人提供质优高效的服务。根据世界绿建委 2013 年度的报告，绿色医院建筑将减少病人住院时间 8.5%、提升恢复速度 15%、削减疼痛药物用量22%、降低二次感染率11%。

7.5.3 应用效果

绿色医院建筑评价标准的推广应用情况可总结为以下四个方面：

1. 引起政府部门高度重视——国家机关事务管理局、卫生计生委将绿色医院建筑纳入节能管理培训工作

由国管局、卫生计生委联合举办的医院节能管理培训会，专设绿色医院建筑评价标准专题，将绿色医院建筑纳入对各省市卫生计生委、国家卫生计生委属（管）医院的推广宣传工作中。

2. 各行业协会纷纷推广实践——绿色医院建设相关会议规模空前

中国医院协会、卫生计生委医院管理研究所等卫生计生行业单位从2013年起每年组织召开与绿色医院相关的大型研讨会，累计参会人数约1万人。

3. 绿色在卫生计生领域产生示范效益和影响——行业启动更广内涵的绿色卫生服务体系建设

通过GB/T 51153—2015的引导和宣传作用，卫生计生领域已经意识到绿色对于提升卫生服务质量、打造健康中国的重要性，启动研究绿色卫生服务体系建设工作，绿色医院建筑是其中的重要内容。

4. 地方标准编制参考

重庆市、江西省均已参考GB/T 51153—2015编制了《重庆市绿色医院建筑评价标准》DBJ 50/T-231—2015和《江西省绿色医院评价标准》。

GB/T 51153—2015获2016年度中国建筑科学研究院科技进步奖二等奖。

7.6 编制团队

7.6.1 编制组成员

GB/T 51153—2015编制组由27家编制单位构成。主编单位为中国建筑科学研究院、住房和城乡建设部科技与产业化发展中心。参编单位包括医院领域协会4个、医疗设计院6所、地方卫计委3个、医院5家，还包括高校及研究机构3所、相关企业4家，具体是：

- 医院协会组织——中国医院协会、北京市医院建筑协会、国家卫生和计划生育委员会医院管理研究所、上海市建筑学会
- 医疗设计院——中国中元国际工程有限公司、北京市建筑设计研究院、解放军总后勤部建筑设计院、天津市建筑设计院、上海建筑设计研究院有限公司、中国建筑设计研究院
- 地方卫计委——上海市卫生和计划生育委员会、河南省卫生和计划生育委员会、云南省卫生和计划生育委员会
- 医院——北京回龙观医院、解放军总医院、山西省人民医院、四川大学华西医院、复旦大学附属中山医院
- 高校及科研机构——上海市建筑科学研究院（集团）有限公司、清华大学、重庆大学
- 企业——北京睿勤医院建设顾问有限责任公司、北京北方天宇建筑装饰有限责任

公司、重庆海润节能技术股份有限公司、上海风神环境设备工程有限公司

GB/T 51153—2015 的主要起草人员有：杨榕、徐伟、于冬、李宝山、孙福礼、张峰、谷建、孙宁、曾捷、韩继红、林波荣、辛衍涛、赵华、袁闪闪、黄锡璆、陈国亮、杨炳生、陈琪、吕晋栋、王宇虹、付祥钊、董永青、曹海、张红、王冠军、孙鸿新、翁泽文、谢双保、杨旭、彭飞飞、张伟、张群仁、居发礼、杨海宇、马欣伯、吴翔天、曲怡然。

编制组队伍由老中青三代组成，以确保标准后期良好的延续性，如中国建筑科学研究院的编制人员中，即包括了60后资深专家徐伟、70后核心专家孙宁以及80后青年骨干袁闪闪。GB/T 51153—2015 的各章具体执笔情况如下：前言、总则、术语、基本规定、创新由中国建筑科学研究院徐伟研究员执笔，场地优化与土地合理利用由中国中元国际工程有限公司谷建教授级高工执笔，节能与能源利用由中国建筑科学研究院孙宁研究员执笔，节水与水资源利用由中国建筑科学研究院曾捷教授级高工执笔，节材与材料资源利用由上海市建筑科学研究院（集团）有限公司韩继红教授级高工执笔，室内环境质量由清华大学林波荣教授执笔，运行管理由回龙观医院辛衍涛研究员执笔。GB/T 51153—2015 统稿由中国建筑科学研究院袁闪闪博士以及住房和城乡建设部科技与产业化发展中心赵华高工完成。

7.6.2 主编人

杨榕，联合国人居署，原住房和城乡建设部建筑节能与科技司司长

1981.9—1985.7 北京大学地理系学习本科

1985.7—1988.6 北京市环保所环境规划与评价专业学习硕士研究生

1988.6—1995.12 北京市环保所工程师

1995.12—1997.12 北京市政管理委员会科技处副处长

1997.12—1998.7 北京市政管理委员会科技处处长

1998.7—2004.4 建设部办公厅处长

2001.9—2003.9 中国驻联合国人居署代表处副代表

2004.4—2004.6 建设部城市建设司水务处处长

2004.6—2008.11 建设部标准定额司副司长

2008.11—2012.10 住房和城乡建设部科技发展促进中心主任

2012.10—2015.3 住房和城乡建设部科技产业化促进中心（住房和城乡建设部住宅产业化促进中心）主任

2015.3—2016.8 住房和城乡建设部建筑节能与科技司司长

2016.8 至今 联合国人居署

7.6.3 核心专家

1. 徐伟

徐伟，研究员，博士生导师，中国建筑科学研究院专业总工程师，建筑环境与节能研究院院长，国家建筑节能质检中心主任，住建部供热质量监督检验中心主任。住建部科学技术委员会委员、建筑节能专家委员会委员、城镇供热专家委员会委员。中国绿色建筑委员会委员兼公共建筑学组组长，中国建筑学会暖通空调分会理事长，中国制冷学会副理事

长，国际制冷学会热泵与热回收委员会副主席，IEA/ECES 国际能源机构蓄能节能委员会中国代表。2008 北京奥运工程技术咨询顾问、2014 北京 APEC 雁栖湖会议中心工程顾问、北京市政府供热办公室技术顾问。

1986 年毕业于清华大学热能工程系暖通空调专业，1989 年中国建筑科学研究院研究生毕业。20 世纪 90 年代分别在欧洲、美国、加拿大学习“现代区域供热技术”以及“建筑节能技术”。长期从事供热空调和建筑节能技术研究开发、工程应用和相关国家标准的制定工作，在供热计量、节能改造、绿色建筑、地源热泵等方面取得多项创新性研究和工程应用成果。

先后主持和参加了 9 项国家“八五”“九五”“十五”“十一五”“十二五”重大科技计划课题和一项国家自然科学基金项目，获得过 9 项部级科技进步奖。

主持了人民大会堂空调改造工程设计、国家航天局导弹测试中心 831 工程空调设计、北京北苑家园地热热泵系统工程设计等重要的设计和施工工程。

主编国家和行业标准《绿色医院建筑评价标准》、《绿色工业建筑评价标准》、《建筑碳排放计算标准》、《民用建筑供暖通风与空气调节设计规范》、《地源热泵系统工程技术规范》、《公共建筑节能设计标准》、《空调通风系统运行管理规范》、《公共建筑节能改造技术规范》等 10 余本。完成《＜绿色医院建筑评价标准＞实施指南》、《地源热泵工程技术指南》、《供暖控制技术》、《可再生能源建筑应用技术指南》等 9 本著作。发表论文 40 余篇。获得发明专利 1 项。

2. 于冬

中国女医师协会副会长、北京朝阳中亚欧美卫生工程研究院院长，1983 年至 2005 年先后任国家卫生部计划财务司、规划财务司基建处、基建装备处副处长、处长、调研员，2007 年至 2013 年任中国医院协会医院建筑系统研究分会主任委员、名誉主任委员。

长期从事中国卫生系统高等医学院校、生物制品研究所、特别是医院基本建设及装备管理工作，开展卫生工程领域管理方面的研究，致力于填补我国卫生工程建设管理学科体系研究的空白。先后参与并主持编制了“六五”、“七五”、“八五”、“九五”卫生部基本设计规划及年度计划；组织编写“卫生部基本建设管理办法”；主持完成“全国卫生系统房屋调查”并撰写调查报告；主持制定卫生部防疫站、妇幼保健站、《乡镇卫生院建设标准》；组织全国乡镇卫生院优秀设计方案评选，并出版《乡镇卫生院优秀设计方案汇编》；主编《中国农村卫生建设》；主持修订《综合医院建设标准》、《综合医院建筑设计规范》；组织并主持编制完成《综合医院建设标准计算机管理程序》；主编《中国医院建筑选编》（1949—1989）、《中国医院建筑选编》（1989—1999）、《中国医院建筑选编》（2000—2004）、《中国医院建筑选编》（2005—2015）；主编《世界医院选编》；主编《医院管理学》的《医院建筑分册》第 1 版，第 2 版；主编《中国卫生工程》杂志（月刊）；主编《汶川地震灾后重建医院建设资料汇编》主持并主审《中国医院建筑标识示范》；主持并参与编写完成《医院洁净手术部建设标准》、《医院洁净手术部建筑技术规范》、《洁净手术部建设实施指南》；参与组织编制《绿色医院建筑评价标准》；参与组织编制《绿色医院运行评价标准》；主持组织 2008 年全国优秀医院建筑设计评选；主持建立“中国卫生工程网”；主持举办 1996—2012 年等十余届医院建筑设计及装备国际研讨会；担任 2003—2015 年等东亚医疗建筑论坛副主席（每两年一届）。

3. 李宝山

李宝山，中国医学装备协会医院建筑与装备分会副会长兼秘书长、筑医台 CEO、全国医院建设大会执行主席、医养环境设计杂志副主编、中国医院建筑与装备杂志副主编、《中国医院建设指南》执行副主编。

从业 15 年以来一直从事医院建筑行业平台组织管理工作，曾参与医院建设领域《综合医院建设标准》、《绿色医院建筑评价标准》、《乡镇卫生院建设标准》、《建筑设计防火规范—医院篇》、《医院消防管理标准》等多项国家标准、规范的制定。熟悉国内医院建设全流程环节以及所需资源，在医院建设前期策划、业务规划、医疗规划、设备规划、设计方案优化、开业筹备、运营管理、团队建设等方面具有丰富的实践经验。同时在医疗卫生政策研究、医疗卫生行业发展趋势、医疗资本运作、绿色医院建设方面承担了诸多研究课题。曾参与齐鲁医疗城项目（40 万平方米）、香港大学附属深圳医院项目（30 万平方米）、顺德第一人民医院项目（25 万平方米）、辽宁省肿瘤医院项目（10 万平方米）等 50 余家各类大型医院建设项目工作。

7.7 延伸阅读

［1］ 中国建筑科学研究院，住房和城乡建设部科技与产业化发展中心主编.《绿色医院建筑评价标准》实施指南，北京：中国计划出版社，2016.

［2］ 袁闪闪，徐伟. 绿色医院建筑能源系统评价方法研究. 建筑科学，2014，30（10）：1-7.

［3］ 袁闪闪，徐伟，张时聪，等. 国际绿色医院建筑评价体系研究与借鉴，建筑科学，2014，30（2）：99-103.

［4］ 袁闪闪，徐伟，陈曦，等. 德国绿色医院建筑发展研究，建筑科学，2014，30（2）：104-107.

［5］ 杨榕，赵华，徐伟，袁闪闪. 国家标准《绿色医院建筑评价标准》编制. 建设科技，2013，（6）：70.

［6］ 徐伟，刘燕. 国内外绿色医院建筑室内空气质量评价体系研究，工程建设标准化，2016，（5）：51-55.

8　绿色博览建筑评价标准 GB/T 51148—2016

8.1　编制背景

博览建筑是博物馆建筑与展览建筑的统称。博物馆建筑与展览建筑所涵盖的建筑类型，是根据行业标准《博物馆建筑设计规范》与《展览建筑设计规范》中对博物馆建筑及展览建筑的定义来确定的。博物馆是以研究、教育和欣赏为目的，收藏、保护、传播并展示人类活动和自然环境的见证物，向公众开放的非营利性社会服务机构，包括博物馆、纪念馆、美术馆、科技馆、陈列馆等。其中博物馆类型包括历史类、艺术类、科学与技术类、综合类、自然类等。展览建筑是进行展览活动的建筑物；展览活动指的是对临时展品或服务的展出进行组织，展示促进产品、服务的推广和信息、技术交流的活动。由此可看出，展览建筑主要指的是组织展会活动的各类大型会展中心、展览中心；资料及物品保藏、陈列展出类的均应属于博物馆范畴。

随着我国经济的高速发展和城市化进程的加快，人民生活水平显著提高，社会精神文化消费需求随之增加，各地在政府主导下对文化博览建筑的投资力度与日俱增，大量与该地域地区文化相匹配的博览建筑（如各类博物馆、展览馆，以及大型会展中心等）都处在兴建或筹建中。博览建筑一般规模较大、功能复杂，对资源的消耗和环境的影响都高于普通建筑。因此，在博览建筑中推行绿色建筑，对倡导建筑行业的可持续发展理念，积极引导大力发展绿色建筑，建设资源节约和环境友好型社会，促进节能省地型建筑的发展，具有十分重要的意义。博览建筑面向社会公众开放、人流量大，通过制定相关的评价标准促进绿色博览建筑的发展，对向公众普及绿色建筑的理念、推广绿色节能技术、实现全社会关注节能环保，具有重大的教育意义和促进作用。

因不同类型的建筑，在资源消耗、环境保护及建筑环境品质要求方面，特点各不相同，为了使绿色建筑的评价更具体、更符合实际情况，针对不同类型建筑的绿色建筑评价标准也已经开始研究制定，如《绿色医院建筑评价标准》、《绿色办公建筑评价标准》等。因此，有必要研究制定适用于博览建筑的绿色技术评价体系，基于上述建筑类型及特点有针对性地进行调查及研究，确定科学的评价方法和评价指标，为此类建筑的开发、设计、建设、施工和管理，提供更为详细和具体的指导。根据住房和城乡建设部《关于印发 2013 年工程建设标准规范制订修订计划的通知》（建标〔2013〕6 号）的要求，由中国建筑科学研究院会同有关单位编制国家标准《绿色博览建筑评价标准》（发布后编号为 GB/T 51148—2016）。GB/T 51148—2016 的评价体系，也是以新修订的《绿色建筑评价标准》为基础，结合博览建筑的特点进行研究编制的。

8.2 编制工作

8.2.1 调查研究

1. 文献调研

收集查阅国内外与绿色建筑评价及博览类建筑特点相关的文献资料，借鉴国内外先进技术与理论知识，分析总结以往的经验，逐步探索博览类建筑绿色技术方面的设计要素。在相关国内、国外的文献调研中发现，针对博览建筑的绿色技术措施几乎是空白，大部分绿色建筑技术及指标，主要针对的是住宅、商业、办公等普通民用建筑。

查阅分析相关的标准规范，如《绿色建筑评价标准》、《公共建筑节能设计标准》、《博物馆建筑设计规范》、《展览建筑设计规范》、《民用建筑绿色设计规范》等国家级行业标准规范。除查阅现行版本外，对新修订的标准文稿也同时进行分析总结，如《绿色建筑评价标准》、《博物馆建筑设计规范》主要参阅已经形成的报批稿，《公共建筑节能设计标准》查阅已经形成的征求意见稿。新修订的版本是根据一段时间以来标准的实施情况、社会及行业的发展状况，进一步完善补充内容，能够保持一定的先进性，与现实情况更符合。在相关标准规范中，对博览建筑的设计要求及绿色节能方面的技术要求进行分析总结。

国内相关规范为《展览建筑设计规范》JGJ 218—2010、《博物馆建筑设计规范》JGJ 66—91，其中《博物馆建筑设计规范》已在修编中，在本标准的研究和编制过程中，主要参考的是《博物馆建筑设计规范》JGJ 66 的修订报批稿中的内容。这两部规范为建筑设计规范，其中对绿色建筑设计方面技术措施涉及较少。在这两部建筑设计规范中，本标准借鉴了其博览建筑类型的定义和适用范围。由于博览建筑的功能特点，两部建筑设计规范中，都有对于室内环境质量的指标数据要求，但此部分的条文并不是强制性条文，而是推荐性的指标要求。由于本标准着重于绿色建筑评价，对于室内环境质量，有一定人性化的要求，因此在评价指标要求中，引用了这两部建筑设计规范中的对于室内环境质量的指标要求。

此外，在标准编制过程中，对于相关的照明、隔声、热工、节能、节水、声环境、空气质量、暖通空调、智能化等相关的标准规范，也进行了有针对性的研究分析，本标准中有部分评价指标要求，借鉴引用自上述相关的标准规范中的技术指标数据。

2. 项目图纸资料调研

收集各类博物馆、展览馆、会展中心等博览类建筑的项目设计资料，包括各专业施工图图纸文件、节能计算文件、环境影响评估报告、景观设计图纸文件、精装修设计图纸文件、建筑图片简介以及相关说明等。根据不同章节的内容，对项目资料统计技术数据，综合分析统计结果。

为有针对性地提出适宜博览建筑的绿色技术措施，我们对全国 21 个博览建筑的设计图纸及文件资料进行了调研，其中涵盖博物馆建筑 9 座、展览建筑 11 座、综合性展览会议多功能建筑 1 座，项目的选择同时考虑了所在地区尽量涵盖全国范围内各气候地区。

由于各项目图纸资料齐全的程度不同，各章节根据自己的调研需要，对其中部分项目进行了不同侧重点的调研，记录了调研的结果，并对调研结果进行了分析与总结。

3. 已建成场馆现场调研

在对一系列博览建筑的设计图纸文件及资料进行调研分析后，我们又拟定了 7 个已建成并投入使用的博物馆建筑及展览建筑的场馆，进行现场调研，记录现场实际情况，了解运营情况，实测现场数据，记录调研结果，并进行分析，以确定适宜的指标及数据，使其更符合实际情况。7 个场馆的选择尽量考虑所在地区涵盖的不同气候区。其中包括博物馆建筑 3 座、展览建筑 4 座。

各章节的研究人员在已经建成使用的博物馆及会展中心场馆现场，进行实地查勘、资料收集、现场实测相关数据，对调查数据进行记录分析（图 8-1）。

现场实地查勘后，与场馆管理运营方组织会议交流（图 8-2～图 8-5），对场馆现场情况进一步进行了解咨询，取得更详细的数据及资料，并对场馆建成后的使用情况，运营管理情况进行深入了解，掌握运营过程中的各类技术数据，进行记录分析。

图 8-1　编制组在已建成使用的广交会展馆进行现场调研

图 8-2　编制组与广交会展馆的运营管理人员进行会议交流

8.2.2　专题研究

编制《绿色博览建筑评价标准》的过程中，重点研究的内容包括以下几个方面：

（1）调研博览类建筑在资源消耗及环境影响方面的特征。

（2）研究在博览建筑中适宜的绿色建筑技术，如：节地规划、功能需求与空间效率、低影响开发、环境的生态效益、被动技术措施的运用、节能规划、空调系统形式、节材的结构体系、水资源的综合利用、基于功能的室内环境等。

（3）研究绿色博览建筑规划设计、施工与运营的关键技术和要点。

（4）研究确定绿色博览建筑评价的控制指标和评价方法，如：体现节约资源、环境友好的控制项的确定、评分项指标的选择和权重的确定等。

图 8-3　对国家博物馆室外现场数据进行实测

图 8-4 在上海汽车会展中心现场调研

图 8-5 在上海汽车会展中心会议室与场馆管理方座谈

8.2.3 标准编写

1. 准备阶段

（1）组成编制组：按照参加编制标准的条件，通过和有关单位协商，落实标准的参编单位及参编人员。参编单位 11 家，参编人员 22 人。

（2）制定编制工作大纲（草案）：在学习编制标准的规定和工程建设标准化文件，收集和分析国内外有关博览建筑设计规范及绿色建筑评价标准的基础上，结合国家标准《绿色建筑评价标准》修订的情况制定了本标准的内容及章、节组成。

2. 启动阶段

（1）召开编制组成立会：于 2013 年 7 月 23 日召开了编制组成立会暨第一次工作会议。会议宣布编制组正式成立。会议确定了主编单位和主编人以及参编单位和参编人。会议原则规定了标准应纳入的主要技术内容。编制组成员对编制工作大纲（草案）与编制工作规则（草案）进行了讨论和修改，初步确定了工作分工和进度安排。

（2）调研工作：如前所述，包括对相关文献及标准规范的调研，及博览建筑项目的图纸资料调研，以及博览场馆现场使用情况的调研。

（3）编写标准草稿及研讨工作：根据标准编制大纲确定的工作原则及分工责任，逐级开展标准的研究编制工作。编制组根据编制工作计划，召开了三次编制工作会议，对标准编制过程中的技术问题进行分析研讨，对已起草标准的主要章、节内容进行深入细致地讨论，对标准各部分提出了具体的修改意见和建议。标准中大部分内容已在会议上取得了一致性意见，根据会议研讨的内容对各阶段草稿进行修改完善，形成征求意见稿，并按计划进行征求意见工作。

（4）试评价工作：根据标准编制工作安排，为了保障标准实施的科学性和可操作性，选取了十个博览项目进行试评，包括博物馆建筑项目和展览建筑项目各五个。通过对十个博览建筑项目的试评价，汇总试评价的结果，以及对曾经获得过绿建标识的项目的评价等级与试评价结果进行对比分析，总结试评价过程中的问题，进行分析研究，完善标准条文。

3. 征求意见阶段

征求意见阶段主要做了以下几项工作：

（1）上传“国家工程建设标准化信息网”，面向社会公开征求意见。

(2) 向相关领域专家及单位发送征求意见函及“标准”征求意见稿文件 30 份。

(3) 在广泛征求意见的同时，编制组对已经完成及正在设计过程中的 10 个博览建筑项目，以“标准”征求意见稿为基础进行了试评价的工作，其中包括 5 个博物馆建筑项目、5 个展览建筑项目。

截至 2014 年 7 月底，共收到相关单位及专家的反馈意见 15 份，共计反馈意见 85 条。编制组根据对征求意见的回函，逐条归纳整理，在分析研究所提出意见的基础上，编写了意见汇总表，并提出处理意见。编制组召开了第四次工作会议，对汇总表中的意见及初步处理进行逐条细致讨论，确定了意见的最终处理结果，其中 36 条没有采纳，11 条部分采纳，38 条采纳。

4. 送审阶段

编制组按照确定的处理意见，对征求意见稿进行进一步修改完善，并于 2014 年 9 月形成送审稿。送审稿审查会议于 2014 年 9 月 29 日在北京召开（图 8-6），与会专家和代表听取了编制组对标准修订工作的介绍，就标准送审稿逐章、逐条进行了认真细致地讨论，并顺利通过了审查。

图 8-6 GB/T 51148—2016 送审稿审查会议

5. 报批阶段

审查会后编制组根据审查会对标准所提的修改意见逐一进行了深入细致地分析，对送审稿及其条文说明进行了认真修改，最终于 2014 年 12 月完成标准报批稿和报批工作。

8.2.4 项目试评

根据标准编制工作安排，为了保障标准实施的科学性和可操作性，选取了十个博览项目进行试评，包括博物馆建筑项目和展览建筑项目各五个。其中博物馆建筑项目分别为中国国家博物馆、珠海博物馆、江宁会展中心、武汉光谷生态艺术展示中心、武进规划展览馆二期工程（莲花馆）；展览建筑项目分别为天津会展中心、淮安会展中心、广交会展馆、福州海峡会展、潍坊会展中心。各个项目对应标准进行试评。

1. 项目试评结果

博览项目试评情况对比统计 **表 8-1**

项目名称	规模 (m^2)	所获标识	博览建筑标准自评结果									
			星级	总分	节地与室外环境	节能与能源利用	节水与水资源利用	节材与材料资源利用	室内环境质量	施工管理	运营管理	加分项
中国国家博物馆	191900	设计三星	设计二星	74.6	76	64	67	67	62	74	66	5
珠海博物馆	55807	设计二星	设计二星	62.8	66.3	62	60.5	55.6	54	—	—	3

续表

项目名称	规模（m²）	所获标识	博览建筑标准自评结果									
			星级	总分	节地与室外环境	节能与能源利用	节水与水资源利用	节材与材料资源利用	室内环境质量	施工管理	运营管理	加分项
江宁会展中心	36138	设计三星	设计三星	80.2	71	88.3	61.1	68.9	81.1	—	—	4
武汉光谷生态艺术展示中心	18821	设计三星	设计二星	73.2	74	79.3	63.7	76.5	68.4	—	—	0
武进规划展览馆二期工程（莲花馆）	3324	设计三星	设计二星	67	49	76.6	61.5	83.5	57.6	—	—	0
平均分				71.5	67.3	70	62.8	70.3	64.6	—	—	2.4
天津会展中心	1102670	设计二星	设计二星	70.6	57	72	70.4	76.7	64.2	—	—	2
淮安会展中心	64800	—	设计二星	63.2	57	56	49	81	53	—	—	4
广交会展馆	1100000	—	运营二星	65.9	70	61.7	58	71.4	48.9	78	88	0
福州海峡会展	499072	—	设计二星	75	59	82	56	89	67	—	—	3
潍坊会展中心	126283	—	设计二星	73.5	46	76.7	55.9	80	65	—	—	7
平均分				69.6	58.7	69.7	57.9	79.6	59.6	—	—	3.2

注：1. 总分＝各项×加权系数＋加分项。
2. 证明材料不全的条文在打分时，已根据项目大致情况和工程经验进行了预估打分。
3. 鉴于试评项目资料有限，多数项目施工章和运营章未能得到完整试评结果，均按设计标识统计给出，仅对一个项目进行了运营试评。

2. 试评结果分析

（1）从试评星级结果大致来看，相对于原国标《绿色建筑评价标准》GB/T 50378—2006，各项目采用本标准试评后，有一定程度的降级情况发生。多数原国标的三星项目只能获得本标准二星，仅有1个原国标三星项目在本标准试评中获得了三星，同时也是10个项目中唯一的试评三星。原国标的二星基本能拿到本标准二星，之前未申报过原国标的项目均能获得本标准二星。

原因分析：

① 本标准沿用母标准——新版国标《绿色建筑评价标准》GB/T 50378—2014的评价体系，在难度上高于原国标。

② 试评项目提供的证明材料内容及深度主要针对原国标要求，本标准相对于原国标

的新增条文或条文中的新增指标，由于缺少详细资料或相关内容无量化指标，试评时难以准确判定得分，只能通过项目大致情况和试评人员的工程经验，最终按照从严的精神取最低分或不得分。本标准条文说明中已明确证明材料的提交要求和量化指标的计算方法，待标准正式颁布实施后，项目证明材料的提交可以得到有效的引导和规范，届时评价应该可以实现更高的得分率。

（2）从各章得分平均值来看，博物馆类建筑：节水＜室内＜节地＜节能＜节材；展览馆类建筑：节水＜节地＜室内＜节能＜节材。节水章得分最低，节材章得分最高。

原因分析：

① 在建筑规模相同的前提下，博览建筑用水量相较其他类型建筑更小，且杂用水比例低，用水量波动大，节水和非传统水源利用技术实施较难，导致博览建筑节水成为盲点和难点。

② 博览建筑均为土建工程与装修工程一体化设计，钢结构、高强高耐久性材料、可循环材料采用较多，这部分内容在节材章中占有较大比例分值，故项目得分相对其他章节更加容易。

3. 试评结论

从整个试评结果达标难度来看，《绿色博览建筑评价标准》较2006版《绿色建筑评价标准》要难。从整个试评结果操作难度来看，《绿色博览建筑评价标准》大部分较易操作，不容易判断的个别条文通过细化条文解释也可实现较易操作。

8.3 主要技术内容

8.3.1 主要内容

GB/T 51148—2016是以国家标准《绿色建筑评价标准》GB/T 50378为母标准，以博览建筑为特定评价对象的绿色评价标准，其绿色技术评价的主要方面与母标准保持一致，其主要技术内容如下：

1. 总则

规定了本“标准”的目的、明确了适用范围，指出了评价原则及应执行国家有关标准的规定。

2. 术语

定义了“博览建筑”、“绿色博览建筑”、“热岛强度”、“年径流总量控制率”、“可再生能源”、“再生水”、“非传统水源”、“可再利用材料”、“可再循环材料”等“标准”中用到的术语。

3. 基本规定

规定了评价对象、评价方法、评价指标体系、评价分值计算、权重指标及分值计算方法、评价等级划分等绿色博览建筑评价的一系列具体评价方法及评价结果等级划分的原则。

4. 绿色博览建筑评价的七类指标体系

- 节地与室外环境
- 节能与能源利用

- 节水与水资源利用
- 节材与材料资源利用
- 室内环境质量
- 施工管理
- 运营管理

分七个章节，分别从这七类体系，确定评价的控制项、评分项的评价内容及评价分值。

5. 提高与创新

在博览建筑全寿命期内各环节中，除“标准”规定的七类指标体系中涵盖的绿色技术内容外，对项目中采用其他更先进、适用、经济的技术、产品和管理方式，给予鼓励与肯定，赋予其性能提高和创新的加分原则。

6. 附录 A

附录 A 提供了绿色博览建筑评价中各类指标体系的得分统计表格，可以在设计及评价过程中，更直观地掌握各类绿色技术的评价分值，便于思考确定所选用的相关技术及评价时统计各类指标得分。

7. 附录 B

附录 B 提供了绿色博览建筑评价的得分与结果汇总表格，便于评价的最终结果汇总统计，了解评价等级。

8.3.2 技术特点

编制组通过对博览建筑中绿色技术及措施的系统性研究，为 GB/T 51148—2016 的编制提供了技术性依据。对于绿色博览建筑评价的七类指标，研究及标准编制过程中各章节的技术考虑及特点如下：

1. 节地与室外环境

(1) 博览建筑容积率普遍偏低，大多数展览建筑只有 1～2 层，室外展场、卸货区、活动广场、停车场等占地较多，因此本标准降低了展览馆容积率要求。博物馆建筑的层数一般不多于 6 层，因此最高两档要求降低为 1.3 和 1.0。

(2) 博物馆建筑的活动集散广场较多，展览建筑的室外展场较多，且往往有地面停车场，因而绿地率偏低，因此本标准降低了绿地率要求。

(3) 展览建筑一般比较分散，占地面积较大，大多数没有或很少地下室，因此本标准降低了展览建筑地下建筑面积比的要求。

(4) 根据博览建筑的性质，增加了对装饰性夜景照明使用时间的要求，并增加了展览建筑灯光展的影响要求。

(5) 根据博览建筑的性质，增加了对装、卸货和有噪声展览（乐器展、大型机械设备展）的要求，在运营阶段评价。

(6) 博览建筑体量较大，风压差的要求意义不大，因此本标准取消风压差的相关要求。

(7) 展览建筑的室外场地往往需要综合利用，如兼作室外展场或停车场，不适宜用乔木或构筑物遮阴，因而本标准调低遮阴比例要求。

(8) 博览建筑的屋顶常为金属屋面，热岛效应改为路面反射系数和屋面反射系数分别得分。道路路面的太阳辐射反射系数过高会有光污染，因此要求了一个范围。

(9) 博览建筑人流密集，便捷的公共交通设施十分重要，因此本标准改为公共汽车站点和轨道交通站点的距离分别得分，鼓励建筑附近既有公共汽车站点又有轨道交通站点。

(10) 博览建筑的展期往往车流量和人流量很大，容易造成拥堵，有的需要从中转停车场、公交站点接送人员，因此本标准增加鼓励使用摆渡车或提供公共自行车用于近距离交通的得分项；博览建筑货车、参观大巴等大型车的停车需求较多，因此本标准增加大型车和小型车停车位分设的要求；展期车流量集中，对城市交通的影响较大，因而鼓励博览建筑，尤其是展览馆建筑设置中转停车场。

(11) 展览建筑一般占地较大，内部交通距离较长，因此本标准鼓励设置自行车专用道，且自行车能就近抵达各展馆，使内部交通更便捷。

(12) 博览建筑作为公共活动场所，便捷的服务设施十分重要，常见的问题是厕位、座椅、休息场地不充足，因而本标准增加了对休息场地及厕位、座椅的设置要求。

(13) 博览建筑的绿地率偏低，绿地分布一般较分散，不连续且单块面积小，雨水调蓄设施设置较难，因此本标准降低了雨水调蓄设施的比例要求。博物馆建筑室外硬质铺装面积较大，且一定比例的室外硬质铺装场地因室外展场、公共活动等功能需求，不宜采用透水铺装，因此调低了透水铺装的比例要求。展览馆建筑室外场地同样具有室外展场、公共活动、集会场地等功能需求，且因展品类型、展览规模等对硬质铺装场地有更高的承重荷载要求，更大比例的室外场地不适宜采用透水铺装，因此进一步调低了透水铺装的比例要求。

2. 节能与能源利用

(1) 关于恒温恒湿空调的问题：考虑博览建筑中博物馆文物库房恒温恒湿空调的特殊性，建议博览建筑评价标准中鼓励和引导其设置在地下室或内区，以降低室外气候的影响和其空调负荷，满足被动设计的理念要求。同时允许恒温恒湿空调采用局部电再热或电加湿的方式满足恒温恒湿空调调节精度的要求。

(2) 关于设备能效比的问题：应为公共建筑节能标准对暖通空调冷热源设备的能耗和水系统的输送能效比都有比较明确的要求，在现行设计中执行得比较到位，所以绿色建议博览建筑的评价中弱化或降低其得分比例或权重。

(3) 冷热源、输配系统和照明等各部分能耗分项计量：空调、照明是博览建筑能耗的重要部分，对这两部分进行独立计量是必要的，但计量不宜过细，以免因此造成不必要的浪费。因此建议绿色博览建筑标准沿用母规范内容，并进行了适当简化。

(4) 博览建筑照明设计问题：博览建筑尤其是博物馆建筑更加注重照明质量，因此，绿色博览建筑标准要求照明设计满足《建筑照明设计标准》及《博物馆照明设计规范》，降低了满足功率密度值要求的评分。照明控制是照明节能的重要手段，新标准提高了该部分的分值。同时，博览建筑照明也具有很多特殊性，所以建议标准对博览建筑的照明分区控制要求进行了细化，特别增加了陈列/展览厅部分的控制要求。

(5) 建筑设备监控及能源管理：建筑设备监控及能源管理也是建筑节能的重要手段。通过建筑设备监控系统的控制与调节，使建筑物中各种设备运行在最佳状态。能源管理系统，可生成能源信息的多维度分析、能效评估、节能策略等，从而最大化利用资源和最大限度减少能耗。所以建议在标准中加强引导和增加对设置建筑设备监控及能源管理要求和得分。

3. 节水与水资源利用

GB/T 51148—2016 与《绿色建筑评价标准》GB/T 50378—2014 在“节水与水源利用”章节：控制项条文完全相同，评价总分均为 100 分；“节水系统”小节中增加“直饮水供应”相关条款 1 条；调整条款评价分值 8 条；局部修改条文 4 条。

与《绿色建筑评价标准》GB/T 50378—2014 节水措施条文评价分值比较，GB/T 51148—2016 显著降低了“节地与室外环境”与“节能与能源利用”两节与水相关条款的评价分值。博览建筑的绿地分布较为分散、绿化率偏低，同时博览建筑的室外硬质铺装面积较大，需满足较高的承重荷载要求，导致博览建筑极易形成地面径流，雨水调蓄设施设置难度较大，通过入渗、调蓄、回用等措施难以控制场地年径流量，因此 GB/T 51148—2016 在第 4.2.13、4.2.14 条中将相关条文的总评价分值由《绿色建筑评价标准》GB/T 50378—2014 的 15 分降至 11 分。此外，博览建筑生活热水使用量较少，节能效果不突出，GB/T 51148—2016 在第 5.2.18 条中将相关条文的评价分值由《绿色建筑评价标准》GB/T 50378—2014 的 10 分降至 5 分，并对可再生能源提供生活热水的比例提出更为严格的要求，提高了得分门槛。

综上所述，GB/T 51148—2016 与《绿色建筑评价标准》GB/T 50378—2014 相比，主要提高了减少管网漏损、设置用水计量装置、提高器具用水效率等条文的评价分值，新增管道直饮水节水评价，降低了雨水径流控制、节水灌溉与非传统水源利用等条文的评价分值，通过条文间的分值调整体现了不同节水技术在实施难度、实施效果等方面的差异性，促进设计者与项目运营者更加科学的节水和用水。

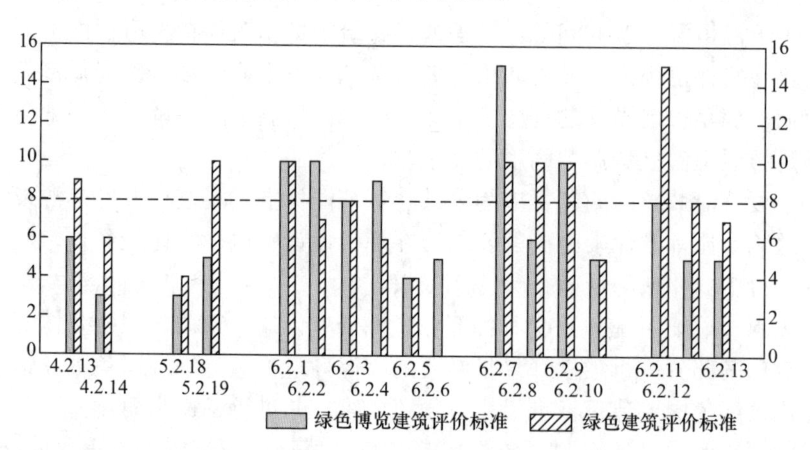

图 8-7　GB/T 51148—2016 与《绿色建筑评价标准》GB/T 50378—2014 节水措施条文评价分值比较

4. 节材与材料资源利用

GB/T 51148—2016 与《绿色建筑评价标准》GB/T 50378—2014 的对比情况如下：

（1）3 条控制项中，2 条沿用不做调整，1 条部分沿用，即将装饰性构件的造价比例由母标准的 0.5%调整为 1%；

（2）评分项中，删除 1 项，新增 1 项，总项目仍为 14 项。保持节材设计和材料选用的总分值不变，即节材设计共计 40 分，材料选用共计 60 分。保持设计阶段参评条文分值不变，即参评分值 80 分不变。

（3）删除“采用整体化定型设计的厨房、卫浴间”，因该条仅适用于住宅和旅馆建筑。

（4）新增 1 条“合理延长结构设计使用年限”，该条目的是延长结构的服役期，以达到节材效果。

（5）沿用的 12 条评分项中，有 6 条完全沿用，不作调整；另外 6 条部分沿用，具体内容如下：

① 建筑形体的规则性中，提高常见不规则建筑形体的分值，即由 3 分提高到 6 分；

② 细化结构优化设计得分，将原来整体得分变为分部位分别得分；

③ 土建装修一体化设计方面，将公共建筑的公共部位结合博览建筑进行细化，并针对博物馆和展览馆分别提出要求；

④ 降低工业化预制构件的得分比例要求，即由母标准的预制构件的重量比例 15%降低为 5%，但难度不降低；

⑤ 提高母标准中对高强度钢筋重量比例的得分要求，即将母标准得 10 分的重量比例由 85%提高到 90%；

⑥ 针对母标准中高耐久性结构材料的实施难度较大，补充中间分值的技术措施，即对混凝土结构按照《混凝土结构耐久性设计规范》GB/T 50476 中要求进行耐久性设计，对于钢结构，按照《建筑钢结构防腐蚀技术规程》JGJ/T 251 中要求进行防腐蚀设计。

5. 室内环境质量

GB/T 51148—2016 与《绿色建筑评价标准》GB/T 50378—2014 的对比情况如下：

（1）新增了 3 个条文，分别是：

8.2.5 条：展览建筑展厅室内装修采用吸声措施，博物馆公众区域混响时间满足现行行业标准《博物馆建筑设计规范》JGJ 66 的有关要求。建立绿色布展管理机制，制订绿色布展管理规定，体现良好的绿色环保理念。

8.2.6 条：博物馆建筑应有光环境的专业设计，满足相应的功能需求。展览建筑展厅内的展览区域照明均匀度不小于 0.7。

8.2.15 条：采取有效措施，对博物馆内熏蒸、清洗、干燥、修复等区域产生的有害气体进行实时监测和控制。

（2）删掉了 GB/T 50378—20141 个条文：

第 8.2.5 条：建筑主要功能房间具有良好的户外视野，避免视线干扰。

（3）其他条文均沿用 GB/T 50378—2014 条文，但根据博览建筑特点进行了调整修改，如室内环境满足《博物馆建筑设计规范》JGJ 66 的相关要求，天然采光、自然通风等要求。

6. 施工管理

GB/T 51148—2016 与《绿色建筑评价标准》GB/T 50378—2014 的对比情况如下：

（1）控制项将环境保护计划扩展为绿色施工专项方案，这是考虑到自从《建筑工程绿色施工评价方法》GB/T 50640—2010 实施以来，绿色施工得到了很大的推广，绿色施工的理念和实践已逐渐普及。

（2）根据博览建筑大多跨度较大从而普遍全部采用或部分大跨部位采用钢结构的特

点，增加了9.2.4条，强调了钢结构的焊接、涂装对环境、人员的影响；9.2.10条，鼓励因地制宜采用先进的安装方法，如整体提升、顶升和滑移（分段累积滑移）等，可以大量减少措施材料的使用，同时其他安装方法的措施材料应该采用能够重复利用的标准件，减少材料消耗。这两条旨在避免现场加工造成的环境污染和材料浪费。

（3）强调了建筑工程临时设施的重复利用有利于资源节约并降低建筑废弃物的产生。

（4）针对母标准中土建装修一体化仅仅适用于居住建筑的条款，根据博览建筑规模、空间较大的特点，以及由此特点所可能造成的施工中的浪费现象，强调了装修机电一体化施工的要求，以避免施工中常见的返工现象。

7. 运营管理

GB/T 51148—2016与《绿色建筑评价标准》GB/T 50378—2014的对比情况如下：

（1）比GB/T 50378—2014新增了1个条文10.2.5：建立绿色布展管理机制，制订绿色布展管理规定，体现良好的绿色环保理念。

（2）控制项全部沿用了GB/T 50378—2014的条文，由于博览建筑布展和展览期间，废水、废物、废气等排放与其他类建筑不同，关于此方面的控制性规定在相关条文说明中体现。

（3）得分项共13条，沿用了GB/T 50378—2014条文，个别条文部分内容修改适用于博览建筑特点，条文得分进行了相应调整。降低了管理体系认证、管理制度有效实施、能源资源管理激励机制、绿色教育宣传机制、绿化管理等条文得分；增加了公共设施设备定期检查调试、非传统水源监测、垃圾站污染控制等条文得分。

8. 权重调整

根据博览建筑在各方面的特点和要求，GB/T 51148—2016各类评价指标的权重，在《绿色建筑评价标准》GB/T 50378—2014中公共建筑的权重基础上，进行了适当的调整（表8-2）。

GB/T 51148—2016 权重调整 表8-2

标准	评价阶段	节地与室外环境 w_1	节能与能源利用 w_2	节水与水资源利用 w_3	节材与材料资源利用 w_4	室内环境质量 w_5	施工管理 w_6	运营管理 w_7
GB/T 50378—2014	设计评价	0.16	0.28	0.18	0.19	0.19	—	—
	运行评价	0.13	0.23	0.14	0.15	0.15	0.10	0.10
GB/T 51148—2016	设计评价	0.16	0.30	0.17	0.17	0.20	—	—
	运行评价	0.13	0.24	0.14	0.13	0.16	0.08	0.12

设计评价阶段：博览建筑与其他民用建筑比较，能源消耗更大，因此对节能与能源利用的效率要求应更高，此项权重增加2个点；节水与节材方面，相比其他民用建筑，不是最主要的消耗，因此这两项也适度减少权重，两项取相同权重值；室内环境方面，因博览建筑对室内环境有较高要求，因此权重增加1个点。

运行阶段评价：博览建筑相比其他公共建筑，运营管理方面的措施尤为重要，对实际运营中能源节约有很大的影响，因此运营管理的权重增加2个点，施工的权重减少2个点。施工与运营的总权重，与GB/T 50378—2014一致。

8.4 关键技术及创新

由吴德绳、赵锂、吴月华、夏令操、黄献明、鹿勤、赵霄龙、王占友、张同亿等9位专家组成的审查专家委员会（图8-8）认为：

图8-8 GB/T 51148—2016送审稿专家审查会

标准编制组针对博览类建筑，开展了大量的资料收集、调研分析以及验证工作，标准的条文要求符合绿色博览建筑的实际情况。取得创新性成果如下：

（1）确定了在博览建筑中适宜的绿色建筑技术措施。

（2）绿色博览建筑规划设计、施工与运营的关键技术和要点。

（3）确定了绿色博览建筑评价的控制指标和评价方法。

GB/T 51148—2016的评价体系与《绿色建筑评价标准》GB/T 50378—2014保持一致，评价方法与评价指标科学合理，具有可操作性。GB/T 51148—2016的实施有利于指导博览建筑的绿色工程设计、施工及验收，有助于向公众普及绿色建筑的理念、推广绿色节能技术、推动绿色博览的健康发展。

标准具有科学性、先进性和可操作性，总体上达到了国际先进水平。

8.5 实施应用

《绿色博览建筑评价标准》已于2016年6月20日由住建部批准发布，编号为GB/T 51148—2016，自2017年2月1日起实施。GB/T 51148—2016是以国家标准《绿色建筑评价标准》为依据的二级标准。应用的范围包括各类博物馆、纪念馆、美术馆、科技馆、陈列馆、展览馆以及各种规模的会展中心等。对于此类在能耗和环境方面影响较大、公众参与性高的建筑物，提供科学的评价依据。

博物馆建筑与展览建筑共同的特点主要有：面向公众开放，人员活动频繁，公众参与度高，社会影响大；建筑规模大，占地多，对周边环境影响大；建筑体量庞大，内外装饰及室内环境质量要求高，室内空间复杂，高大空间多；运营管理复杂，对管理水平要求高。

GB/T 51148—2016的研究与出台将完善我国绿色建筑评价的标准体系，更好地引导各类绿色博览建筑的健康发展，指导和规范绿色建筑博览评价标识的工作，促进绿色博览建筑的发展，对向公众普及绿色建筑的理念、推广绿色节能技术、实现全社会关注节能环保，具有重大的教育意义和促进作用。

《绿色博览建筑评价标准》GB/T 51148—2016获得中国建筑科学研究院2016年度科技进步奖二等奖。

8.6　编制团队

8.6.1　编制组成员

参加 GB/T 51148—2016 编制工作的单位有中国建筑科学研究院、清华大学建筑学院、中国对外贸易中心（集团）、中国建筑工程总公司、同济大学建筑设计研究院（集团）有限公司、华东建筑设计研究院有限公司、中国建筑设计研究院、北京市建筑设计研究院、中国博物馆协会、中国展览馆协会、国家会展中心（天津）有限责任公司、中国国家博物馆。

编制组由来自前述单位的 22 位专家组成，主要人员包括：曾捷、马立东、杜燕红、曾宇、盛晓康、李建琳、赵彦革、林波荣、蒋立红、庄洪、陈剑秋、邵民杰、孙建超、王双、孟莎、安澎、张杰、郑世钧、陈建明、裴智超、张自山、李六三。

8.6.2　主编人

曾捷，教授级高级工程师，女，中国建筑科学研究院建筑设计院副院长兼总工程师，注册公用设备工程师，同时担任中国建筑学会建筑给水排水研究分会常务理事、住建部住宅建设与产业现代化技术专家委员会委员、中国绿色建筑与节能专业委员会委员等社会职务，2013 年获中国建筑学会颁发的“当代中国杰出工程师”称号。作为国内绿色建筑领域的先行者，积极参加国家推动绿色建筑、海绵城市建设的政策制定、标准研究、设计咨询和试点评审等工作，主编国家标准 1 部、行业标准 1 部、导则 2 本、地方标准 2 部，参编国家标准 10 部，出版著作 6 部，发表论文 10 余篇；主持承担国家科技支撑计划课题、国家科技重大专项课题等，成果达到国际先进水平；完成“北京中国银行总部大厦”、“中国国家博物馆改扩建”等工程设计，获住建部、北京市等颁发的绿色建筑创新奖、优秀设计一等奖及华夏建设科技二等奖等重要奖项 10 余项；培养了一支高素质、具有行业影响力的绿色建筑团队，为推动我国建筑行业的可持续发展做出了突出贡献。

8.6.3　核心专家

杜燕红　高级建筑师

中国建筑科学研究院建筑设计院　副总建筑师

建研建筑工程设计咨询有限公司　副总经理

国家一级注册建筑师

北京市第三届建设工程施工图设计文件审查专家委员会成员

设计业绩：担任项目负责人或专业负责人的主要项目有：

全国政协礼堂加固改造工程

中国革命历史博物馆加固外装修工程

中国革命历史博物馆文物保护中心

国家博物馆改扩建工程

天盛金大厦

北京生态建筑走廊二期工程

门头沟永定镇冯村居住项目

其中“国家博物馆改扩建工程”获北京市优秀设计一等奖

施工图设计审查咨询业绩：东城区文化馆、北京金雁饭店重建、北京市文化中心、中国华能集团人才创新创业基地、中海油能源技术开发研究院建设项目、奥体南区 3 号地 5 号地项目综合楼、中关村国防科技园建设项目、华都中心酒店办公楼、中国国学中心、中航投资大厦、国贸三期、丽泽金融商务区 E13E14 地块 F02F03 地块综合体、北京 CBD 核心区 Z15 地块（中国尊）、Z13 地块（中国人寿大厦）、Z12 地块（泰康大厦）、Z6 地块（远洋大厦）、阳光金融保险中心、北京新机场航站区工程航站楼及换乘中心工程轨道交通工程等。

8.7 延伸阅读

[1] 杜燕红，曾捷．国家标准《绿色博览建筑评价标准》．中国绿色建筑 2014．北京：中国建筑工业出版社，2014.

[2] 李建琳，唐晓雪．绿色博览建筑节水措施．城市发展研究，2016，(增 1).

9 民用建筑绿色设计规范 JGJ/T 229—2010

9.1 编制背景

9.1.1 背景情况

绿色建筑涉及多学科、多专业、全过程，综合性强，政策性强，为促进和规范绿色建筑的健康发展，有必要对绿色建筑开发、设计、施工、运营等各领域进行具体而深入的研究。对绿色建筑设计现状和设计方法的研究，有助于绿色建筑理念的具体化，使绿色建筑脱离空中楼阁真正走入实践，对人们真正理解绿色建筑的内涵起到了极其重要的作用。

中国特色的绿色建筑的设计研究归纳起来，一是要体现“四节”和环境保障的可持续发展要求，并将绿色建筑的理念贯穿到建筑的规划设计、建造和运行管理的全寿命周期的各个环节中；二是通过探讨和完善绿色建筑的设计方法和设计技术，实现绿色建筑经济效益、社会效益和环境效益的最大化，促进绿色建筑的健康发展；三是要适应国情，因地制宜地设计绿色建筑，结合建筑所在地域的气候、资源、自然环境、经济、文化等特点，找准切入点和突破口，先易后难，分步推进，逐步扩大范围，持续地提高要求，最终实现全面推广绿色建筑的目标。

2005年以来，由中国建筑科学研究院主编的《绿色建筑技术导则》（建科〔2005〕199号）和国家标准《绿色建筑评价标准》GB/T 50378—2006先后颁布实施。地方和行业也出台了相关的标准，如：《绿色奥运建筑实施指南》、《绿色奥运建筑评估体系》、北京市《绿色建筑评估标准》、北京市《节约型居住区指标》、《上海绿色建筑评价标准》、浙江省《绿色建筑标准》等，另外国家和地方政府投入精力推进绿色建筑的发展，开展了绿色建筑的示范工程工作，积累了不少经验，这些为标准编制奠定了很好的基础。但绿色建筑在我国的实践经验还不多，未能全面覆盖全国主要的气候区域，由于地域性的差异，国外绿色建筑的经验又不能直接照搬，需要因地制宜地制订绿色建筑的设计规范。

设计是建筑全寿命周期的关键环节，它主导了建筑各个阶段对资源和环境的影响，编制适合我国国情的绿色建筑设计规范，反映建筑行业的可持续发展理念，对积极引导大力发展绿色建筑，促进节能省地型住宅和公共建筑的发展，具有十分重要的意义，有望带动建筑业实现节约资源、保护环境、减少污染，引导和促进绿色建筑的发展，实现经济效益、社会效益和环境效益的统一。

根据住房和城乡建设部《关于印发＜2008年工程建设标准规范制订、修订计划（第一批）＞的通知》（建标〔2008〕102号）的要求，中国建筑科学研究院和深圳市建筑科学研究院有限公司会同中国建筑设计研究院、上海市建筑科学研究院（集团）有限公司、中国建筑标准设计研究院、清华大学、北京市建筑设计研究院、万科企业股份有限公司承担了《绿色建筑设计规范》的编制任务。规范后更名为《民用建筑绿色设计规范》，发布后编号为JGJ/T 229—2010。

9.1.2 工作基础

“十一五”期间，中国建筑科学研究院承担了国家科技支撑计划课题“绿色建筑设计与施工标准规范研究”（2006BAJ01B06）的研究任务，绿色建筑设计规范作为课题主要目标成果之一，被纳入子课题“绿色建筑设计与施工标准体系及设计规范研究”的研究内容。课题针对我国建筑行业发展情况和资源、环境现状，结合我国国情和绿色建筑发展的需求，借鉴国内外绿色建筑的实践及发展趋势，重点研究了绿色建筑标准规范体系、绿色建筑设计与施工技术、绿色施工关键要素、绿色建筑评价技术、绿色施工评价技术等关键技术，形成了《绿色建筑设计调研报告》、《绿色建筑标准规范体系研究报告》、《建筑结构可靠度校准方法研究报告》、《绿色施工评价指标体系研究报告》等一系列研究报告，开发了绿色建筑评价软件与数据库，出版著作3部，发表论文18篇。课题研究工作和系列研究成果为JGJ/T 229—2010的编制工作奠定了坚实的基础。

9.2 编制工作

2008年9月18日，住房和城乡建设部建筑设计标准技术归口单位在北京组织召开了标准编制组成立暨第一次工作会议（图9-1）。住房和城乡建设部标准定额研究所陈国义处长、林常青工程师、住房和城乡建设部建筑设计标准技术归口单位张树君顾问总建筑师、中国建筑科学研究院袁振隆书记出席了会议。会上，陈国义处长对建设领域标准规范的编制情况进行了简要介绍，并对标准的编制工作提出了具体要求：一是要规范绿色建筑的概念，准确把握规范内容的难度，并注意与《绿色建筑评价标准》相结合，处理好两者之间的关系；二是要掌握深度，应着重提出目标性要求，合理确定构成要素和指标参数，不能过多体现具体方法和技能，避免成为技术汇编；三是要明确方向，偏重原则性和概念性，把握规范的相对稳定性，并非每个专业都列举，否则越细越不稳定；四是要注重专业协作，合理分工，有效选择完成方式（即整体实现还是分指标实现）。最后特别强调了编制工作的纪律，要求编制组成员必须自始至终参加工作，由主编单位牵头，落实责任，各司其职；归口单位应给予有效支持，充分发挥技术支撑的作用；编制组各项工作应合理设定程序，有序进行。

图9-1 JGJ/T 229—2010编制组成立暨第一次工作会议

林常青工程师代表主管部门宣布了标准参加单位和编制组成员名单。与会代表和编制组成员共同就编制原则、总体目标、章节设置、适用对象、适用范围等问题进行了充分讨论，对编制大纲、编制工作分工、编制进度计划及工作方式等形成初步共识，并提出了建立工作网站的计划。

2008 年 12 月 9 日至 10 日，标准编制组第二次工作会议在北京召开。会议内容主要是讨论规范初稿，确定各章节条文应纳入的内容，强调“绿色”特征；交流编写过程中遇到的问题，确定编写方向和深度。住房和城乡建设部标准定额研究所林常青工程师到会并着重强调了标准规范编写格式，要求编制组成员认真学习《工程建设标准编写规定》，严格按照章、节、条、款、项的层级顺序编写。

2009 年 7 月 15 日，标准编制组第三次工作会议在北京召开。会议主要讨论和修改了规范草稿的各章节条文与条文说明，强调了设置强制性条文的原则，应依据国家有关标准规范管理的规定，并结合现行相关标准规范的强制性条文及设计工作实际慎重选用。会议要求各参编单位应结合规范研究情况积极撰写相关研究报告，以保证标准编制的科学性和可操作性。

会议对研究报告的撰写作了初步安排：中国建筑科学研究院负责汇总完成《绿色建筑设计现状研究报告》；深圳市建筑科学研究院有限公司负责完成《绿色建筑实施程序（前期策划）研究报告》，并与上海市建筑科学研究院（集团）有限公司共同完成《不同气候区设计策略研究报告》；其他参编单位也可结合各自研究情况向编制组提交相关的研究报告。

第三次工作会议后，标准编制组多次召开工作会议，并通过电话和电子邮件方式不断加强交流，对规范草稿进行了反复讨论、修改。在讨论过程中，编制组对章节设置、条文分布及要点、难点问题逐步形成统一认识，不断完善草稿内容，并于 2009 年底形成征求意见稿。

图 9-2 JGJ/T 229—2010 送审稿审查会议

2010 年 1 月 5 日，住房和城乡建设部标准定额司发函对标准（征求意见稿）征求意见，并在国家工程建设标准化信息网发布。

2010 年 2 月 10 日至 3 月 15 日，编制组对征求到的意见进行整理、讨论、修改，形成送审稿初稿。编制组于 2010 年 3 月 18 日至 19 日在北京召开送审稿初稿讨论会（图 9-2）。中国建筑标准设计研究院张树君顾问总建筑师到会指导并做了讲话。会议内容为集中讨论、修改送审稿初稿。标准送审稿初稿讨论会议后，于 2010 年 4 月底，编制组整理完成送审稿。

2010 年 5 月 25 日，标准技术归口单位在北京主持召开了送审稿审查会议，由杨榕、吴德绳、叶耀先、张桦、车伍、程大章、徐永模、张播、刘祖玲、冯勇等 10 位专家组成的专家审查委员会对标准给予了高度肯定和评价，并提出了修改意见。

编制组根据审查会议提出的意见和建议，对规范进行了进一步的修改和完善，于 2010 年 6 月经归口单位向标准主管部门提交了报批稿和相关报批材料，2010 年 11 月由住房和城乡建设部予以颁布，自 2011 年 10 月 1 日起实施。

9.3 主要技术内容

JGJ/T 229—2010的主要技术内容是：总则；术语；基本规定；绿色设计策划；场地与室外环境；建筑设计与室内环境；建筑材料；给水排水；暖通空调；建筑电气。

9.3.1 术语

为了理清民用建筑绿色设计的概念，分清绿色建筑、绿色设计和常规设计的概念，JGJ/T 229—2010对“民用建筑绿色设计”做了如下解释：在民用建筑设计中体现可持续发展的理念，在满足建筑功能的基础上，实现建筑全寿命周期内的资源节约和环境保护，为人们提供健康、适用和高效的使用空间。

在绿色建筑领域中，“被动措施”和“主动措施”是经常被提及的名词，但也经常被曲解滥用，为规范被动与主动的概念，JGJ/T 229—2010尝试着解释了这两个概念如下：被动措施——直接利用阳光、风力、气温、湿度、地形、植物等现场自然条件，通过优化建筑设计，采用非机械、不耗能或少耗能的方式，降低建筑的采暖、空调和照明等负荷，提高室内外环境性能，通常包括天然采光、自然通风、围护结构的保温、隔热、遮阳、蓄热、雨水入渗等措施；主动措施——通过采用消耗能源的机械系统，提高室内舒适度，实现室内外环境性能，通常包括采暖、空调、机械通风、人工照明等措施。

JGJ/T 229—2010还对“绿色建筑增量成本”和“建筑全寿命周期”进行了解释。增量成本是所有绿色建筑实施过程中各方特别关注的问题，其定义关系到成本计算的标尺和科学性。建筑全寿命周期是绿色建筑设计中的核心内容之一，通过定义能让规范使用者正确理解和运用全寿命周期的设计原则。

9.3.2 绿色设计策划

绿色建筑设计需要在设计的前期统筹规划绿色建筑的预期目标，预见并提出设计过程中可能出现的问题，完善建筑设计的内容，将总体规划思想科学地贯彻到设计中去，以达到预期的目标。绿色设计策划的成果将直接决定下一阶段方案设计策略的选择。绿色设计策划注重通过技术经济比较因地制宜地选择适宜技术，强调技术集成与优化。绿色设计策划是绿色建筑实施的重要环节，也是绿色建筑设计与普通建筑设计的方法不同之处。

9.3.3 场地与室外环境

在“场地与室外环境”一章中，包含了场地基本要求、场地资源利用和生态保护、场地规划与室外环境等内容，涉及环境学、生态学、建筑学、城市规划、市政规划、建筑物理、园林景观等专业领域，涵盖内容丰富，共分为四个小节：一般规定、场地要求、场地资源利用和生态环境保护、场地规划与室外环境。本章特点如下：

（1）提出在环境承载力内采用适宜的场地资源利用技术。场地内可利用的资源较多，不仅包括地形地貌、表层土壤、地表水体、地下水等自然资源，也包括地热能、太阳能、风能等可再生资源。无论利用何种资源，都应对资源的分布状况进行调查、对利用和改造方式进行技术经济评价，确保在场地生态系统能承受的域值内进行利用，不能不顾场地条件堆砌各种“时髦”的资源利用技术。本章详述了在设计中利用各种资源时需要关注的要素，意在强调将“因地制宜”的策略贯穿于设计全过程。

（2）强调在利用场地的同时保护生态环境。环境是人类生存的条件，也是人类发展的根基。因此，在开发利用场地的同时，需注意保护生态环境，在调查场地情况的基础上，采取各种措施保护场地的植被、湿地及生物多样性。本章详述了保护生物多样性的设计关注点，引导设计师关注生态保护，并在设计中重视生态保护。

（3）协调场地规划与室外环境设计，关注室外舒适度。场地规划布局作为场地环境设计的前提条件，在一定程度上决定着建筑室外环境的优劣，影响着室外舒适度。因此，在场地规划时需关注规划布局对建筑室外风环境、光环境、声环境的影响，在后期场地设计时需重视植物选择及配置、雨水收集及入渗等方面内容，前后两个阶段相互协调，创造舒适的室外环境。本章分条对风、光、声、热环境的设计要求及相对成熟的措施进行了论述，旨在协调设计全过程，最终创造舒适的室外环境。

（4）提出优先选择已开发用地或再生用地。选择已开发用地或利用再生用地，是节地的首选措施。再生用地包括经过生态改良的工业用地、垃圾填埋场、盐碱地、废弃砖窑等场地。在此类用地上进行开发建设前，需要对场地进行检测，根据检测结果采取相应的改良措施，确保场址的安全、健康。本章分情况论述了利用再生用地时需要关注的要点，引导设计师关注场址安全、健康。同时，旨在强调选址对节地的重要性。

（5）提倡提高场地空间的利用效率和场地共用设施的资源共享。提高空间利用效率，鼓励资源共享，有利于资源的节约。因此，在场地开发前，需采取措施提高场地的利用效率。同时，积极实践共用设施共享可减少重复建设，降低资源能源消耗。本条意在提倡规划阶段合理确定空间利用效率及共用设施的资源共享，以节约资源。

9.3.4 建筑设计与室内环境

在“建筑设计与室内环境”一章中，包含了建筑空间设计、建筑本体节能、建筑室内环境、建筑工业化、建筑寿命等内容，涉及建筑学、建筑物理、建筑技术、结构等专业领域，涵盖内容较广，共分为九个小节：一般规定、空间合理利用、日照和天然采光、自然通风、围护结构、室内声环境、室内空气质量、工业化建筑产品运用、延长建筑寿命。本章特点为：

（1）强调被动措施优先。建筑专业涉及的绿色建筑技术措施，大部分是低成本、效果好的适宜技术，比如充分利用日照和天然采光、合理组织建筑的自然通风、围护结构的保温隔热措施等等，这些措施大部分不需要投入多少成本，主要由建筑的精心设计来实现。如合理设计外窗的位置、方向和开启方式，能更好地促进建筑物内部的自然通风，大大降低建筑的空调能耗，为建筑提供健康、舒适、充足的室外新风，而没有增加任何成本。本章中将建筑设计的各种被动措施进行了详细的规定，引导建筑师在设计时充分运用绿色建筑适宜技术。

（2）提出新的绿色建筑理念：合理利用建筑空间。在现有的绿色建筑评价标准中，对建筑空间强调得不多，但提高空间的利用效率，提倡建筑空间与设施的共享，避免过多的交通空间和过于高浪费的空间，对于节约土地资源、节约建筑能耗，都有一定的作用。房间的合理布局，会使人们在建筑中更多地享受到充足的阳光和新鲜的空气，并减少相邻空间的噪声干扰，使室内环境更舒适。

（3）列举相对成熟的技术措施，以提示设计人员，便于设计人员选择运用。在建筑设计的各种具体技术中，规范选择推荐了一些相对成熟、有效的具体技术措施，以增加规范的实用性。如改善室内的天然采光效果的措施、加强建筑内部自然通风的措施、外墙和屋顶保温隔热措施等。

（4）节约资源的同时关注建筑内部环境的舒适性。本章不仅强调通过被动手段节约能源、土地和材料，还对室内声环境、室内空气质量、天然采光和自然通风等内容进行了详细的规定，相对现行国家标准规范要求有一定的提高。

（5）增加了建筑工业化和全寿命周期的内容。JGJ/T 229—2010 强调从建筑全寿命周期的角度进行绿色建筑的设计，因此特别增加了建筑工业化和全寿命周期的小节，引导建筑采用工业化建筑体系或工业化部品，选择耐久性好的材料和构造。

9.3.5 建筑材料

在“建筑材料”一章中主要从绿色建筑的角度，对选材的标准、节材手段以及材料的使用等进行了规定。内容涉及建筑材料、建筑设计、结构设计等专业领域，共分为三个小节：一般规定、节材、选材。本章特点为：

（1）明确提出绿色建筑对材料选用的要求，并以此引导建筑、结构设计师根据绿色建筑的理念合理选择建筑材料。

（2）对设计工作中如何落实绿色建筑对材料的要求进行了规定：明确要求设计文件中应注明与实现绿色目标有关的材料及其性能指标。

（3）对建筑设计师从宏观的角度提出了控制建筑规模与空间体量来实现节材目标的要求。

（4）对绿色建筑所涉及的当地建筑材料、可再循环建筑材料、利废材料的使用进行了进一步的诠释，同时引入了目前国际上通行的速生材料的概念。

（5）强调了土建装修一体化的理念，同时进一步提出了“简约、功能化、轻量化”装修的概念。

（6）提出了评估材料的资源和能源消耗量，并据此进行选材的原则。

（7）提出了对材料的生产、施工、使用、拆除这一全寿命周期内对环境污染程度的评估，并据此进行选材的原则。

9.3.6 给水排水

在“给水排水”一章中，包含了水源选择、给排水系统设计、卫生器具选用、景观与绿化的供水设计、节水措施等，对节水、节能均提出了要求，覆盖面广、内容丰富。本章共分为 4 个小节：一般规定、非传统水源利用、供水系统、节水措施。本章特点为：

（1）强调水系统规划的重要性。在进行绿色建筑设计前，应充分了解项目所在区域的市政给排水条件、水资源状况、气候特点等客观情况，综合分析研究各种水资源利用的可能性和潜力，制定水系统规划方案，提高水资源循环利用率，以减少市政供水量和雨、污水排放量。一个完整的给排水规划方案应能对后续的设计提供明确的系统设计依据。

（2）强调分质供水系统是建筑节水的重要措施。非传统水源是指不同于传统地表水供水和地下水供水的水源，包括再生水、雨水、海水等。非传统水源的使用可大大降低对淡水资源的消耗，因而在节水方面有无可替代的作用。

（3）提出系统设计对节水、节能的作用。众所周知供水压力加大时，水嘴的出水量变大，但加大的水量对冲洗效率没有贡献，但因超压出流造成的水量浪费却非常巨大，因此控制系统压力使其既满足卫生器具的水压要求，又不造成超压出流现象，是给排水设计中的一项重要内容。同时充分利用市政压力，减少因举升大量用水造成的能耗也是系统设计需要考虑的内容。

（4）列举成熟的节水措施，供设计人员在给排水设计时根据项目具体情况采用执行。节水措施主要有：合理选用管材及阀门等、使用节水卫生器具、水表安装到位及节水灌溉措施。

9.3.7 暖通空调

在暖通空调一章中，主要包括冷热源、暖通水系统、空调通风系统和空调自控系统的绿色设计要求和理念。对暖通空调系统的优化、节能和提高能效及改善室内空气品质提出了要求和措施，具有以下特点：

（1）强调因地制宜，建筑物暖通空调系统的负荷、采用的系统形式、设备系统的运行能效都与工程所在地的气候和资源情况有着直接、密切的关系。绿色建筑设计不能不顾气候和资源条件的不同，照搬所谓先进系统形式。

（2）规范强调系统优化设计，提倡采用先进的手段，例如计算机气流模拟、全年能耗模拟分析，预测暖通空调效果和能耗，并改善设计，在满足使用要求的同时节省系统能耗。

（3）提倡重视建筑物的综合能效，而不是片面强调采用某一种先进技术或系统，而忽视了其他系统能耗的增加。

（4）提倡在确定暖通空调冷热源、系统形式、设计措施时采用技术经济分析比较的方法，不应不顾资源、材料消耗，不顾增加设备、占据空间，不顾投资增加，只为采用某一节能措施。

（5）列举部分节能措施和系统形式，同时提出其适用要求，例如燃气锅炉烟气的冷凝热回收、水环热泵空调系统、冷却水的冬季自然冷却、泳池室内空调的能量回收等。

（6）强调暖通空调系统的检测、计量、自动控制系统和措施是实现和衡量系统真正节能运行的必要手段。

9.3.8 建筑电气

在“建筑电气”一章中，主要包含了供配电系统设计、智能化系统设计、照明设计、节能电气设备的选择与应用等内容，对绿色建筑电气系统的节能优化提出了具体的要求和建议。本章共分为五个小节：一般规定、供配电系统、照明、电气设备节能、计量与智能化。具体特点如下：

（1）强调供配电系统方案规划的重要性。供配电系统设计在安全、可靠、合理的前提下，采用相关节能措施，可以减少系统和线路的电能损耗，以达到节约能源的目的。

（2）提倡可再生能源的合理利用，并优先利用市政提供的可再生能源。

（3）提出建筑智能化系统的合理性设计要求。在建筑智能化系统设计中，应从项目的实际情况出发，对智能化系统的设计内容、规模进行合理规划，从而实现绿色建筑的高效利用资源、管理灵活、使用方便等主要目的。

（4）提出绿色照明设计的具体要求和措施，包括合理利用自然采光、合理选择照度指标和照明控制模式、合理应用高效照明光源和高效灯具及其节能附件、合理改善室内照明环境质量、严格控制各功能场所的LPD值等内容。

（5）列举部分节能电气设备的选择和应用，例如低损耗变压器、高效电机驱动和先进技术控制的电梯等。

（6）强调分区、分项电能计量的重要性，并提倡应用计算机软件进行电力能耗检测、统计和分析，从而达到最大化地利用资源、最大限度地减少能源消耗的目的。

9.4 关键技术及创新

近20多年来，世界一些发达国家相继推出了各自的绿色建筑的相关评价方法和标准规范，其中英、美、加等国所实施的比较成功的绿色建筑评价体系，值得我国借鉴。目前国际上发展较成熟的绿色建筑评估系统有英国BREEAM、美国LEEDTM、多国GBC等，它们已成为各国绿色建筑评估、设计的重要参考。

国外先进绿色建筑标准的研究对我国开展同类研究具有十分重要的借鉴意义，但我国与世界发达国家在经济发展水平、地理位置和人均资源等方面条件不同，建筑可持续发展所面临的具体问题也存在差异。JGJ/T 229—2010是在深入研究我国绿色建筑设计现状，并总结先进设计技术和要点的基础上编制的具有中国特色的绿色建筑设计规范。国外关于绿色建筑的标准主要集中在绿色建筑评价方面，尚未出现绿色建筑设计标准。JGJ/T 229—2010编制过程中参考了国外绿色建筑相关评价标准，是国际上第一部直接规范绿色建筑设计的标准，达到国际先进水平。

在JGJ/T 229—2010颁布前，我国绿色建筑技术标准多集中在评价方面，缺少与之相配套的设计、施工与验收、运营管理等方面的技术标准，实践中往往需要借助于现行的相关标准。而JGJ/T 229—2010的出台，填补了国内绿色建筑设计标准的空白，为绿色建筑的设计提供了技术指导。

在JGJ/T 229—2010审查会议上，审查委员会认为，JGJ/T 229—2010充分反映了我国绿色建筑发展的现状和需求，规定了绿色建筑设计的基本内容和要求，体现了绿色建筑节能、节地、节水、节材与环境保护的要求，结构完整，内容充实；技术规定合理，与相关标准协调，具有科学性、创新性和可操作性，填补了国内空白，达到了国际先进水平，一致同意审查通过。

JGJ/T 229—2010的关键技术及创新点主要体现在以下五个方面：

（1）充分反映了我国绿色建筑发展的现状和需求，规定了绿色建筑的基本内容和要求，体现了绿色建筑节能、节地、节水、节材与环境保护的要求，符合国情，具有科学性、创新性和可操作性，填补了国内空白。

（2）首次在设计规范中提出了“绿色设计策划”的工作程序要求，明确了绿色建筑项目应编制绿色设计策划书，应进行项目的前期调研、项目定位与目标分析，提出绿色设计方案，并根据项目实际情况进行经济技术可行性分析，为绿色建筑项目进行技术策划提供了一个框架。设计策划注重通过技术经济比较，因地制宜地选择适宜技术。

(3) 首次在标准中提出“被动措施优先、主动技术优化”的原则。JGJ/T 229—2010 提倡直接利用现场的自然条件，通过优化建筑设计，采用非机械、不耗能或少耗能的方式，降低建筑的采暖、空调和照明等负荷，提高室内外环境性能，通常包括天然采光、自然通风、围护结构的保温、隔热、遮阳、蓄热、雨水入渗等措施。而在采暖、空调、机械通风、人工照明等主动技术应用方面，应结合项目的实际情况采用适宜技术，尽量采用耗能较少的方式提高室内舒适度，实现室内外环境性能。

(4) 从各专业的角度强调因地制宜的设计原则，提倡采用本土、适宜的技术，提倡采用性能化、精细化与集成化的设计方法，对技术方案进行定量验证、优化调整与造价分析，保证在全寿命周期内经济技术合理的前提下，有效控制建设工程的投资，确保绿色建筑效益最优化。如在给水排水设计中，鼓励采用非传统水源，并强调在非传统水源的使用过程中一定要根据使用性质的不同对水质做出相应的要求。采用生活污废水为原水的中水包括市政再生水和建筑中水，因市政再生水的水量、水质稳定并易于管理，当条件许可时，推荐优先采用市政再生水。雨水和海水的利用应进行方案的技术经济比较，制定合理、适用的再利用方案。

(5) 明确界定了节材、选材对绿色建筑的作用，通过设置“建筑材料”一章，从绿色建筑的角度，对选材的标准、节材手段以及材料的使用进行了规定，内容涉及建筑材料、建筑设计、结构设计等专业领域，进一步丰富和完善了绿色建筑设计标准的内容。

9.5 实施应用

JGJ/T 229—2010 发布后，住房和城乡建设部下发了《关于开展 2011 年度部分工程建设标准规范宣贯培训工作的通知》（建标实函〔2011〕12 号），将 JGJ/T 229—2010 列为 2011 年度重点宣贯的 15 部代表性规范之一。为做好 JGJ/T 229—2010 的宣贯培训工作，编制组于 2011 年 8 月、9 月相继在北京、成都、深圳举办了宣贯培训会议，来自不同地区、不同单位的设计人员、开发商代表以及建筑行业的其他相关从业人员参加了培训。通过宣贯，广大技术人员对 JGJ/T 229—2010 内容有了全面的了解，对绿色建筑设计技术有了系统性的认识，有利于绿色建筑的普及和推广。为配合 JGJ/T 229—2010 的宣贯和实施，编制组编写了《绿色建筑》一书，并已于 2010 年 12 月出版。

JGJ/T 229—2010 的编制单位主要由国内知名建筑设计院组成，包括中国建筑科学研究院、深圳市建筑科学研究院有限公司、中国建筑设计研究院等，这些单位直接参与了 JGJ/T 229—2010 的制订及相关研究工作，并及时将研究成果应用到工程实践中，用于指导绿色建筑的设计和咨询工作，推动绿色建筑的发展。在 JGJ/T 229—2010 的影响和指导下，越来越多的设计单位、开发商重视绿色建筑技术的研究和应用，一些单位（如万科地产）还制订了绿色建筑发展规划。各地申报绿色建筑创新奖和绿色建筑评价标识的项目与日俱增，目前由中国建筑科学研究院主持设计或咨询的四川卧龙中国保护大熊猫研究中心（图 9-3）、北京万科长阳半岛项目（图 9-4）、安徽省城乡规划建设大厦、安徽医科大学附属医院等数十个项目获得三星级绿色建筑评价标识，另有 100 多个项目获得一、二星级绿色建筑评价标识。

图 9-3 四川卧龙中国保护大熊猫研究中心

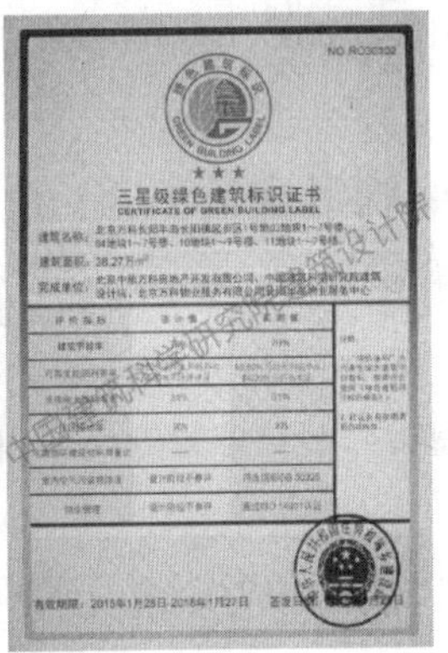

图 9-4 北京万科长阳半岛长阳镇起步区项目

依托 JGJ/T 229—2010 的编制及相关研究成果，中国建筑科学研究院成功入选“北京市十三五建筑节能规划”的汇总主编单位，在建筑节能、绿色建筑、节能改造、可再生能源利用等方面，制定北京市未来五年发展方向与发展目标；同时作为北京市绿色建筑设计标识的唯一评审机构，陆续承担了 25 项一、二星级标识的评审和 50 多项三星级标识的备案工作，并指导北京市绿色建筑一星级施工图审查工作，为北京市政府部门的绿色建筑管理工作提供全方位服务与技术支持，在北京市绿色建筑领域保持着重要地位。

北京、天津、广西、深圳等省市依据 JGJ/T 229—2010，结合当地的特点，纷纷开展相关地方标准的编制工作，如《北京市绿色建筑设计标准》、《天津中新生态城绿色建筑设计标准》、《深圳市绿色建筑设计导则》均已出台。

JGJ/T 229—2010 的颁布实施，填补了国内空白，进一步完善了绿色建筑标准规范体系的内容。越来越多的专业人士使用 JGJ/T 229—2010 进行绿色建筑的设计和咨询，推动了绿色建筑的发展。

2011 年，JGJ/T 229—2010 分别被评为中国建筑科学研究院科技进步二等奖、上海市建筑科学研究院（集团）有限公司科技进步一等奖；2012 年，JGJ/T 229—2010 获得华夏建设科学技术二等奖（图 9-5）。

证　书

为表彰你单位在促进建设事业科学技术进步中做出的突出贡献，特颁发二〇一二年“中国城市规划设计研究院CAUPD杯”华夏建设科学技术奖励证书，以资鼓励。

获奖项目：《民用建筑绿色设计规范》JGJ/T229—2010

获奖单位：中国建筑科学研究院

奖励等级：二等奖

奖励年度：2012年

证 书 号：2012-2-1801

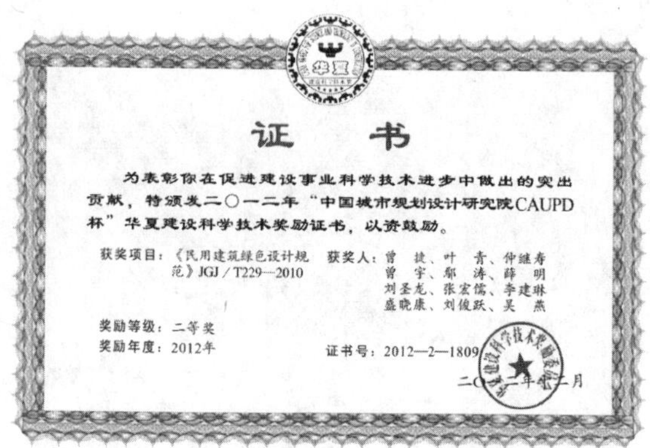

证　书

为表彰你在促进建设事业科学技术进步中做出的突出贡献，特颁发二〇一二年“中国城市规划设计研究院CAUPD杯”华夏建设科学技术奖励证书，以资鼓励。

获奖项目：《民用建筑绿色设计规范》JGJ/T229—2010

获奖人：曾　捷、叶　青、仲继寿、曾　宇、鄢　涛、薛　明、刘圣龙、张宏儒、李建琳、盛晓康、刘俊跃、吴　燕

奖励等级：二等奖

奖励年度：2012年

证书号：2012—2—1809

图 9-5　华夏建设科学技术二等奖获奖证书

9.6　编制团队

9.6.1　编制组成员

参加 JGJ/T 229—2010 编制工作的单位有中国建筑科学研究院、深圳市建筑科学研究院有限公司、中国建筑设计研究院、上海市建筑科学研究院（集团）有限公司、中国建筑标准设计研究院、清华大学、北京市建筑设计研究院、万科企业股份有限公司等 8 家单位。

编制组由来自前述单位的 30 位专家组成，其中的主要人员包括：曾捷、叶青、仲继寿、曾宇、鄢涛、薛明、刘圣龙、张宏儒、李建琳、盛晓康、刘俊跃、吴燕、杨金明、张江华、许荷、马晓雯、刘丹、王莉芸、杨杰、卜增文、施钟毅、冯忠国、林琳、孙兰、林波荣、宋晔皓、刘晓钟、王鹏、张纪文、时宇。

9.6.2　主编人

曾捷，女，教授级高级工程师，中国建筑科学研究院建筑设计院副院长兼总工程师，注册公用设备工程师，同时担任中国建筑学会建筑给水排水研究分会常务理事、住建部住宅建设与产业现代化技术专家委员会委员、中国绿色建筑与节能专业委员会委员等社会职务，2013 年获中国建筑学会颁发的“当代中国杰出工程师”称号。作为国内绿色建筑领域的先行者，积极参加国家推动绿色建筑、海绵城市建设的政策制定、标准研究、设计咨询和试点评审等工作，主编国家标准 1 部、行业标准 1 部、导则 2 本、地方标准 2 部，参编国家标准 10 部，出版著作 6 部，发表论文 10 余篇；主持承担国家科技支撑计划课题、国家科技重大专项课题等，成果达到国际先进水平；完成“北京中国银行总部大厦”、“中国国家博物馆改扩建”等工程设计，获住建部、北京市等颁发的绿色建筑创新奖、优秀设计一等奖及华夏建设科技二等奖等重要奖项 10 余项；培养了一支高素质、具有行业影响力的绿色建筑团队，为推动我国建筑行业的可持续发展做出了突出贡献。

在主持 JGJ/T 229—2010 编制工作中，负责组织各编制单位对绿色建筑设计现状和适宜技术进行全方位的研究，协调各专业技术内容与章节分工；主持所有重大问题讨论与决策，提出了“被动措施优先、主动技术优化”的编制原则，并推动该原则在各章节内容中充分体现，系统地将“四节一环保”的理念落实到规范中，保障了 JGJ/T 229—2010 的顺利出台，创造了良好的经济效益和社会效益。

9.6.3 核心专家

1. 曾宇

曾宇，女，教授级高级建筑师，中国建筑科学研究院建筑设计院副总建筑师，绿色建筑中心主任，综合设计一所所长，一级注册建筑师，中国绿色建筑委员会委员，绿色建筑标识评价专家。目前主要从事绿色建筑研究、咨询与设计工作，是 JGJ/T 229—2010、《绿色办公建筑评价标准》、《绿色博览建筑评价标准》、《北京市绿色建筑评价标准》、《北京市绿色建筑设计标准》的主要参编人。主持北京市绿色建筑设计标识评价工作，主持了大量绿色建筑和生态城区的策划、咨询、设计和规划项目，主持和参与了国家“十一五”课题、“十二五”课题、科技部中意能源环境合作基金项目、美国能源基金项目等绿色建筑相关科研项目，出版著作 4 部，发表论文 10 余篇，获华夏建设科技奖、绿色建筑创新奖、优秀建筑设计奖等重要奖项 10 余项。

在 JGJ/T 229—2010 编制工作中，负责第 4 章“绿色设计策划”与第 6 章“建筑设计与室内环境”两个章节的内容，完成了执笔起草、征求意见、完善修改的全过程工作，在规范中创新性地引入绿色建筑统筹策划，并首次提出了建筑空间合理利用和延长建筑寿命等绿色建筑理念，为建筑的绿色设计提供了大量可操作的具体措施，指导和推动民用建筑实现节约资源、保护环境的目标。

2. 薛明

薛明，男，教授级高级建筑师，中国建筑科学研究院建筑设计院总建筑师，国家一级注册建筑师，香港建筑师学会会员，APEC 建筑师，当代中国百名建筑师，并担任中国建筑学会建筑师分会副理事长、绿色建材国家重点实验室学术委员会委员、全国高等学校建筑学专业教育评估委员会委员、住建部建筑设计标准化委员会委员等社会职务。积极参加我国绿色建筑的规范标准研究、设计咨询和建筑设计，是国内建筑设计领域最早开展绿色建筑研究和设计的建筑师之一。参编了绿色建筑相关国家标准 1 部、行业标准 1 部、参加编写相关著作 1 部，发表相关论文 5 篇；完成“北京中国银行总部大厦”、“中国国家博物馆改扩建”、“成都来福士广场”、“建研院近零能耗示范楼”等绿色建筑设计，获住建部、中国勘察设计协会、北京市等颁发的绿色建筑创新奖、全国优秀工程勘察设计行业奖建筑工程一等奖、优秀设计一等奖及华夏建设科技二等奖等重要奖项 10 余项；培养并带领一支具有高度社会责任感、致力于创新设计和绿色设计的建筑原创团队，为推动我国建筑行业的可持续发展做出了积极贡献。

在 JGJ/T 229—2010 编制工作中，负责和协调“建筑设计与室内环境”章节的具体内容编写，主持和参加了相关问题及部分重大问题的讨论与决策，对该章节的体系框架、编制原则、涵盖范围等提出了重要意见，起草了部分内容。此外，对规范的整体内容特别是“场地与室外环境”等章节提供了支持、协调和讨论，为 JGJ/T 229—2010 的顺利完成做出了重要贡献。

3. 李建琳

李建琳，女，教授级高级工程师，中国建筑科学研究院建筑设计院给水排水专业副总工程师，注册公用设备工程师。积极参加绿色建筑、海绵城市建设的标准研究、设计咨询和评审等工作，参编国家标准 2 部、行业标准 1 部、地方标准 3 部，参与编制出版著作 2 部，发表论文 10 余篇；完成“中国疾病预防控制中心”、“中国石油科技创新基地石油工程技术研发中心”等工程设计；获住建部、北京市等颁发的绿色建筑创新奖、优秀设计一等奖及华夏建设科技二等奖等重要奖项10余项；为建筑行业的可持续发展做出了贡献。

在参与JGJ/T 229—2010编制工作中，负责“给水排水”章节的编写，从专业设计的角度对绿色建筑中节水与水资源利用的内容予以体现，并将“开源节流”的理念系统地落实到规范中，为水资源的高效利用提供了保障。

4. 盛晓康

盛晓康，男，教授级高级工程师，中国建筑科学研究院建筑设计院暖通空调专业总工程师，注册公用设备工程师，中国城市科学研究会绿色建筑与节能专业委员会委员，中国城市科学研究会和北京市规划建设委员会绿色建筑评审专家。长期从事大型公共建筑的建筑节能和暖通空调设计、咨询、评审工作，完成的“中国疾病预防控制中心一期工程”、“中国国家博物馆改扩建工程”等多项重大公共建筑的设计，获得中国建筑学会、北京市等颁发的暖通空调专业设计一等奖，并发表多篇专业技术论文。还参加了北京市“央视新大楼”、“北京财富中心”、“银泰大厦”等项目的施工图第三方审查工作，积累了丰富的设计和工程实践经验。参与并圆满完成了JGJ/T 229—2010、《疾病预防控制中心建筑技术规范》GB 50881—2013、《绿色博览建筑评价标准》GB/T 51148—2016和北京市《绿色建筑设计标准》DB11/938—2012等多部标准规范的编制工作。

5. 杨金明

杨金明，男，教授级高级工程师，中国建筑科学研究院建筑设计院结构工程专业总工程师，一级注册结构工程师。积极参加国家推动绿色建筑的标准研究、设计咨询等工作，参编国家标准 1 部、行业标准 1 部、地方标准 1 部、技术导则 2 本，发表论文 8 篇。完成“北京招商局大厦”、“深圳鸿昌广场”、“北京朝阳广场”、“北京太阳星城 C 区”、“四川航天科技大厦”、“中国疾病预防控制中心一期”、“中央美术学院美术馆”、“西安交大第一附属医院门急诊楼”、“移动硅谷 G9 地块二期”等工程设计，荣获住建部、北京市等颁发的优秀设计一、二、三等奖共 6 项。在 JGJ/T 229—2010 编制工作中，主要承担第 7 章“建筑材料”及第 6 章第 6.9 节“延长建筑寿命”的编制工作。

9.7 延伸阅读

[1] 曾捷，马立东等编著. 绿色建筑. 北京：中国建筑工业出版社，2010.

[2] 曾捷，曾宇，许荷，张江华，李建琳，盛晓康，吴燕，薛明，杨金明，徐亚军.《民用建筑绿色设计规范》介绍.“城市发展研究”第 7 届国际绿色建筑与建筑节能大会论文集，2011：115-118.

[3] 曾捷. 绿色建筑之非传统水源设计，“城市发展研究”第 6 届国际绿色建筑与建筑节能大会论文集，2010：81-84.

[4] 曾宇，刘亮，李建琳，孙虹，曾捷，许荷，张江华，侯毓，赵彦革，吴燕，裴智超，吕亦佳. 寒冷地区绿色三星级住宅建筑的创新与集成—天津万通生态城新新家园项目实践. 建筑科学，2011，(8)：104-110.

[5] 曾宇. 2011 年绿色建筑评价标识三星级项目—中粮万科长阳半岛项目. 建设科技，2011 (7)：37-39.

[6] 张江华，薛红蕾，刘亮，李建琳，王黛兰，许荷，裴智超，赵彦革，谢春娥，高旸. 绿色教育建筑设计实践—以中粮祥云国际幼儿园为例. 建筑科学，2013，(2)：101-105.

[7] 张江华，乔会卿，李建琳，刘亮. 丰田汽车（中国）研发中心事务栋的绿色实践—中日绿色建筑技术领域合作. 动感（生态城市与绿色建筑），2014 (1)：28-33.

[8] 徐亚军. 办公楼绿色建筑技术标准体系建设浅析. 建设科技，2016 (4)：26-27.

10 建筑工程绿色施工规范 GB/T 50905—2014

10.1 编制背景

建筑业发展的好坏，对于上下游乃至周边产业都有着巨大影响。因此，对建筑工程施工活动提出了更高的要求。为了能够有效地减少施工活动对社会和环境造成的影响，提高建筑材料的使用率，则需要针对建筑工程管理中的影响因素，采取科学合理的有效措施，促进建筑工程管理水平的提高，从而推动建筑企业的快速良性发展。

新建项目在工程施工过程会严重扰乱场地环境。比如：场地平整、土方开挖、施工降水、永久及临时设施建造、场地废物处理等均会对场地上现存的动植物资源、地形地貌、地下水位等造成影响；还会对场地内现存的文物、地方特色资源等带来破坏，影响当地文脉的继承和发扬。

然而，大多数承包商仅仅注重所承包合同、施工图纸内容、技术质量要求、施工工期及项目利润率等各项目标，没有运用现有的成熟技术和高新技术充分考虑施工的可持续发展，绿色施工技术并未随着新技术、新管理方法的运用而得到充分的应用。施工企业更没有把绿色施工能力作为企业的竞争力，未能充分运用科学的管理方法采取切实可行的行动做到保护环境、节约能源。

另外，随着可持续发展的观念深入人心，人们已经认识到了环境保护的重要性。从城市来说，时常出现由于建筑工程施工以及建筑设计不当而造成城市污染和资源浪费。我们应从建筑的设计施工出发，改善建筑工程的现状，减少因建筑工程而造成的环境污染和资源浪费，现今，人们提出了绿色施工的理念，绿色施工理念的提出，是可持续发展观念在建筑工程施工中的体现，也是我国建筑工程未来发展的主要方向。

建筑施工周期虽然相对较短，但其具有资源能源消耗大、废弃物产生多等特点，而且其对自然形态的影响却往往是突发性的，建筑施工过程中产生的粉尘、微粒和空气污染物等会造成健康以及环境问题。因此，突出推行以节约资源、保护环境以及保障作业人员的职业健康安全为基本宗旨的“绿色施工”具有切实可行的操作性。

为了规范施工管理活动，强化过程控制，进一步加强环境保护，有效地利用资源，减少施工废弃物，明确在施工活动中参建各方的责任和义务，有必要编制建筑工程的绿色施工规范。根据住房和城乡建设部《关于印发＜2010 年工程建设标准规范制订、修订计划（第一批）＞的通知》（建标〔2010〕43 号）的要求，由中国建筑股份有限公司、中国建筑技术集团有限公司会同有关单位编制国家标准《建筑工程绿色施工规范》（发布后编号为 GB/T 50905—2014）。

10.2 编制工作

10.2.1 调查研究

基于施工过程的重要性，编制组着手参考了有关绿色建筑方面的资料，比如美国的LEED标准、英国的BREEAM标准、日本的CASBEE标准、新加坡的Green Mark标准。但是这些评价标准更多是设计阶段参考或者执行的标准。规范建造过程的标准、评价标准并没有太多的可参考内容。为了使编制的规范更有针对性，同时在执行过程中有更好的可操作性，编制组广泛收集资料，深入施工现场，吸取各自集团公司内部的绿色施工先进经验，在《绿色施工导则》的基础上以更专注、更全面、尽量有量化指标为原则，收集整理原始资料。

规范编制组查阅大量国内相关标准规范，如《建筑施工场界环境噪声排放标准》GB 12523—2011、《民用建筑工程室内环境污染控制规范》GB 50325—2010、《污水综合排放标准》GB 8978—2002等，行业标准《混凝土用水标准》JGJ 63—2006、《建筑防水涂料中有害物质限量》JC 1066—2008、《建筑施工安全检查标准》JGJ 59—2011、《施工现场临时建筑物技术规范》JGJ/T 188—2009等。

编制组对各自公司施工项目的绿色施工执行情况做了摸底调查。参建各方的配合意愿、绿色施工管理体系的建立、管理制度的完善程度、施工过程中的执行情况等均有详细的了解，为后期的编制工作做了很好的铺垫。

10.2.2 标准编写

2010年9月14日在北京召开了国家标准《建筑工程绿色施工规范》编制组成立暨第一次工作会议。住房和城乡建设部标准定额司田国民副司长、实施指导监督处张磊主任以及全体编制组成员出席，张磊主任主持了编制组成立会。张磊主任最后又对该规范的编制工作提出要求。全体编制人员就规范编排方案提纲和进度计划展开了近一天的讨论。通过讨论达成共识，进一步完善了“规范”各章节编写内容。

根据第一次工作会议安排，编制组成员分头开展调研、技术总结、实验研究工作。广泛收集了国内外关于绿色施工的标准规范、政策文件和研究成果，并对其进行整理分析。针对规范内容，委托中建八局，对节能技术、节水技术、绿色建材、节地与环境保护技术、绿色机具和设施等专项技术进行了更为深入的研究。2011年12月完成了规范（初稿）。

2011年12月13日，编制组在北京召开第二次工作会，就规范编排提纲进行了讨论，并逐条对“规范”条款进行了梳理，并要求在后续修改过程中进行专题研究和研讨，对各自参与的章节正文和条文说明进行重新编排，尽可能全面地反映各专业绿色施工的内容，按照“四节一环保”顺序和内容来编写。

根据第二次工作会议要求，各编制小组分别组织、开展了关于地基与基础工程、混凝土结构工程、砌体结构工程、钢结构工程、建筑装饰装修工程、建筑保温及防水工程、机电安装工程和拆除工程等方面的专题研讨。在此基础上，2012年3月完成了规范（征求意见稿），并上传到国家工程建设标准化信息网上征求意见，向全国百余家建筑设计、施工、监理、检测、监督管理等单位寄发广泛征求意见，并在北京、大连、深圳、贵阳等地召开征求意见会。共有20余家单位及个人提出了修改意见。编制组代表对收到的规范修改意见逐条进行了认真讨论，并对规范进行了相应的修改。

2012年8月8日至9日，编制组在青岛召开第三次工作会议，交流了赴日本和美国考察及国内调研情况，编制组代表对收到的规范修改意见逐条进行了认真讨论，并对规范进行了相应的修改，安排了下一步工作。重点提出规范应体现建筑工程的绿色施工内容，突出“绿色施工”部分，对属于常规施工内容的部分应做适当删减和简化。

2012年11月5日至7日，编制组在厦门召开第四次工作会议，采取“集中、分组、再集中”的形式，对“规范”条款进行了逐条梳理。同时，对规范（送审稿）进行了讨论、修改和安排。

2012年12月17日，在北京召开了规范审查会议，提交了送审报告、规范及条文说明（送审稿）、征求意见汇总及处理表和专题研究报告等。

10.2.3 内部试行

在对初稿进行进一步的讨论后，编委会决定将初稿在各公司内部试行。在中国建筑技术集团公司领导的大力支持下，各分公司都拿到了《建筑工程绿色施工规范》初稿，各分公司又下发到各个施工项目部。集团公司质安部每次去项目检查，初稿的执行情况成为必查项目。各分公司对初稿的执行情况也非常重视。集团公司质安部对执行情况汇总后报到编委，内部执行情况作为参考，编委再做意见处理汇总分析。

10.3 主要技术内容

GB/T 50905—2014在编制过程中主要遵循系统、科学、前瞻性与可操作性及经济性相结合原则，以建筑工程先进施工技术、工艺和管理方法为对象，把握好施工管理与施工技术以及规范宽度、深度的关系。结合我国不同地区情况，荐举先进技术，淘汰落后建筑技术和产品。以人、机、料、法、环，和“四节一环保”为内容，全面总结我国建筑工程施工技术、方法及经验，推广应用建筑业新技术、新工艺、新材料、新机具，实现“四节一环保”。强化施工管理和施工技术应用过程控制，保障工程施工安全和质量。

GB/T 50905—2014按照施工过程，分为施工场地、地基与基础工程、主体结构工程、建筑装饰装修工程、保温和防水工程、机电安装工程和拆除工程这七个主要章节。GB/T 50905—2014针对各分部分项工程，对“四节一环保”五个要素进行了规定。

1. 总则

总则部分强调本规范适用于新建、改建、扩建及拆除等建筑工程的绿色施工，即其他市政、路桥、铁路、水利等工程只有参考作用。此外，规范应配合《绿色施工导则》及《建筑工程绿色施工评价标准》使用。

2. 术语

主要强调建筑垃圾、建筑废弃物、可再利用材料之间的关系，即建筑垃圾＝可再利用材料＋建筑废弃物；

回收利用率=(可再利用材料/建筑垃圾)×100%；

建筑工业化要求：建筑设计标准化、构配件生产工厂化、现场施工机械化、组织管理科学化。

3. 基本规定

明确了建设、设计、监理及施工四方为责任主体，需协同履责。具体规定如表 10-1 所示。

基本规定 表 10-1

责任主体	基本职责
建设单位	在编制工程概算和招标文件时，应明确绿色施工的要求，并提供包括场地、环境、工期、资金等方面的条件保障
	应向施工单位提供建设工程绿色施工的设计文件、产品要求等相关资料，保证资料的真实性和完整性
	应组织设计、监理、施工等单位建立工程项目绿色施工的管理机制
	应组织协调工程参建各方的绿色施工管理工作
设计单位	应按国家有关标准和建设单位的要求进行工程的绿色设计
	应协助、支持、配合施工单位做好建筑工程绿色施工的有关设计工作
监理单位	应对建筑工程绿色施工承担监理责任
	应审查专项绿色施工方案和技术措施，并在实施过程中做好监督检查工作
施工单位	施工单位是建筑工程绿色施工的实施主体，应组织绿色施工的全面实施
	实行总承包管理制的建设工程，总承包单位应对绿色施工负总责
	总承包单位应对专业承包单位的绿色施工实施管理，专业承包单位应对工程承包范围的绿色施工负责
	施工项目部应建立以项目经理为第一责任人的绿色施工管理体系，制定绿色施工管理制度，负责绿色施工的组织实施，进行绿色施工教育培训，定期开展自检、联检和评价工作

4. 施工准备

强调了绿色施工整体策划工作的重要性，在开工前应对施工各类条件和基本情况做彻底摸底，根据摸底情况选择绿色施工技术，并有针对性地制定拟采取的措施和防范；编制的绿色施工专项方案中应明确绿色施工的内容、指标、方法和措施等内容；同时施工单位还宜建立建筑材料数据库和施工机械与机具数据库。

5. 施工场地

强调施工总平面布置应充分利用场地及周边现有和拟建建筑物、构筑物、道路和设施；采用可重复利用、可周转使用的材料和构件搭设临时设施，注重动态管理和相对隔离(图 10-1)。

6. 地基与基础工程

强调优化基坑开挖方案，采取措施重点控制施工过程扬尘及保护地下水，如抽水量大于 50 万 m^3 时应进行地下水回灌、采用地下水回灌措施时应配套采取地下水防污染措施等。

7. 主体结构工程

部分强调以下绿色施工技术：工厂化加工、预拌砂浆技术、建筑垃圾的减量控制、再生混凝土材料使用、装配式混凝土结构使用等，举例如表 10-2 所示。

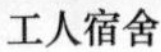
工人宿舍

活动围挡

图 10-1 施工现场情况

绿色施工技术 表 10-2

分类	主要绿色施工技术	主要绿色效果	示例
模板工程	新型材料模板	采用可回收材料制作，节材	塑料模板
	工业化模板体系	提高模板周转率；减少现场模板占用，节材	
	工厂化加工模板	节材	
	材料回收利用	废弃模板加工，短小木枋接长等，节材和减排	
脚手架工程	管件合一	无需扣件，节约钢材，减小管理难度	承插式脚手架
	工具式脚手架	减少现场占用量，节材	
	悬挑式脚手架	减少现场占用量，节材	

8. 装饰装修工程

强调前期策划的重要性，同时应尽量选用绿色建材，并做好施工保障（图 10-2）。

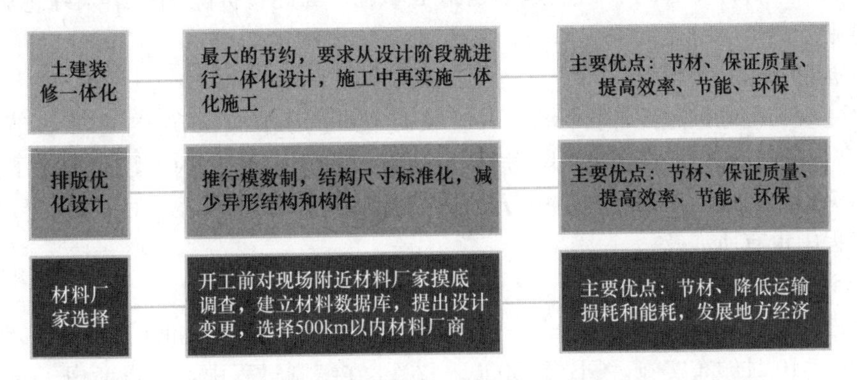

图 10-2 《规范》装饰装修工程部分内容

9. 保温和防水工程

部分强调宜采用结构自保温、保温与装饰一体化、保温板兼作模板、全现浇混凝土外墙与保温一体化和管道保温一体化等新材料、新技术和新工艺，对保温和防水材料及辅料应进行有害物质限量现场复检。

10. 机电安装工程

部分强调采用工厂化制作、整体化安装，施工前进行管线图的二次设计以及管线、埋件的预留预埋的重要性，禁止现场进行剔凿。

11. 拆除工程

部分强调对拟拆除工程进行全面和彻底的调查，针对拟拆除对象的具体情况制定安全拆除方案。拆除过程控制废水、废弃物、粉尘的产生和排放；根据拆除物的性质进行分类，并充分利用、就近消纳；对剩余的废弃物做无害化处理。

10.4 关键技术与创新

GB/T 50905—2014 是在总结近年来我国绿色施工开展和推广的实践经验和研究成果的基础上，参考国内外相关标准编制的。由杨嗣信、孙振声、汪道金、高本礼、贺贤娟、王存贵、段恺、范峰、李东彬、孙永民、吴聚龙等 11 位专家组成的审查委员会认为标准内容全面、主要技术指标设置合理，具有实用性和可操作性，总体达到国际先进水平。

1. 绿色施工要求覆盖各主要阶段

现阶段实施的绿色施工，往往在主体结构施工阶段控制得较好，而进入装饰装修和设备安装阶段，由于多专业、工种的交叉作业增加，管理难度增大，很多绿色施工措施得不到充分落实，能源、材料的消耗、计量、定额管理工作也往往难以充分落实。GB/T 50905—2014 针对建筑工程各分部的特点，将装饰装修工程、保温和防水工程以及机电安装工程单独成章，对各分部、分项工程均提出符合专业特点的绿色施工要求，对绿色施工的要求更加细化，使绿色施工的具体措施落实到每一个施工环节，贯穿整个施工阶段始终。

GB/T 50905—2014 第 11 部分为拆除工程，建筑工程的拆除过程也是绿色建筑全寿命周期中重要的一环。而且在建筑工程施工尤其是改造工程施工过程中，往往会包含部分拆除工程。同时，拆除工程的实施主体也是施工单位，因此将拆除工程纳入绿色施工范畴，使得绿色施工的范畴更全面、更系统。

2. 扩展了资源节约内容

在《建筑工程绿色施工评价标准》中，资源节约包括节能、节材、节水、节地四个方面。GB/T 50905—2014 编制时，除考虑上述四个方面的资源节约外，还考虑了人力资源的节约和保护。因此，在基本规定中分资源节约和环境保护进行概括性论述，同时在各分部分项工程中也有所涉及。

3. 与评价标准的衔接

为推进绿色施工及其评价工作，《建筑工程绿色施工评价标准》GB/T 50640—2010 已于 2010 年 10 月颁布实施，GB/T 50905—2014 在编制过程中，重点考虑了与《建筑工程绿色施工评价标准》的协调性，同时也考虑了与《建筑节能工程施工技术要点》、《绿色施工导则》、《建筑节能工程施工质量验收规范》等相关文件和标准的协调性。

《建筑工程绿色施工评价标准》在评价绿色施工时，按照“四节一环保”五个要素来划分，这是因为评价时可能会有多个分部分项工程在同时开展，按照“四节一环保”五个要素进行分阶段评价，可简化评价程序，提高可操作性。GB/T 50905—2014 则按照分部分项工程来划分，主要是考虑了施工的过程性和规范的可操作性。同时，GB/T 50905—2014 在编制过程中非常注重每个分部分项工程和每个章节中五个要素的全面性，每一部分基本涵盖节材及材料利用、节水及水资源利用、节能及能源利用、节地及土地资源保护和环境保护这五个要素。

4. 强调了施工信息化和建筑工业化

施工信息化和建筑工业化是工程施工的发展趋势。绿色施工的开展包括改进作业方式，绿色施工的推进需要加强施工信息化和工业化。因此，GB/T 50905—2014 中强调了施工信息化和建筑工业化的推进。

10.5 实施应用

GB/T 50905—2014 可有效指导建筑工程绿色施工的推进和开展，在保证建筑工程施工过程中的安全与质量的前提下，实现了“四节一环保”（节能、节材、节水、节地和环境保护）的目标。对促进我国建筑业的可持续发展，提升我国建筑业水平具有重要的经济效益和社会意义。

1. 降低绿色施工技术成本

绿色施工技术能够降低施工成本，同时绿色施工技术也得到了进一步的应用和发展。除此之外，还要采取科学有效的措施，提高建筑工程施工企业在施工过程中的管理水平。绿色施工技术在建筑工程中的应用效果和建筑工程项目施工质量有着直接的联系，而且和工程的施工工期和日常的管理等都有着紧密的联系，直接影响建筑施工企业的社会和经济效益的增长。因此，科学的管理能够保证绿色施工技术在建筑工程中的有效运用。

2. 节材与材料的使用技术

绿色施工技术是近几年兴起的一项新技术，它的施工工艺比较先进，将绿色施工技术运用到建筑工程施工过程中，必须对施工材料进行新的改造，再和新技术进行结合，才能够最大化地节约工程材料。比如短方木接长后再利用（图 10-3），高层建筑工程在进行深基坑设计的过程中，完全可以采用改造建材和新技术相结合，对地下空间部分进行封闭后再进行混凝土的浇筑，在进行环境保护的同时，还可以最大化地节约工程材料。当然，在建设工程中利用绿色施工技术而节约材料的例子很多，笔者在此不一一列举了。总之，将绿色施工技术运用到建筑工程施工中，对于材料的综合使用和节约材料资源等有着莫大的裨益，为建筑企

图 10-3 短方木接长再利用

业节省了大量的开支，直接提升了建筑施工企业的经济效益。推广定型模板，科学合理配置模板，提高模板周转率以减少周转材料的投入使用量，达到节约能源降低成本的效果。

3. 节水与水资源利用技术

水资源是建筑工程施工中必不可少的一种资源，因此水资源的综合利用和节水技术同样也是绿色施工技术的一项重要组成部分。首先提前勘测施工范围内地下水或周边水资源的状况，条件允许的话可在施工范围内采取打井等方式将地下水作为施工过程中的用水以及后期建筑工程的绿化用水等，减少对自来水的使用量；其次，在进行场地的硬化中应采用更为灵活的方式，比如可采用混凝土地面和水泥预制方格砖相结合的方式，这样雨水能够自由地渗入土壤中；再次，对于混凝土工程中的养护过程可以采用浇水和覆盖相结合的方式，以减少养护水的使用水量，并且还应合理布置水管网道，使之管线最短；洗车池废水回收再利用，采用节水型小便斗等（图 10-4）。

洗车池废水回收再利用系统

节水型小便斗

图 10-4　水资源利用技术系统

4. 节地与施工用地保护技术

传统的建筑工程施工，需要进行土方的开挖，导致建筑工程材料随意地堆放，大量占据有限的土地资源。因此，在现代的建筑工程施工中，施工单位必须对现场的施工规模条件进行严格的控制，采取绿色施工技术措施，最大化地提高场地的利用率。从节地角度来讲，工程项目部必须结合用地面积对临时用地、施工道路等进行科学的规划，从而对施工规模、材料设备、人数等进行合理地控制，实现土地的高效利用。

5. 节能与能源利用技术

节能与能源利用技术在建筑工程施工中的应用目的在于降低能耗和提高能源的利用率（图 10-6）。根据相关资料显示，在建筑工程中我国的保温隔热相对比较差，建筑工程中采用的采暖能耗大约高于世界平均值的三倍。因此，在建筑工程绿色施工中，必须大力推进建筑工程中的节能，综合考虑建筑系统、管网、热源等方面，提高建筑工程围护结构的保温隔热性能，提高可再生能源利用率。在建筑工程施工过程中，应选择功率相当的施工机械设备，提高用能的利用效率。最后，对施工方案进行优化，制定合理有序的施工工序，确保机械设备的满载率达到最高，并对现场人员和技术管理人员进行培训，做到人离机停，杜绝机械设备长时间处于空载运行的状态。

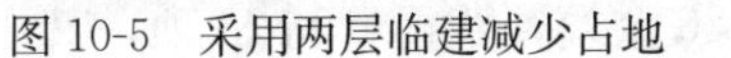

图 10-5 采用两层临建减少占地

图 10-6 利用太阳能热水器

6. 噪声和振动的控制技术

在建筑工程绿色施工过程中，应对施工过程中的施工噪声进行控制，避免影响到周围居民的日常工作、生活状况。在绿色施工过程中，实时监控施工过程中可能产生的噪声和振动，并对整个施工现场进行全面的检测，以保证施工噪声在规定的控制范围之内。同时，在建筑工程绿色施工过程中，应尽量采用噪声小、振动低的施工机械设备，并根据不同施工环节的特点进行相应的隔声处理，进而最大化地减少绿色施工过程中产生的噪声和振动污染。

图 10-7 现场搭设隔声棚降低噪声

10.6 编制团队

10.6.1 编制组成员

参加 GB/T 50905—2014 编制工作的单位共 24 家，包括施工企业 20 家，建筑协会 1 家，咨询公司 2 家，质量安全监督站 1 家。除主编单位中国建筑股份有限公司、中国建筑技术集团有限公司之外，还有中国建筑业协会绿色施工分会、中国建筑一局（集团）有限公司、中国建筑第八工程局有限公司、中国建筑第七工程局有限公司、中国建筑第四工程局有限公司、中国建筑第三工程局有限公司、中国建筑设计咨询公司、中国航天建设集团有限公司、北京建工集团有限责任公司、北京城建集团有限责任公司、北京远达国际工程管理咨询有限公司、上海市建设工程质量安全监督总站、湖南省建筑工程集团总公司、中天建设集团有限公司、山西建筑工程（集团）总公司、江苏省苏中建设集团股份有限公司、广州市建筑集团有限公司、广东省建筑工程集团有限公司、吉林建工集团有限公司、浙江宝业建设集团有限公司、云南官房建筑集团股份有限公司、成都市第一建筑工程公司。

编制组由来自前述单位的 30 位专家组成，包括：肖绪文、赵伟、王玉岭、张晶波、潘延平、马荣全、霍瑞琴、王世亮、余海敏、何瑞、薛刚、张晋勋、董晓辉、冯跃、李泰炯、焦安亮、郝军、蒋金生、冉志伟、冯大阔、潘丽玲、杜杰、黄健、苏建华、陈浩、王伟、于亚龙、李娟、刘小虎、王茜。

10.6.2 主编人

1. 肖绪文

肖绪文，中国工程院院士，现任中国建筑股份有限公司技术中心顾问总工。

肖绪文院士从基层施工技术员做起，历经结构设计、结构施工和科技管理等工作，形成了扎实的专业理论功底和丰富的工程经验。在40多年的工作中，肖绪文同志完成了多项重大项目，取得了优异的科技工作业绩，他主持完成国家级课题2项、省部级课题8项，出版论著8部，发表论文20余篇，获得专利23项，其中发明专利4项，另有13项发明专利进入实审，获国家科技进步奖2项，省部级科技奖13项。

主编《建筑工程施工技术标准》、《体育场施工新技术》、《污水处理系统成套施工新技术》、《建筑工程施工操作工艺手册》、《建筑节能工程施工技术要点》等。

先后兼任山东省建筑学会预应力专业和结构专业委员会副主任委员、全国高校土木工程专业评估委员会委员、中建总公司科协副主席、"鲁班奖"工程视察组组长等职务，先后获评"中建总公司功勋员工"、"'十一五'全国建筑业优秀专家"、"中国建筑工业出版社优秀'作译者'"、"上海市科技创新领军人物"、"上海市职工科技创新标兵"、"全国优秀科技工作者"等荣誉称号。

2. 赵伟

赵伟，工学学士，教授级高工，担任中国建筑技术集团有限公司董事长、党委书记、总裁。

赵伟同志长期从事工程技术、管理以及绿色建筑、标准规范工作。参编国家标准《建筑施工组织设计规范》、《外墙饰面砖施工及验收规范》、《村镇住宅结构施工与验收规范》、《混凝土结构工程施工质量验收规范》、《建筑工程绿色施工规范》，主编天津市标准《中新天津生态城绿色施工技术规程》。

承担"十二五"国家科技支撑计划课题《医院建筑绿色化改造关键技术研究与工程示范》、住建部课题《建筑物建造工程碳排放计算方法研究》。

中国城市科学研究会绿色建筑与节能委员会委员、商务部对外援助成套项目评审委员、住房和城乡建设部建设工程企业资质审查专家、住房和城乡建设部高级专业技术职务评审委员会委员、北京市评标专家。

11 绿色建筑运行维护技术规范 JGJ/T 391—2016

11.1 编制背景

建筑构成三要素是建筑功能、建筑技术和建筑艺术形象。建筑的设计和建造除了要满足设计师对艺术形象的追求，更应该注重的是它的使用功能，为了营造健康、高效、舒适的使用环境，系统科学的运营管理方法尤为重要。在经历了短暂的建造阶段之后，建筑将迎来数十年甚至百年的运行历程，多样的建筑技术应用，需要在这期间精心地运营维护，才能使建筑的使用功能发挥最大的价值。

2006 年，《绿色建筑评价标准》GB/T 50378—2006 的颁布实施宣告我国建筑市场进入真正的绿色化时代。绿色建筑的理念不仅涵盖了建筑自身的设计和建造，而且涵盖了建筑全寿命周期的各个阶段的绿色化理念。其中，运行维护作为建筑历经时间最长的运营阶段，其技术的发展，影响着建筑的可持续发展，也关系到建筑对环境的影响，是建筑寿命中不容忽视的重要环节。

2013 年，《绿色建筑行动方案》正式吹响了绿色建筑加速发展的号角，指出："十二五"期间，我国完成新建绿色建筑 10 亿平方米；2015 年末，20%的城镇新建建筑达到绿色建筑标准要求；2020 年，30%新建建筑达到绿色建筑要求。然而，在这一宏伟的战略目标及发展机遇面前，绿色建筑的发展面临着巨大的挑战。一是快速发展与健康发展的问题，目前绿色建筑设计评价标识项目的数量急剧攀升，针对运行的绿色建筑评价标识也逐渐得到了一定的落实，但是绿色建筑技术在运行和维护当中的情况却无法把控，先进的理念及设计难以贯彻到实际应用；二是如何实现以实际应用效果为导向的绿色建筑发展形态，现在世界范围内存在大量高能耗、高运行费用的绿色建筑为社会所诟病；三是纯粹的技术堆砌无法支撑绿色建筑的长期发展，大量的增量成本无法在运行阶段为业主或社会带来可持续的收益。2013 年的第九届国际绿色建筑和建筑节能大会指出"中国的绿色建筑虽然起步晚，但是发展速度很快，数量每年翻一番，高于世界平均水平。但是另一方面，绿色建筑当前存在三大问题：一是高成本绿色建筑技术实施不理想，二是绿色物业脱节，三是 20%常用绿色建筑技术有缺陷，未合理运行"。

因此，开展绿色建筑运行维护技术的研究，具有极强的时效性和必要性。一是研究成果为落实绿色建筑设计理念，保障绿色建筑真正实现"实效化"，"收益化"提供技术手段；二是为实现以实际应用效果为导向的绿色建筑管理体系提供专项技术支撑；三是为绿色建筑业主、用户和社会带来可观、持续的绿色建筑收益，促进绿色建筑的健康可持续发展。

国家层面也通过制定出台政策的方式高度重视绿色建筑的高效运行问题。国务院发布的《国务院办公厅关于转发发展改革委住房城乡建设部绿色建筑行动方案的通知》中指出："尽快制（修）订绿色建筑相关工程建设、运营管理、能源管理体系等标准"；财政部和住建部联合发布的《关于加快推动我国绿色建筑发展的实施意见》中指出："尽快完善绿色建筑标准体系，制（修）订绿色建筑规划、设计、施工、验收、运行管理及相关产品标准、规程"；住建部发布的《"十二五"绿色建筑和绿色生态城区发展规划》中指出："注重运行管理，确保绿色建筑综合效益"。

在此背景下，住房和城乡建设部于2013年底发布《2014年工程建设标准制订、修订计划》，由中国建筑科学研究院会同有关单位研究编制行业标准《绿色建筑运行维护技术规范》（以下简称《规范》）。

11.2 编制工作

11.2.1 调查研究

1. 文献及标准调研

经国内外文献调研发现，在建筑全寿命周期过程中，设计、施工、验收、评价等各标准体系较为完善，但是建筑运行维护技术标准体系缺失，仅有具体设施设备或系统的运行维护标准，例如：国内的专业标准：《空调通风系统运行管理规范》GB 50365—2005、《空气调节系统经济运行》GB/T 17981—2007、《城镇燃气设施运行、维护和抢修安全技术规程》CJJ 51—2006、《城镇供水厂运行、维护及安全技术规程》CJJ 58—2009、《生活垃圾卫生填埋场运行维护技术规程》CJJ 93—2011、《生活垃圾转运站运行维护技术规程》CJJ 109—2006等；国外的学会协会标准：《Code for operation and maintenance of nuclear power plants》、《Guide for Commissioning，operation and maintenance of hydraulic turbines》等；相关其他行业的运行标准：《燃煤电厂环保设施运行状况评价技术规范》、《电力调度自动化运行管理规程》、《水轮机调节系统及装置运行与维护规程》、《核电厂运行绩效评价准则》等。

2. 实际项目调研

本课题启动后，课题组对已经投入竣工或投入运营一定时间后的典型性绿色建筑标识项目开展了针对性的现场调研工作，对项目的施工落实情况、运行效果进行全面的评估分析。

课题组根据我国绿色建筑项目的发展情况，按照不同地域绿色建筑数量、气候分区、建筑类型、绿色建筑星级等精选了30个调研样本（已获得绿色建筑运营标识项目、已竣工项目或已投入运行的项目）。样本主要集中在目前绿色建筑发展相对较快、较成熟的华东、华北地区的绿色建筑项目，同时兼顾华南、西南以及东北等地区的绿色建筑项目，项目具有典型性和全面性，基本能够反映我国目前绿色建筑的实施和运行情况。

为了了解绿色建筑项目选择指标项的情况，对项目的申报资料作出相关分析，列出了绿色建筑在六大类指标中选择参评的具体指标。通过调研，了解了绿色建筑技术落实情况和绿色建筑基本运营状况。

居住建筑调研统计情况如图11-1所示。公共建筑调研统计情况如图11-2所示。其中，图11-1和图11-2中的编号分别对应《绿色建筑评价标准》GB/T 50378—2006中居住建筑和公共建筑各类指标的一般项和优选项条文。如图所示，"节材与材料资源利用"和"运营管理"中都存在技术设计方案为"0"的条款，这是因为此类条款在绿色建筑设计标识阶段不参评，因此在设计阶段未予考虑。

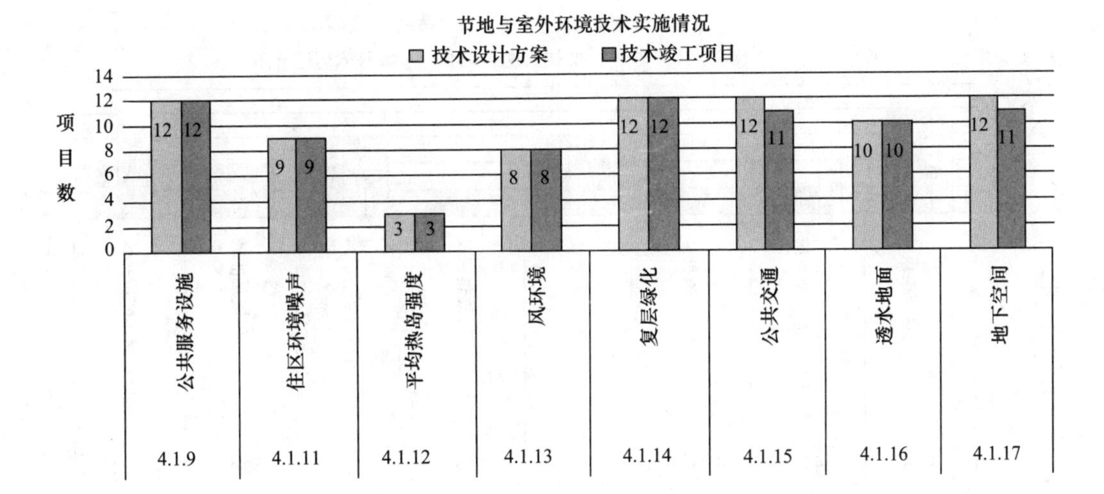

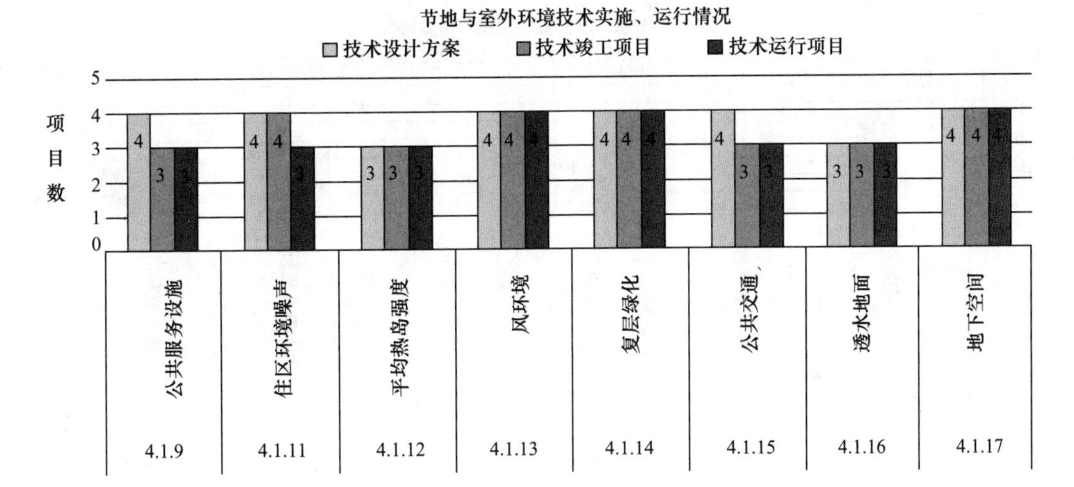

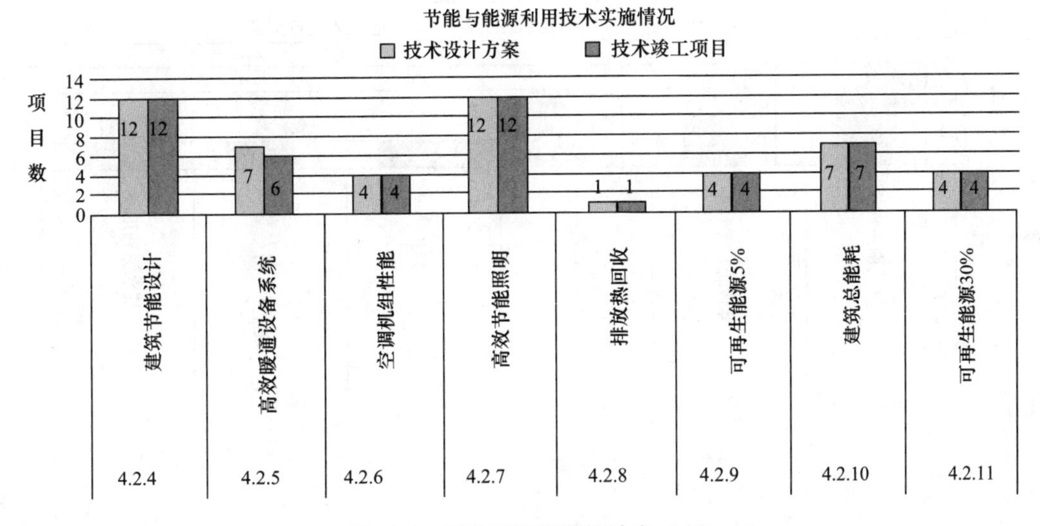

图 11-1 居住建筑调研统计表（一）

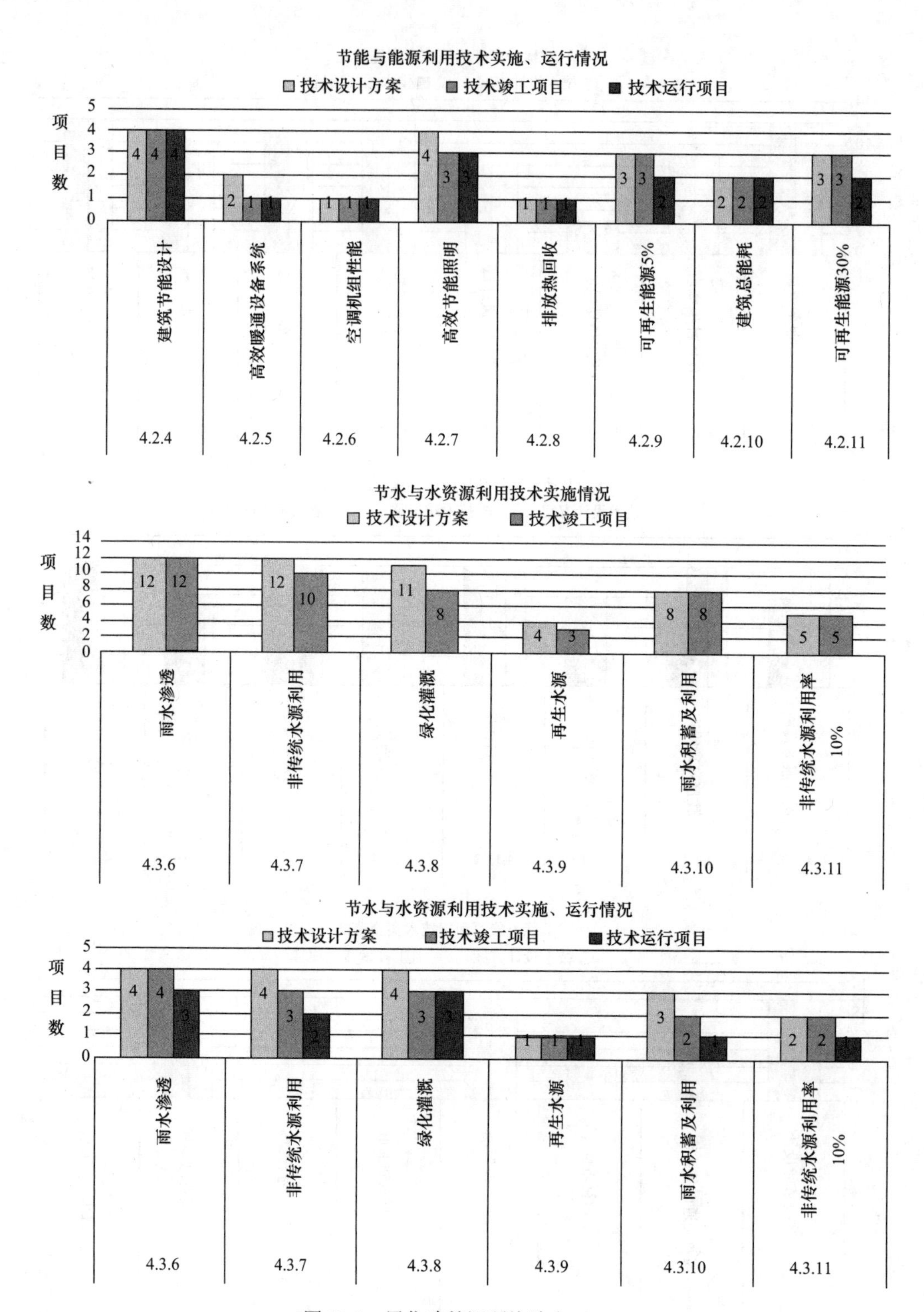

图 11-1 居住建筑调研统计表（二）

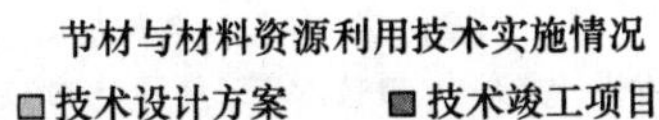

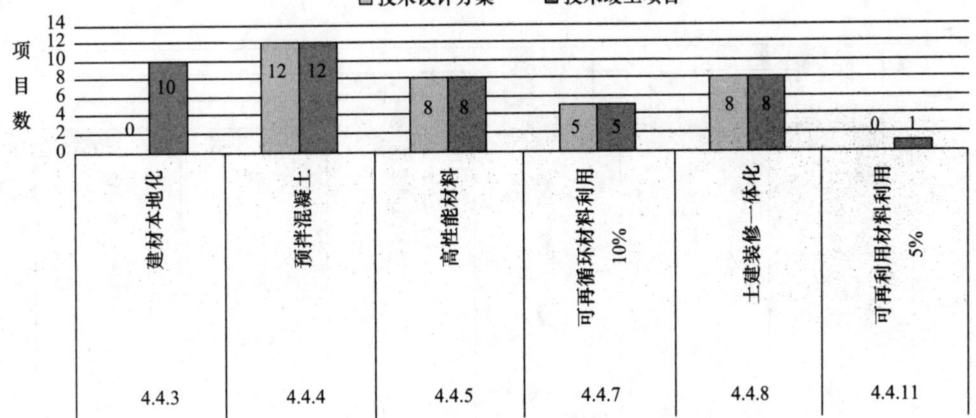

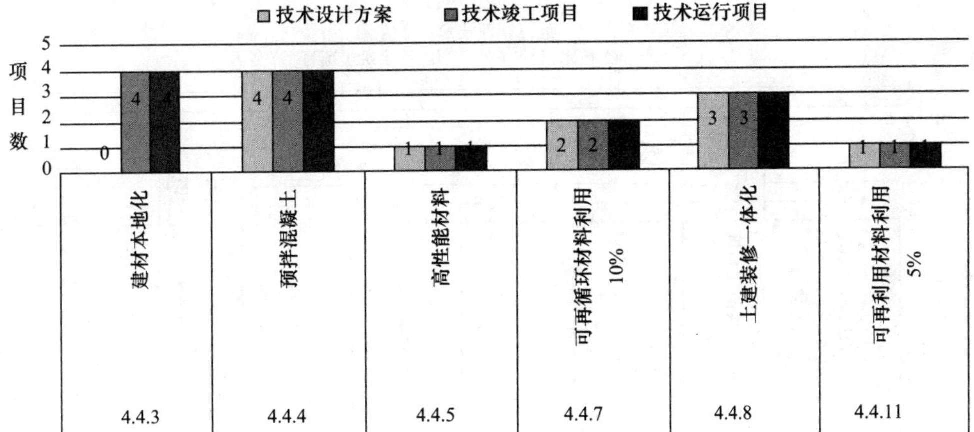

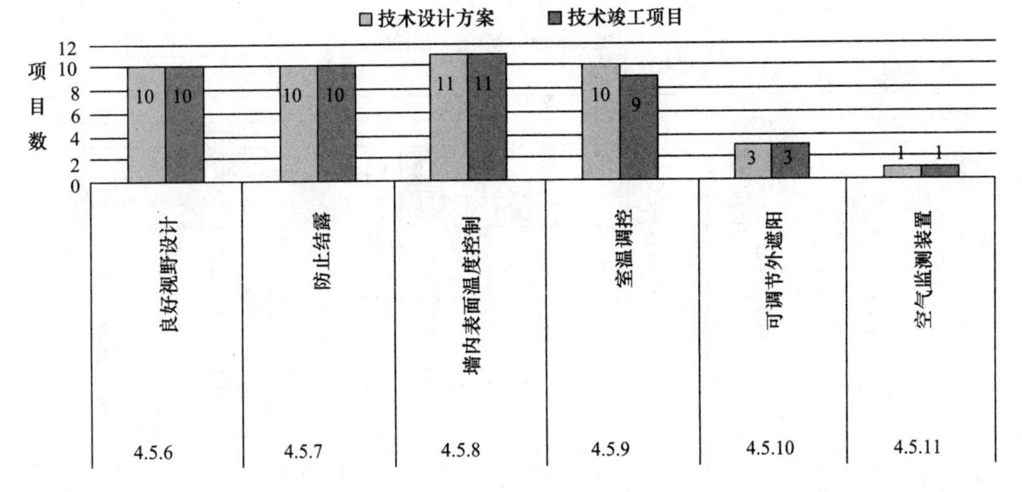

图 11-1　居住建筑调研统计表（三）

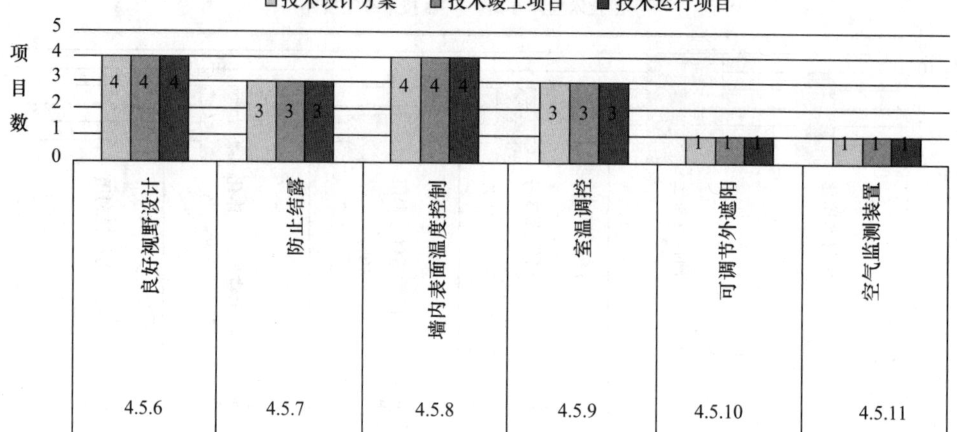

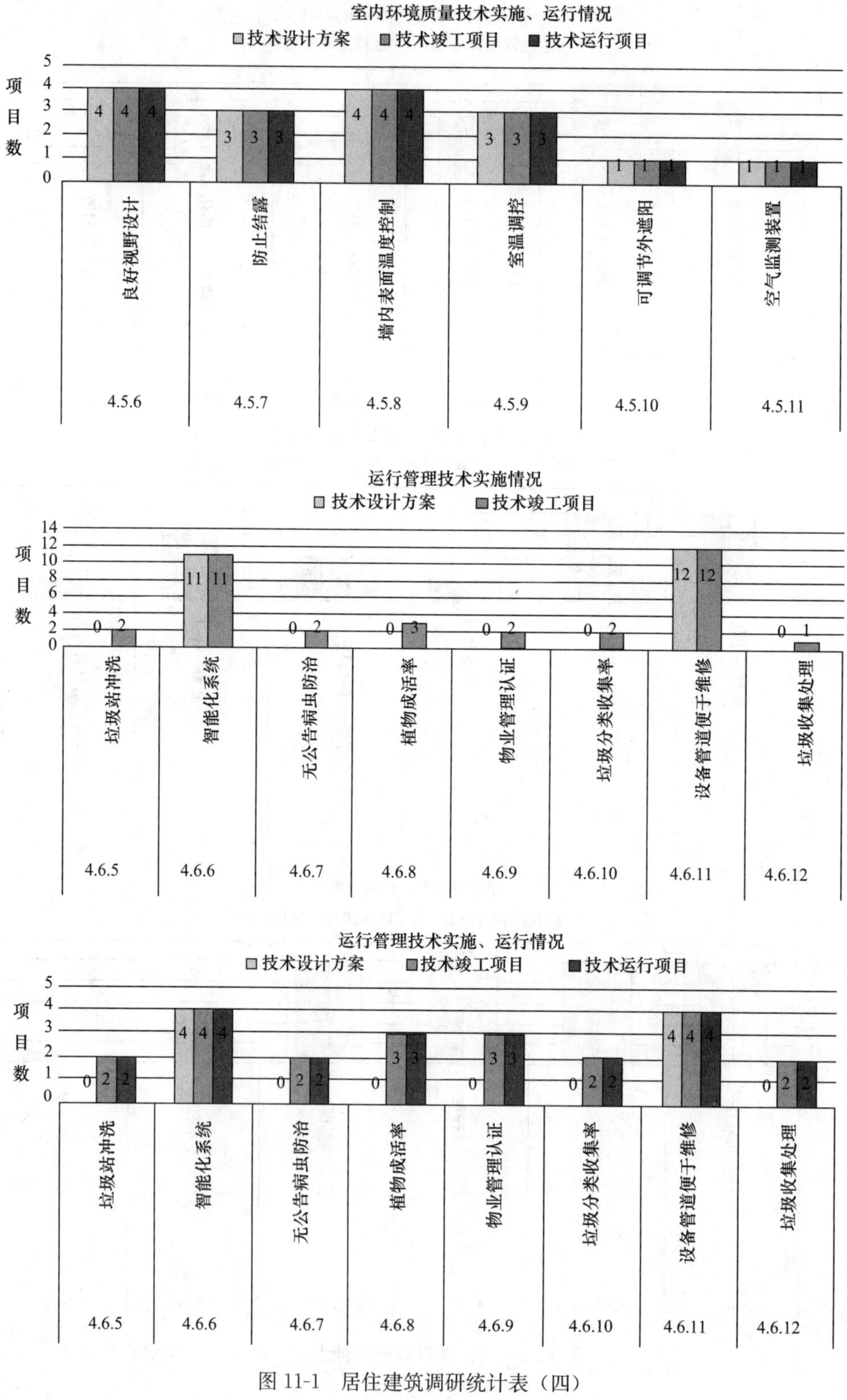

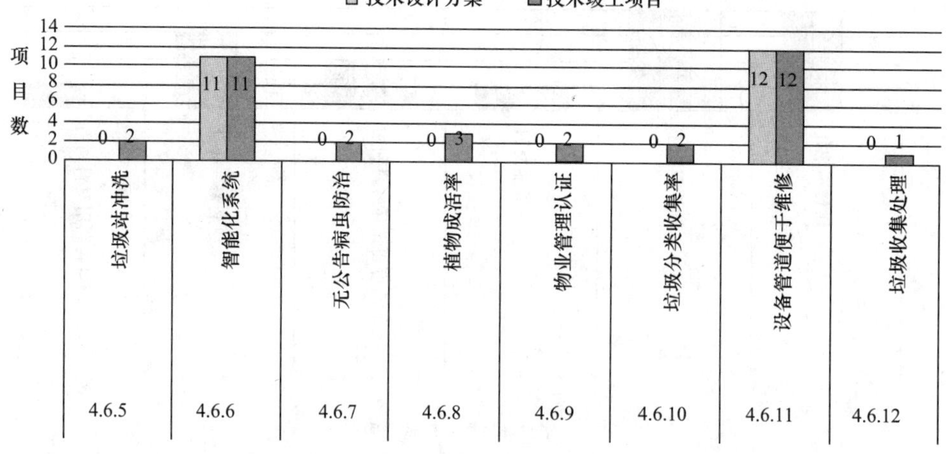

运行管理技术实施、运行情况

技术设计方案　技术竣工项目　技术运行项目

项目数

条文	4.6.5	4.6.6	4.6.7	4.6.8	4.6.9	4.6.10	4.6.11	4.6.12
项目	垃圾站冲洗	智能化系统	无公告病虫防治	植物成活率	物业管理认证	垃圾分类收集率	设备管道便于维修	垃圾收集处理
技术设计方案	0	4	0	0	0	0	4	0
技术竣工项目	2	4	2	3	3	2	4	2
技术运行项目	2	4	2	3	3	2	4	2

图 11-1　居住建筑调研统计表（四）

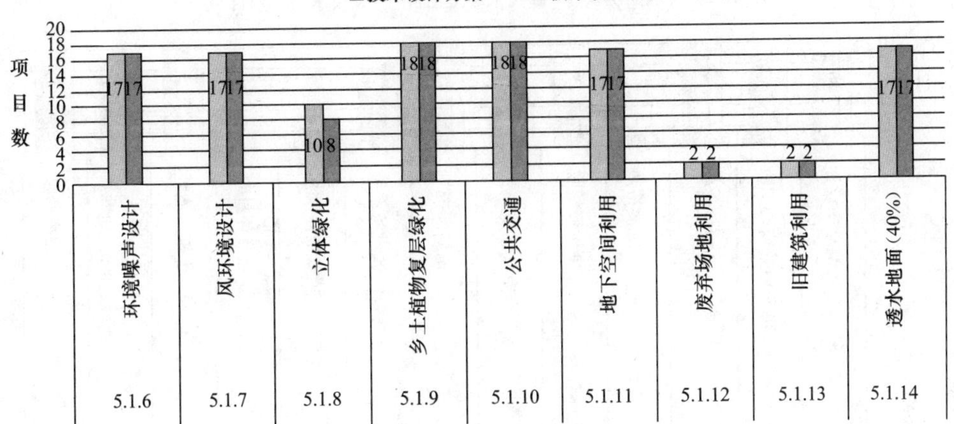

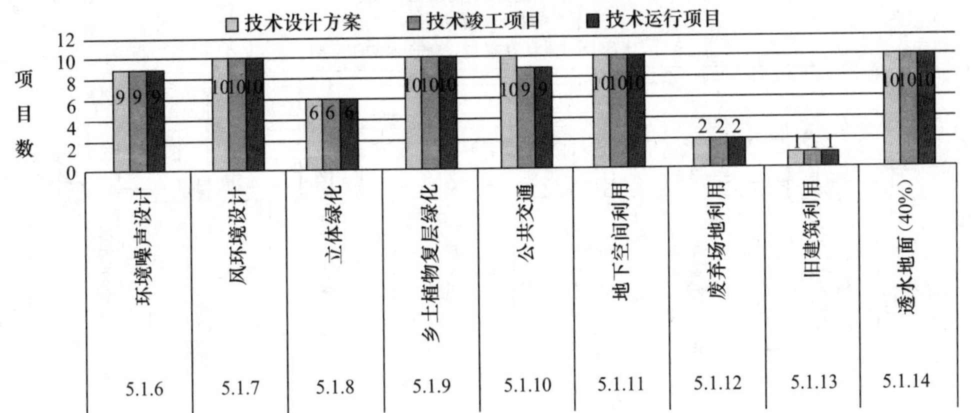

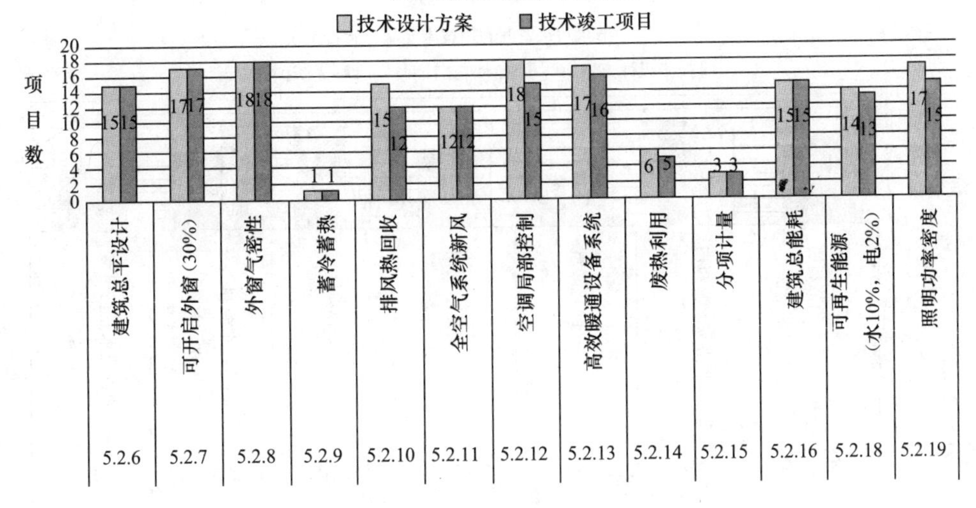

图 11-2　公共建筑调研数据统计表（一）

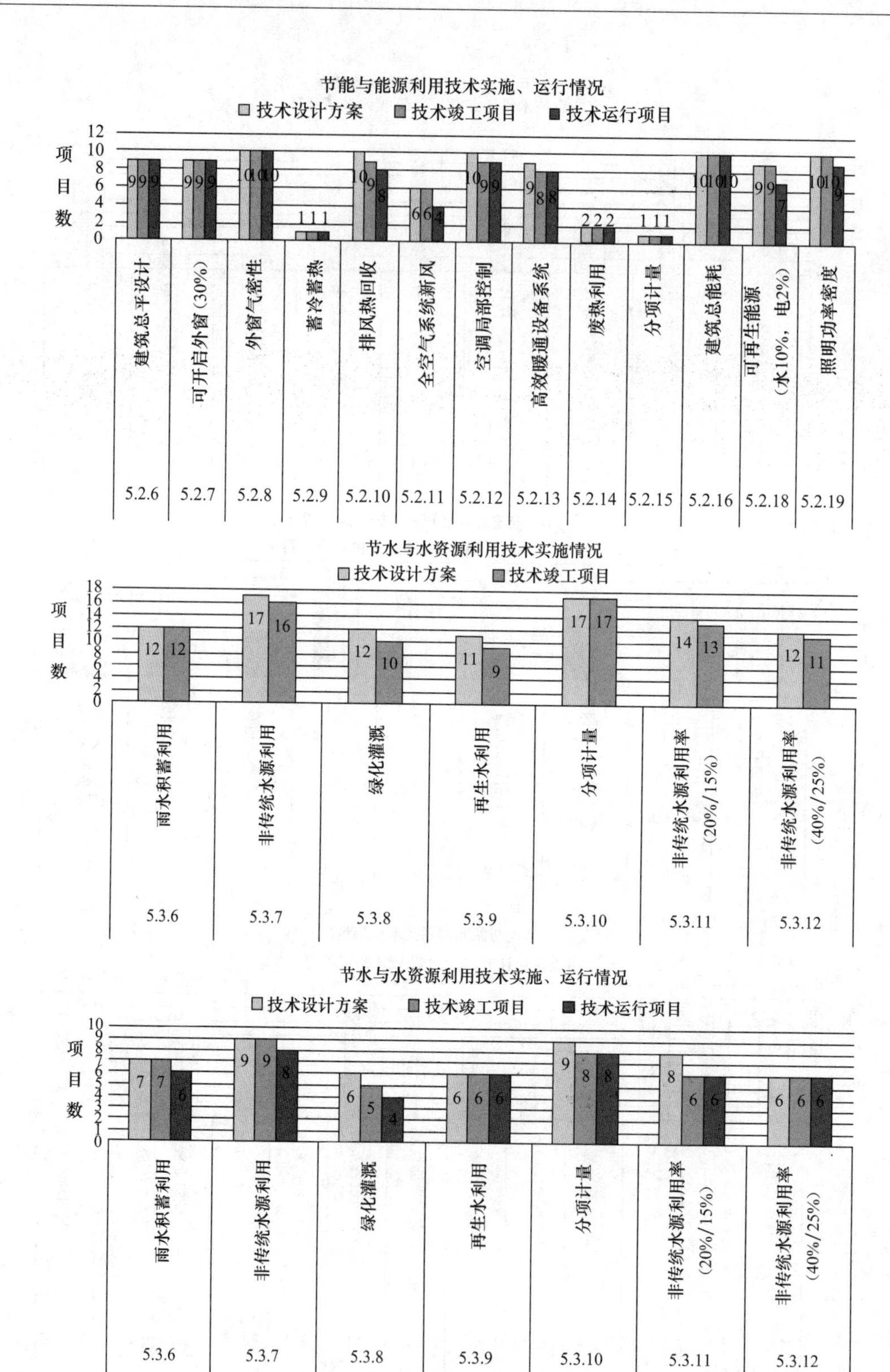

图 11-2 公共建筑调研数据统计表（二）

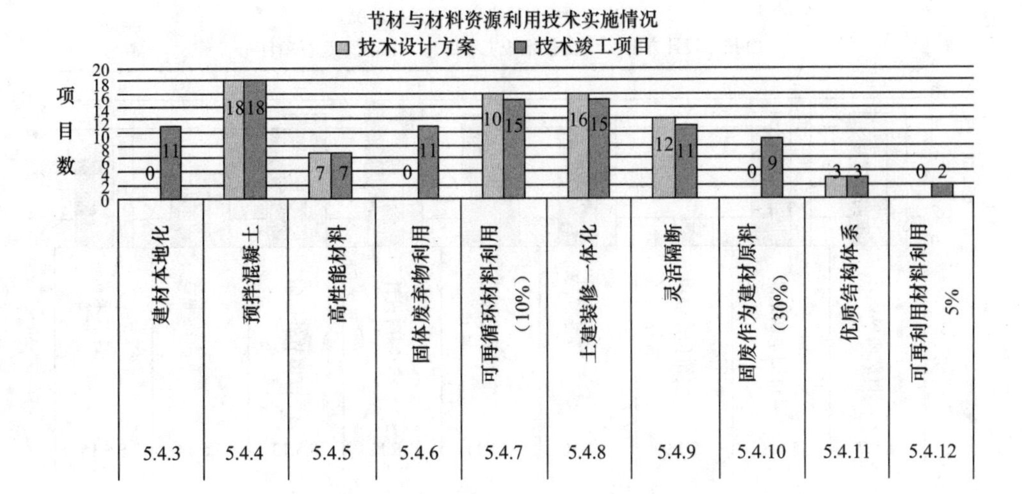

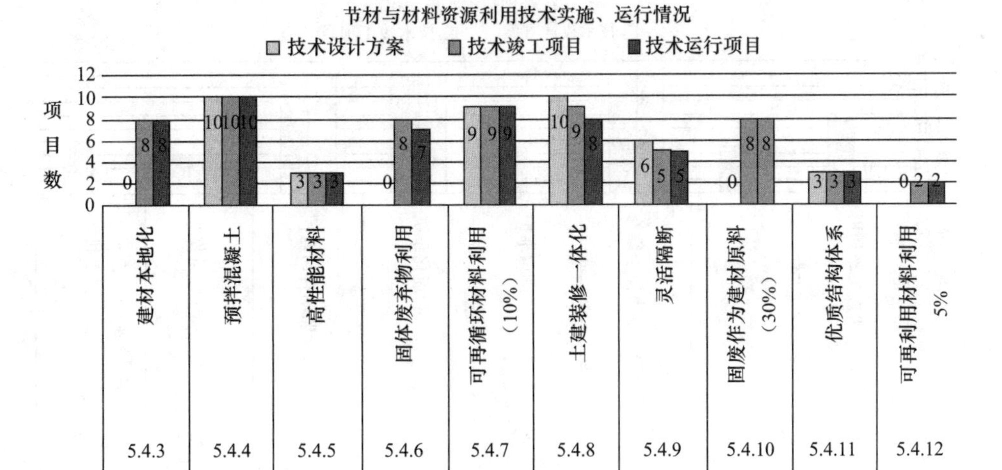

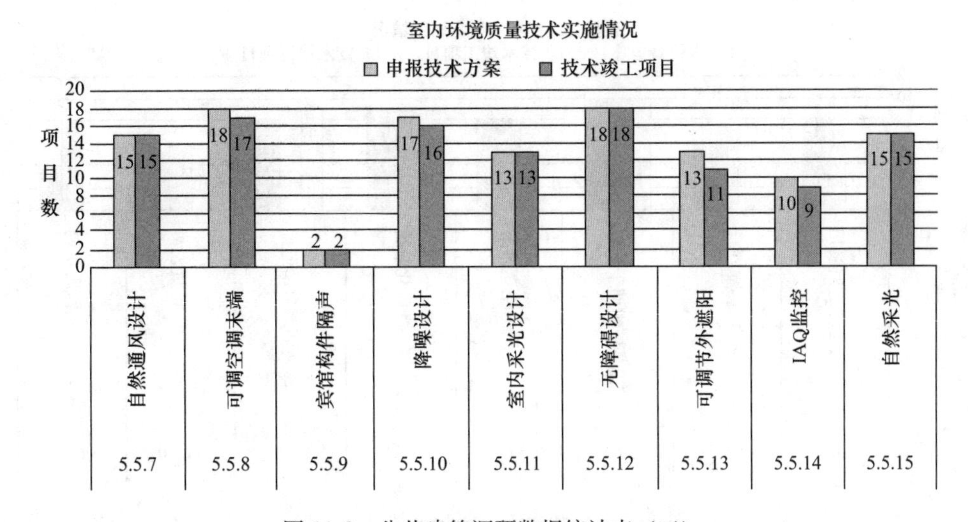

图 11-2　公共建筑调研数据统计表（三）

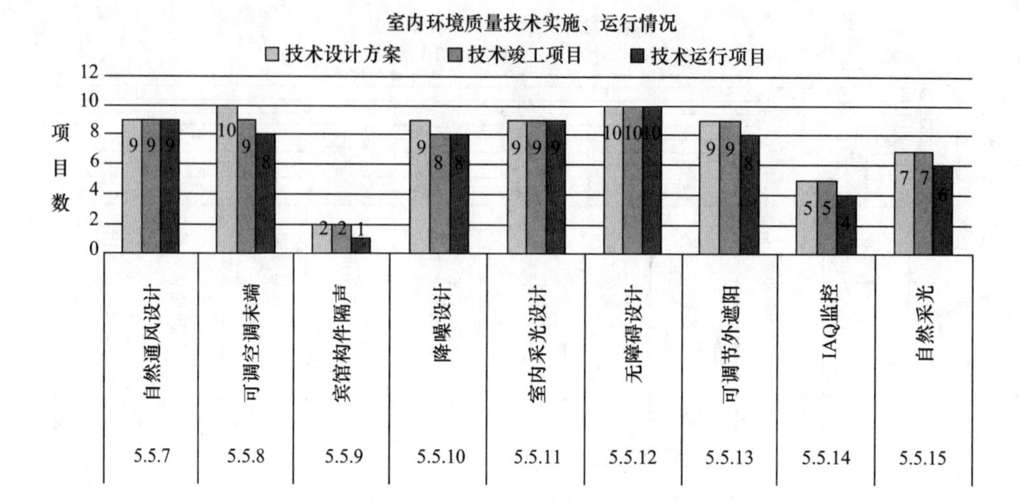

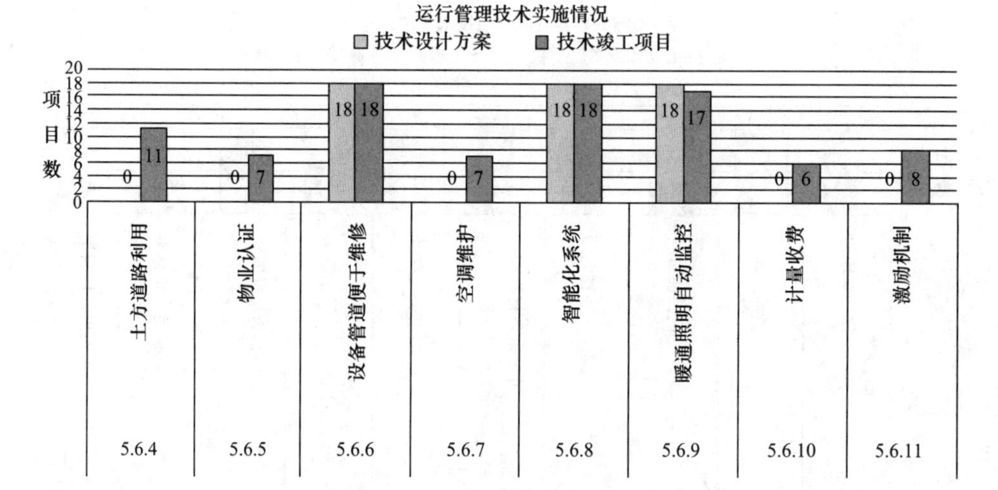

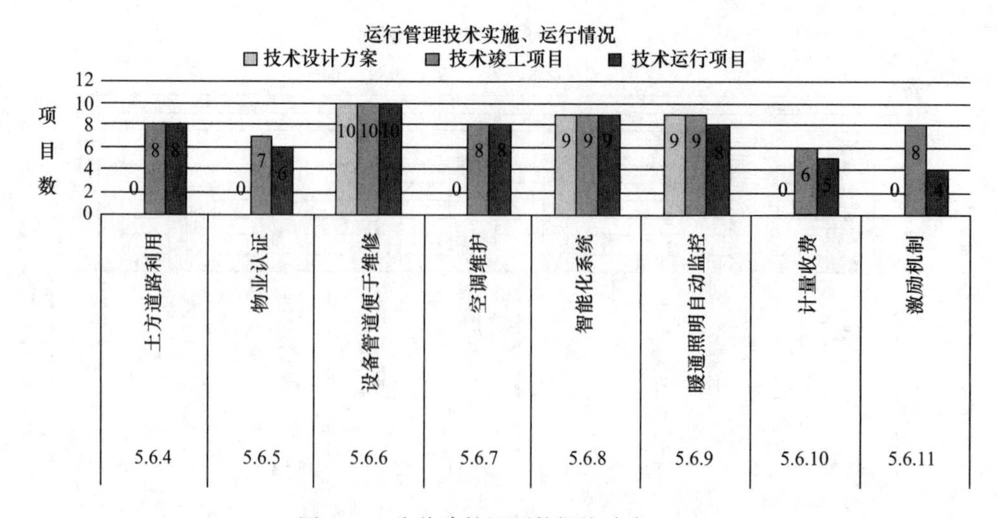

图 11-2 公共建筑调研数据统计表（四）

对处于运营阶段绿色建筑的常用技术措施进行调研，以反映目前投入使用的绿色建筑中，常用绿色技术措施的实施及运行情况。为了更加准确地研究绿色建筑常用技术应用情况和运行效果，课题组详细调研了已投入运行的项目，研究了不同绿色建筑项目中，各项绿色建筑常用技术的运行效果，有助于全面了解各个绿色技术的优点和不足之处。

图 11-3 为调研实景照片，运行效果及存在问题如表 11-1 所示。

图 11-3 调研实景照片

运行效果及存在的问题　　表 11-1

序号	绿色技术	运行效果	存在的问题
1	外遮阳技术	1. 丰富了建筑立面造型； 2. 降低室内空调设备能耗； 3. 改善室内光、热环境	1. 6.7%项目遮阳系统已损坏，无法正常调节； 2. 设计不合理，遮阳效果不佳
2	透水地面	1. 丰富了室内绿化景观； 2. 增加地下水涵养，减少地表径流； 3. 降低热岛效应明显	1. 透水地面破坏严重； 2. 植草砖内无草丛存活
3	绿化灌溉	1. 节省人力成本； 2. 节水经济效益显著	1. 部分项目未落实； 2. 管理不善，设备破坏严重
4	可再生能源	1. 太阳能热水水温稳定、水量充足，深受业主好评； 2. 节能效果明显，经济效益突出	1. 6.7%绿色项目中设备闲置； 2. 10%项目能源利用效率偏低； 3. 20%项目管理和维护不到位； 4. 6.7%可再生能源设计不合理； 5. 少许项目可再生能源运行情况不稳定
5	非传统水源利用	1. 出水水质、水量符合要求； 2. 非传统水源利用率高，节水经济效益明显	1. 水质达标，但运行仍有异味； 2. 设计不合理，运行故障较多； 3. 设备及施工成本高，实施较差； 4. 维护及操作麻烦，管理不善
6	高效节能照明	节能效果和运行效果良好	1. 照明系统不合理，能耗增加； 2. 智能控制效果差，人工控制
7	建筑被动设计	1. 改善室内通风、采光效果； 2. 大幅降低室内照明、通风设备能耗	部分方案设计不合理，导致室内通风不畅、眩光等不良现象
8	高效暖通设备和系统	1. 运行效果良好，业主满意度高； 2. 大幅降低运行费用，收回投资成本最短仅 2 年	1. 20%项目由于设备方案或操作问题，导致设备运行效能低下； 2. 6.7%项目变风量系统不能变，末端控制失效
9	土建装修一体化	减少二次装修，节材效果显著	1. 少数业主对装修品质存在质疑，如异味、易损等； 2. 极少数业主对装修风格不满意，极个别有二次改造现象
10	屋顶和垂直绿化	1. 丰富屋面绿化环境，改善热环境； 2. 降低室内建筑能耗	运营管理不到位，杂草丛生
11	能耗独立分析计量	有助于各项水、电、燃气耗等能源利用情况，优化设备运行性能	1. 仪表损坏严重，缺乏及时维护； 2. 人工抄读并记录，存在记录不完整且数据真实性

经过对绿色居住建筑技术体系的应用调研和统计分析得知，绿色居住建筑常采用绿色建筑技术实施和运行情况如图 11-4 所示。

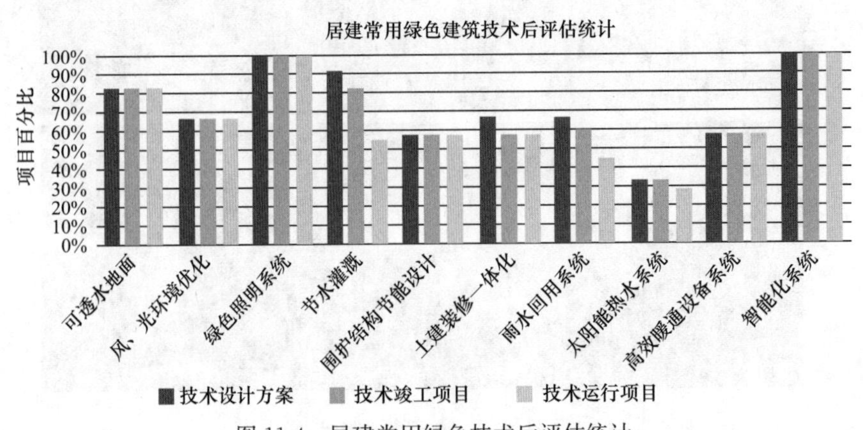

图 11-4　居建常用绿色技术后评估统计

通过对绿色公共建筑技术体系的应用调研和统计分析得知，绿色公共建筑常采用的绿色技术落实和运行情况如图 11-5 所示。

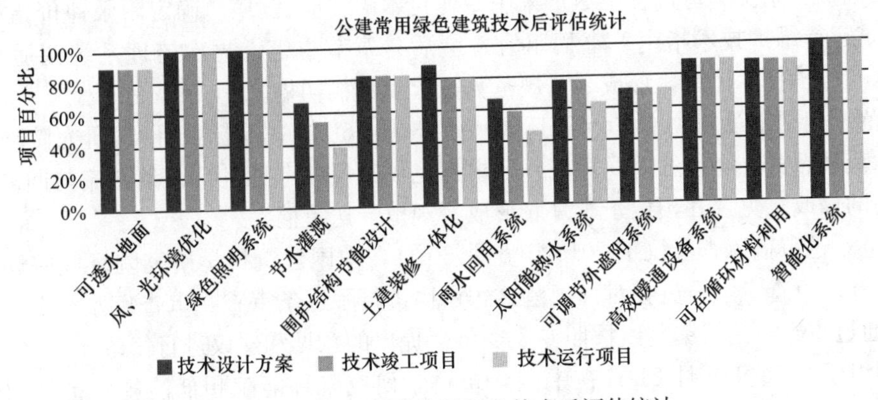

图 11-5 公共建筑常用绿色技术后评估统计

经过统计，在调研的 30 个绿色建筑项目中，约 65％的绿色技术运行效果良好，达到设计目标要求，但 35％的绿色技术存在大量问题，运行效果欠佳。通过绿色常用技术的研究分析得知，现有绿色建筑不仅需要强化技术方案的合理性，还需要加强运营期间各项绿色技术运行维护的管理。

7 个运营项目的运营能耗、水耗调研结果表明，绿色建筑通过高性能暖通设备机组、可再生能源技术、节水技术的采用，大幅度降低了绿色建筑能耗和水耗水平，节约了资源，降低了建筑运营成本。以非传统水源为例，调研项目平均利用率在 20％以上，大大降低了市政用水量，节约了水资源。但节能和节水技术运行方面，约 28.6％项目存在运行效果欠佳的现象，如在节能方面，某项目地源热泵进出水温度偏低，热泵性能低下，导致电能浪费；在节水方面，某办公项目中水系统出水异味较大，无法按照设计要求单独使用，导致非传统水源利用率下降，未能起到节约用水的设计目标。

11.2.2 标准编写

通过前期调研分析，成立了《规范》编制组，并主要召开了七次工作会议，形成了《规范》报批稿。

2014 年 1 月，召开《规范》编制专家研讨会，以“编制背景——编制基础——难点——标准结构——编制讨论”为主线进行汇报，最后专家对规范定位及形成的标准框架进行讨论，最终形成“按照运行维护过程框架进行标准内容编制，指标体系中的二级指标按专业进行划分”新版大纲。

《规范》编制组成立暨第一次工作会议于 2014 年 3 月 26 日在北京召开。会议讨论并确定了《规范》的定位、适用范围、编制重点和难点、编制框架、任务分工、进度计划等，重点根据《规范》初稿讨论编制章节应考虑的因素。

《规范》编制组第二次工作会议于 2014 年 7 月 8 日在湖州长兴召开。会议讨论了各章节的总体情况，进一步讨论了《规范》的使用对象、适用范围、技术重点和逐条技术内容等方面内容。会议还特别邀请了日本 UR 都市机构细谷清先生与编制组交流了 UR 都市机构运行维护经验、生态城指标体系、建筑物环境计划书和节能性能评价等方面内容。

《规范》编制组第三次工作会议于 2014 年 10 月 16 日在湖南长沙召开。会议对《规范》初稿条文进行逐条交流与讨论，明确标准涵盖的过程为竣工验收后的系统综合效能调适及运行维护，条文编写过程中尽量采用专业化术语“应宜可”。确定附录评价指标体系、《绿色建筑运行维护技术指南》书稿事宜。会后各章节主笔人再次梳理系统调适与交付、运行技术、维护技术体系，形成了《规范》征求意见稿初稿。

《规范》编制组第四次工作会议于 2015 年 3 月 26 日在中国建筑科学研究院环能院超低能耗示范楼召开。会议针对《规范》征求意见稿的反馈意见进行逐条交流与回复，同时提出相关的修改意见，并预定于 4 月底形成《规范》送审稿。

《规范》送审稿审查会议于 2015 年 6 月 30 日在中国建筑科学研究院环能院超低能耗示范楼召开。审查专家委员会对《规范》送审稿进行了逐条审查，审查专家委员一致同意《规范》通过审查，建议编制组按照专家委员会提出的意见和建议进行修改。

编制组于 2015 年 9 月 21 日在中国建筑科学研究院环能院超低能耗示范楼召开《规范》报批稿讨论会，针对送审会专家提出的意见逐条进行了研究和讨论，并形成一致意见，共计 32 条，其中采纳 30 条，不采纳 2 条。最终在编制组全体成员的共同努力下，于 2015 年 11 月完成了《绿色建筑运行维护技术规范》报批稿。

11.3　主要技术内容

11.3.1　主要内容

《规范》报批稿共包括 8 章，前 3 章分别是总则、术语和基本规定，第 4 至第 8 章分别是综合效能调适和交付、系统运行、设备实施维护、运行维护管理和附录。下面将按照章节分别简要介绍《规范》内容。

1. 综合效能调试和交付

该章主要包含：“一般规定”3 项内容，“综合效能调试过程”6 项内容总计 70 分，“交付”3 项内容总计 30 分。

“一般规定”中要求：绿色建筑的建筑设备系统应进行综合效能调适；综合效能调适应包括夏季工况、冬季工况以及过渡季节工况的调适和性能验证；综合效能调适计划应包括各参与方的职责、调适流程、调适内容、工作范围、调适人员、时间计划及相关配合事宜。“综合效能调试过程”中涉及综合效能调适过程及内容、平衡调试验证及要求、自控系统的控制功能、主要设备实际性能测试及必要时的整改、综合效果验收内容及要求、综合效能调试报告要求等。“交付”中规定：建设单位应在综合效果验收合格后向运行维护管理单位进行正式交付，并应向运行维护管理单位移交综合效能调适资料；建筑系统交付时，应对运行管理人员进行培训；建设单位应向运行维护管理单位移交综合效能调适资料。

2. 运行技术

该章主要包含：“一般规定”6 项内容，“暖通空调系统”12 项内容总计 28 分，“给排水系统”8 项内容总计 14 分，“电气与控制系统”8 项内容总计 20 分，“可再生能源系统”8 项内容总计 13 分，“建筑室内外环境”5 项内容总计 15 分，“监测与能源系统”4 项内容总计10分。

“一般规定”中要求：建筑全过程技术文件和建筑设备运行管理记录齐全，污染物排放及收集处理满足国家现行标准要求，能源系统应按分类、分区、分项计量数据进行管理，建筑设备系统宜采用无成本/低成本运行措施，建筑再调适计划应根据建筑负荷和设备系统的实际运行情况适时制定。“暖通空调系统”中涉及室内温度运行设置、新风量控制、机组运行及控制、空调系统过渡季、部分负荷运行及变频控制、水力平衡及风平衡保证、冷却塔出水温度控制、建筑微正压运行和建筑夜间蓄冷等内容。“给排水系统”涉及保证水系统平衡、用水点供水压力、用水计量装置、节水灌溉系统、雨水控制及利用、景观水系统非传统水源利用、冷却塔补水量记录及分析、循环冷却水系统节水措施运行及非传统水源补充等符合规范要求。“电气与控制系统”涉及变压器、配电系统、容量大、负荷平稳且长期连续运行的用电设备、谐波治理、室内照明系统、蓄能装置、电梯系统、暖通空调设备等节能运行及控制。“可再生能源系统”包括可再生能源系统优先运行、系统运行前现场检测与能效测评、太阳能集热系统过热保护功能及冬季运行前防冻措施检查、地源热泵系统地源侧温度监测分析等内容。“建筑室内外环境”对空调通风系统新风引入口、公共建筑局部补风设备或系统及室内外吸烟区、垃圾管理和空气净化装置提出了规定。“监测与能源系统”包含建筑能源监测、管理系统及设备、公共建筑能源审计的相关要求。

3. 维护技术

该章主要包含：“一般规定”6项内容，“设备及系统”15项内容总计65分，“绿化及景观”4项内容总计14分，“围护结构与材料”3项内容总计21分。

“一般规定”限定了建筑维护保养、设备维护保养及维修、本地建筑材料的相关内容。“设备及系统”对暖通空调系统、给排水系统、建筑电气系统提出了细致的检查、维护、维修和保养的要求。“绿化及景观”包含绿化管理制度、景观绿化维护管理、绿化区无公害病虫害防治技术及日常养护的相关内容。“围护结构与材料”主要通过建筑围护结构及材料的热工性能、安全耐久性及环保体现绿色运行维护的特征。

4. 规章制度

该章主要包含：“一般规定”5项内容，“运行制度”2项内容总计50分，“维护制度”3项内容总计50分。

“一般规定”中对运行维护管理单位接管验收流程、运行维护操作规程及管理制度制定、绿色教育宣传、绿色设施使用、管理档案建立等提出了强制性要求。“运行制度”及“维护制度”主要包含废水、废气、固态废弃物及危险物品、绿化、环保及垃圾处理、物业设备设施的操作及维护保养等相关管理制度的得分要求。

11.3.2 重点内容

1. 技术指标体系

《规范》中绿色建筑运行维护评价指标体系分为三级指标，一级由综合效能调适与交付、运行技术、维护技术、规章制度四类指标组成；二级指标为一般规定和评分项；三级指标为具体的条文。技术指标构建基于过程的运行维护管理体系，同时在二级指标设置过程中按照专业进行分类，这样设置的好处有：一是按照过程体系构建，使整个建筑形成一个闭环系统，从设计一直到后期运行维护，过程明晰；二是物业管理单位人员按专业配置，便于相关人员参考本标准的技术方法，促进落地实施；三是目前的工程建设标准主要按专业设置，便于《规范》与相关专业标准的统筹协调。

2. 绿色建筑运行维护评价方法

《规范》绿色建筑运行维护评价 4 类指标（综合效能调适与交付、运行技术、维护技术、规章制度）的各类指标的评分项总分均为 100 分，四类指标各自的评分项得分 Q_1、Q_2、Q_3、Q_4 按参评该类指标的评分项实际得分值除以适用于该建筑的评分项总分值计算（由于部分技术建筑未采用，评价指标体系中的三级指标可不参评）再乘以 100 分计算。

绿色建筑运行维护管理评价的总得分可按下式进行计算，其中评价指标体系 4 类指标的评分项的权重 $w_1 \sim w_4$ 按表 11-2 取值。

$$\sum Q = w_1 Q_1 + w_2 Q_2 + w_3 Q_3 + w_4 Q_4$$

绿色建筑运行维护管理各类指标的权重　　表 11-2

指标	综合效能调适与交付 w_1	运行技术 w_2	维护技术 w_3	规章制度管理 w_4
权重	0.20	0.50	0.20	0.10

根据评价得分，评定结果可分成三个等级，水平由低到高依次划分为 1A（A）、2A（AA）和 3A（AAA）级，对应的分数分别为 50 分、60 分和 80 分。

3. 综合效能调适

《规范》首次在绿色建筑调适过程中引入综合效能调适（Commissioning）的概念。ASHRAE 指南 1—1996 中将调适定义为：“以质量为向导，完成、验证和记录有关设备和系统的安装性能和质量，使其满足标准规范和要求的一种工作程序和方法”或定义为：“一种使得建筑各个系统在方案设计、图纸设计、安装、单机试运转、性能测试、运行和维护的整个过程中确保能够实现设计意图和满足业主的使用要求的工作程序和方法”。

1992 年第一届全美建筑调试年会上，主要的调适工作的倡导者——波特兰节能股份有限公司（PECI），把调适定义为：一个系统的过程，始于在设计阶段，至少一直持续到项目收尾工作后一年，而且包括操作人员的培训，需要确保所有的建筑系统之间的相互作用符合业主的使用要求和设计师的设计意图。

这个定义介绍了从传统建筑调试观念的两个主要转变。第一，建筑调试的范围重点延伸到了建筑系统的整体性能以及他们之间的互相作用的整体情况，作为对立面的传统的建筑调试过程只包括了暖通空调系统。第二个转变比第一个更为重要，它将建筑调适作为一种质量保证工具，即建筑调适被定义为一系列跨越整个工程项目周期的工作，它的目的是确保在整个过程中的每个阶段都要符合设计意图和满足业主的项目需求。

一直以来，调试主要是针对暖通空调系统。广义的调适包括建筑材料、围护结构、垂直和水平运输系统、景观和机电系统等。目前调适在建筑机电系统中的应用较为常见，主要包括暖通空调系统、电气系统、给水排水系统、消防系统、智能建筑系统（广播影视系统、通信系统、控制系统、安防系统）等。各个建筑具体的范围会有所不同，但调适具备通用的工作思路。

为了满足业主的使用要求，一般将调适的整个过程分解为若干阶段进行过程控制，每个阶段设置一套科学合理、规范易行的工作程序。按照各个阶段的程序要求认真地执行，其结果必定能够满足相关规范和标准的要求，并满足业主的使用要求。机电系统调适含义的要点归纳为三点：调适是一种过程控制的程序和方法；调适的目标是对质量和性能的控制；调适的重点从设备扩充到系统及各个系统之间。

通过以上概念的介绍，调适包括了方案设计阶段，贯穿图纸设计、施工安装、单机试运转、性能测试、运行维护和培训各个阶段，范围较为广泛，且与我国现有的竣工验收调试体系有冲突部分，因此本课题重点研究竣工阶段后的综合效能调适体系。

为保证绿色建筑高效节能的运行，在绿色建筑中应进行综合效能调适。综合调适的目的是使建筑在动态负荷变化和实际使用功能要求复杂的情况下，使建筑各个系统满足设计和用户的使用要求。综合效能调适与“传统调试”之间的区别有三方面。一是阶段不同：“传统调试”是在竣工阶段进行，综合效能调适是在竣工阶段后交付交工前进行。二是侧重点不同：“传统调试”是保证工程施工质量为主的静态设计状态调试过程，综合效能调适是确保系统实现不同负荷运行和用户实际使用功能的动态使用状态调适过程。三是内容不同：“传统调试”主要是系统施工过程的测试，调整和平衡，综合效能调适是系统的调试性能验证，联合系统工况调试验收，还应包括交付交工过程中的物业移交培训以及季节性验证过程调适。

通过综合效能调适的过程引入，并结合现行国家施工质量验收规范的规定，形成传统调试→竣工验收→综合效能调适→交付培训→运行和维护的闭环流程。

4. 低成本无成本技术

亚太清洁发展和气候新伙伴计划（Asia Pacific Partnership on Clean Development and Climate，APP）是由美国于2005年提出的多边合作计划，此计划旨在倡导应对气候变化不应影响经济发展，主张采用先进技术，提高能源效率和发展清洁能源，降低碳排放强度，减少温室气体排放，项目共有中国、美国、澳大利亚、日本、韩国、印度、加拿大七国参加，共有包括建筑和家用电器工作组在内的8个行业工作组。2008年4月，中国住房和城乡建设部与美国环境保护署在此项目下联合签署了《关于在APP建筑节能领域展开合作的备忘录》。2008年10月，美国国务院批准“通过改善建筑运行提升建筑能效”项目，项目是APP建筑和家用电器工作组第五合作主题“既有建筑节能”下合作项目，合作方负责在中国推广低成本的既有建筑节能运行措施，提升建筑能效，达到在建筑实际使用过程中降低建筑能耗的目的。在中国物业管理协会的组织协调下，中国建筑科学研究院与美国ICF国际咨询公司等相关单位在大型公共建筑节能运行管理方面开展了大量调研、培训、追踪等活动，得到了良好的社会反响并且取得了巨大的节能效果。

《规范》针对不同建筑类型和系统特点，从建筑能耗数据收集及分析、优化系统及设备使用时间、暖通空调系统节能、照明系统节能、室内室外空气管理、用户服务与管理等6大方面提出具体的低成本解决办法。每栋建筑都存在8～15个可快速实施的低成本的节能技术措施，下面9项措施可被最广泛地应用于各类建筑中：重设冷机出水温度、保持建筑微正压运行、杜绝过度照明并调节照明时间、优化车库排风系统、清洁HVAC盘管和过滤网、重视建筑能耗数据的处理、优化设备运行、充分利用夜间预冷和利用免费冷却的节能措施。

5. 绿色规章管理制度

通过三个方面的规章管理制度体现绿色运行特点：一是突出物业管理单位接管验收程

序，促进提高施工单位建设质量，加强物业建设和管理的衔接，确保物业管理的安全和使用功能；二是加强绿化、环保，节能运行、设备监测等管理制度，体现出绿色建筑的节能效益、环境效益；三是管理信息化要求，包括物业办公管理及文档管理信息化，采用信息化系统进行工作计划的分配和管理，档案文件实现电子化存储。

11.4 关键技术及创新

11.4.1 关键技术

编制组在充分分析研究了我国目前绿色建筑技术体系和实际运行状况后，从建筑的使用差异性及“四节一环保”的管理全面性等两个基本面出发，构建了绿色建筑运行与维护的技术措施及规则制度。但由于《规范》涉及领域广、绿色运行技术体系复杂，须各专业彼此配合，否则难以真正实现预期效果。其次，我国关于建筑运行管理的相关技术标准、规程及指南等方面相对缺乏。因此，需合理借鉴国际和国内的实际运行经验，并结合技术归纳和整理，进行科学性集成创新研究。

主要技术难点，可细化为以下几个方面：

（1）综合效能调适技术体系与现有标准规范的衔接技术问题

综合效能调适技术体系是运行管理的基础，如何在现有国家规范体系的条件下，将先进的调适技术体系融合在运行管理体系中是本课题的难点。

（2）不同气候区、建筑功能在建筑运行管理方面的差异性问题

不同的气候区域和建筑功能在运行过程中节能、节水、园林、垃圾及环境等方面的优化及管理的侧重点及差异性是不同的，如何确定制定有针对性的技术措施，如何解决规范所列技术规定与物业管理现状的匹配性，也是《规范》编制的重点和难点。

（3）绿色建筑运行管理监测系统的指标建立问题

绿色建筑运行过程中涉及多个运行参数和评价指标，如何根据监测系统的监测指标的完整性和可实施性确定合理的监测指标，从而为绿色监测管理制度提供可靠支撑，也是本课题的一个难点。绿色建筑技术措施与物业管理运行技术的关联性及显著性问题：如何厘清绿色建筑技术措施的效果发挥及维持与物业管理技术措施之间的关联性及显著性，抓住影响绿色效果的主要关键性因素是本课题的研究关键重点和难点。

11.4.2 主要创新点

编制组在研究中的创新点有以下几个方面：

（1）首次构建了绿色建筑综合效能调适体系，确保建筑系统实现动态负荷工况运行和用户实际使用功能的要求。解决了我国传统的工程建设过程中设备、电气、控制专业结合的分界面上经常出现脱节、管理混乱、联合调试相互扯皮，调试困难的瓶颈问题。

（2）基于低成本和无成本运行维护管理技术，规定了绿色建筑运行维护的关键技术和执行要点。首次归纳总结了百项无成本低成本绿色运行技术，从建筑能耗数据收集及分析、优化系统及设备使用时间、暖通空调系统节能、照明系统节能、室内室外空气管理、用户服务与管理等方面给出具体的解决方法。为绿色建筑实现真正绿色化运行维护提供技

术操作支撑。

（3）建立了绿色建筑运行管理评价指标体系，使建筑的运行不断优化，实现绿色建筑设计的目标。编制组的研究成果将进一步提升我国绿色建筑的发展，促进绿色建筑技术优化运行，对我国城镇化进程的可持续发展产生重要作用。

11.4.3 科学性自评价

编制组在制订过程中通过对获得绿色建筑标识的项目进行现场调研，对国内外绿色运营相关文献进行调研，与运行管理单位沟通等方式，借鉴发达国家相关标准的最新成果，开展多项基础性研究工作，广泛征求意见，对具体内容进行反复讨论、协调和修改，保证了《规范》的质量。

《规范》从不同功能建筑的使用差异性及“四节一环保”的管理全面性等两个基本面出发，构建了绿色建筑运行与维护的技术措施及规则制度。从机电系统优化调试、能源监管平台建设、用能系统运行优化、建筑照明系统运行优化、建筑用水系统运行优化等方面提出相关绿色运行优化技术方法；从节能、节水、节材等资源节约方面提供绿色运行管理策略；从行为节能要求，日常操作记录及应急预案机制，资源管理激励机制等方面给出绿色维护技术；从而实现和形成建筑运行中的“三废”减量化、资源化和无害化技术及其推广措施。涵盖综合效能调适、运行技术、维护技术、规章管理制度，实现了建筑后期运行的全覆盖。

《规范》内容全面、技术指标合理，符合国情，具有科学性、先进性、协调性和可操作性，总体上达到了国内领先水平。《规范》的实施将进一步提升我国绿色建筑的发展，促进绿色建筑技术优化运行，对我国城镇化进程的可持续发展产生重要作用。

11.5 实施应用

1. 经济效益

建筑的运行阶段占整个建筑生命周期时限的95%以上，长期以来由于运行管理总体水平较低，重设计轻运行的现象较为普遍，实施《规范》可以有针对性地提升绿色建筑运行管理水平，使绿色建筑效益落到实处。目前我国建筑能耗占社会总能耗的1/3，发展绿色建筑是较好的促进建筑节能领域节能减排的措施，根据调研数据，绿色建筑相比普通建筑单位面积建筑可减少能耗24%～50%，减少二氧化碳排放大于28.2kg，节水率大于15.2%，运营成本降低8%～9%。

2. 社会效益

在全球应对气候变化的大趋势下，建筑行业作为社会终端能耗三分之一的耗能大户，承担的社会责任是不言而喻的。保证绿色建筑良好优化运行，是我国建筑领域应对气候变化工作的重要方面，以便能更好地承担社会责任。通过促使建设项目实施的绿色技术路线真正体现社会效益，提升建筑品质、增强舒适度，为2020年单位国内生产总值的CO_2排放量比2005年下降40%～45%做出贡献。

3. 环境效益

我国每年新增城镇建筑约20亿m^2，按照20%的城镇新建建筑达到绿色建筑标准要求，每年将有 4 亿 m^2 建筑成为绿色建筑，如此大量的绿色建筑实施，环境效益明显。本标准制订后，单位面积建筑能耗减少约 24%～50%，单位建筑面积年均电耗按 80kWh/m^2 水平估计，本标准执行后按 30%的节能量计算，每年新增绿色建筑可节电 96 亿 kWh，折合标准煤 118 万 t，减少排放二氧化碳 309.2 万 t，二氧化硫 1 万 t，粉尘 0.5 万 t。

4. 可持续影响

制定《规范》立足于我国绿色建筑的发展现状和现有物业管理水平，从运行和维护的角度将建筑的绿色节能技术应用规范化，将会有助于提升我国建筑的运行管理水平，使我国建筑能耗的降低落到实处。建立新的具有针对性的绿色运行综合效能调适体系和方法，使系统能够达到绿色建筑设计的要求，避免设备、电气、控制专业结合的分界面上出现脱节、管理混乱、联合调试相互扯皮，调试困难的现象。提出的低成本和无成本运行优化方法，能有效提高建筑的实际运行效果。基于绿色建筑运行实际数据，根据监测系统的监测指标的完整性和可实施性确定合理的监测指标，为绿色监测管理制度提供可靠支撑。

11.6 编制团队

11.6.1 编制组成员

《规范》的编制，汇聚了来自中国建筑科学研究院、天津城建大学、重庆大学、中国建筑标准设计研究院、中国物业管理协会、山东省建筑科学研究院、同方泰德国际科技（北京）有限公司、广东省建筑科学研究院、天津住宅科学研究院、苏州市建筑科学研究院有限公司、昆山市建设工程质量检测中心、上海朗诗建筑科技有限公司、长沙远大建筑节能有限公司、珠海格力电器股份有限公司、北京建筑技术发展有限公司、中国建材检验认证集团股份有限公司、北京碧华环境工程有限公司、浙江绿筑建筑系统集成有限公司、中油阳光物业管理有限公司北京分公司、北京洁禹通环保科技有限公司、第一太平戴维斯物业顾问（北京）有限公司等单位的 30 多位行业专家，分享了在建筑运行维护领域的行业经验，续写了绿色建筑的篇章。

《规范》编制过程中，不仅围绕规范编制的核心理念，将绿色生命赋予建筑运行维护，同时也将绿色生命带入编制组的生活中，期间主要召开的 7 次工作会议均是在典型绿色建筑的示范建筑中完成，会议场所分别为：中国建筑科学研究院建筑环境与节能研究院超低能耗示范楼（图 11-6）、湖州·长兴朗诗绿色建筑技术研发基地布鲁克被动房（图 11-7）

图 11-6　中国建筑科学研究院建筑环境与节能研究院超低能耗示范楼（一）

图 11-6 中国建筑科学研究院建筑环境与节能研究院超低能耗示范楼（二）

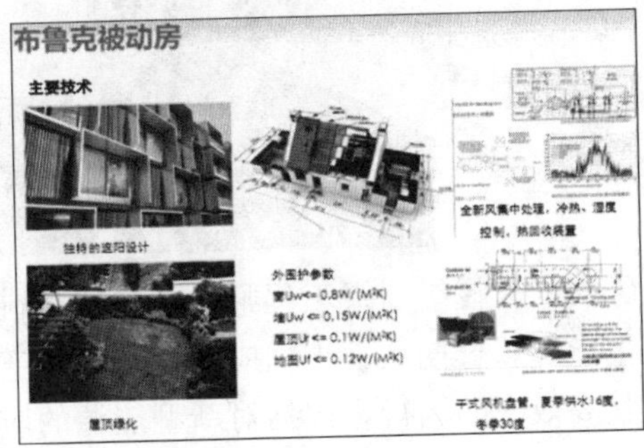

图 11-7 湖州·长兴朗诗绿色建筑技术研发基地布鲁克被动房

和长沙远大城（图 11-8）（既有建筑节能综合改造示范项目），让每一位《规范》的参编人员都在蕴涵绿色生命的示范建筑中体验浪漫的职业梦想的实现。

图 11-8 长沙远大城

11.6.2 主编人

路宾：教授级高级工程师，中国建筑科学研究院建筑环境与节能研究院副院长，硕士研究生导师。长期从事工程应用领域暖通空调专业技术的研究，建筑物中冷热源的优化选择和其高效率的运行，包括对新型能源的应用，地热能、太阳能等应用研究。熟悉暖通空调专业检测技术和方法。完成多项国家科技攻关项目，“十五”国家科技攻关计划课题，“太阳能建筑供热制冷技术的开发与集成”，获国家华夏科技进步二等奖。出版《中国寒冷地区住宅节能评价指标与方法》《中国太阳能建筑应用发展研究报告》等成果。主编和参编国家和行业标准 10 多项。负责联合国 UNDP/GEF 项目，国家级太阳能热水系统检测中心试验设备的研发和系统建设项目；负责中日合作 JICA 项目，完成“住宅室内控制系统检验方法和综合评价方法的研究”，独立或合作发表“可持续建筑及其发展状况”、“被动式太阳能采暖建筑的优化设计技术”等多篇论文。

11.7 延伸阅读

[1] 中国建筑科学研究院主编.《绿色建筑运行维护技术规范》实施指南. 北京：中国建筑工业出版社，2017.

[2] 路宾.《谈绿色建筑运行维护标准及低成本运行技术》. 中国物业管理，2015，(10)：64-65.

[3] 路宾，宋业辉，曹勇，孟冲，阳春，刘益民.《我国绿色建筑运行维护存在的问题及对策》. 建筑科学，2015，(8)：46-50.

12 绿色建筑标准化专家观点

12.1 王有为

12.1.1 专家简介

王有为，男，1945 年 5 月出生于上海，汉族，中共党员，研究生学历，研究员。

1968 年毕业于同济大学地下工程系。1968 年至 1973 年任中国建筑第三工程局技术员。1973 年考到清华大学建工系攻读研究生，师从著名土木工程和防护工程专家陈肇元院士，1975 年毕业并获硕士学位，同年分配到中国建筑科学研究院工作。

1975 年至 1989 年在中国建筑科学研究院工程抗震研究所工作，历任工程师、副研究员、研究员，室主任、副所长；1989 年至 1991 年在中国建筑科学研究院泰国公司工作，任副总经理；1991 年至 1995 年在中国建筑科学研究院科学技术处工作，任处长；1995 年至 2005 年任中国建筑科学研究院副院长；2005 年至今，任中国建筑科学研究院顾问总工程师。

1998 年获国务院政府特殊津贴，北京市人民政府专家顾问团顾问，住房和城乡建设部科学技术委员会委员。2008 年至今任中国城市科学研究会绿色建筑与节能专业委员会主任委员。2009 年至今任住房和城乡建设部绿色建筑评价标识专家委员会主任委员。2011 年至 2015 年任中国建筑节能协会副会长兼秘书长。国家标准《绿色建筑评价标准》GB/T 50378—2006、《绿色生态城区评价标准》（已报批）主编，国家标准《住宅性能评定技术标准》GB/T 50362—2005 副主编，国家标准《绿色建筑评价标准》GB/T 50378—2014、《绿色商店建筑评价标准》GB/T 51100—2015 主要起草人。

12.1.2 专家观点

中国绿色建筑由萌芽、起步到发展经历了十来个年头，按住房和城乡建设部领导的评语已步入快速发展阶段，无论从标识数量、标准规范体系、方针政策、人才队伍建设、国际合作几个角度来评判，都充分证明了这个断言正确无疑。忆往昔，绿色建筑峥嵘岁月稠，看未来，我国绿色建筑的发展动向是举世瞩目的话题。根据实践中的体会，提出拙见与大家共议。

1. 因地制宜是绿色建筑的灵魂

我国地域广阔，要在全国范围内推广发展绿色建筑，一定要根据当地的气候、环境、资源、经济和文化实际，充分考虑各自地区的实际情况，因地制宜。一般来说，要考虑以下几个条件：

第一是气候条件。比如在我国北方地区，冬季漫长且寒冷，夏季平均温度不会太高，因此建筑主要需考虑的应是如何保温防寒；而南方沿海地区常年天气炎热多雨，建筑主要就该注意通风排水。

第二是资源条件。建筑不一定规模越大就越好，如果当地的资源条件达不到建筑的规模而非要追求那样的效果，结果只能是大大耗费人力、物力和财力，可能还会有适得其反的结果。例如陕西的窑洞，冬暖夏凉，就是一种绿色建筑。

第三是自然条件。如当地有没有地震历史，雨水是多是少，地形条件如何，交通情况怎样，都是决定具体怎么发展绿色建筑的条件。比如建设中水回收，最好就是顺着地势，在最低洼处建造回收口，既节水又省工。

第四是经济条件。比如，某地区自来水的价格特别贵，如果在这个地方推广中水回收的技术，那就会很受欢迎。

第五是文化条件。我们国家各地都有很多民俗习惯和文化背景，有些少数民族地区还要考虑到民族文化。建筑风格和文化是分不开的，绿色建筑是建筑的一种，自然也就离不开文化因素。

2. 发展绿色建筑由单体建筑向规模化、普及化发展

虽然我国取得绿色建筑标识的绿色建筑总面积已超过 10 亿 m^2，相对于十年前的零起步而言，这个数量令人振奋；但若与全国 500 亿 m^2 的建筑总量和每年上 10 亿 m^2 的新建建筑增量相比，仍相距甚远。说明今后如按照以往的模式来发展，跟不上节能减排的紧迫节奏。“十二五”期间，住房和城乡建设部已采取了 3 项措施：

（1）《“十二五”建筑节能专项规划》重点任务中明确指出实现绿色建筑普及化，要求“十二五”期末，京、津、沪、渝 4 个直辖市，东部江苏、浙江、山东、广东、福建、海南 6 省及深圳、厦门、宁波、大连 4 个经济较发达城市的新建房地产项目 50%达到绿色建筑标准。

（2）绿色生态城区的开展方兴未艾，我国在这方面的工作比较活跃。从早期的生态城市到低碳城市、低碳生态城市，提法较多，后统一为绿色生态城区的名称。《绿色生态城区评价标准》要求新建民用建筑全部达到绿色建筑一星级及以上标准，其中达到绿色建筑二星级及以上标准的建筑面积比例不低于 30%。

（3）鼓励保障性住房按照绿色建筑标准规划建设，目前已实现省会以上城市保障性安居工程开始全面强制执行绿色建筑标准。

3. 建筑工业化是我国绿色建筑发展的主要途径与必然选择

建筑工业化的发展背景，是由下述因素促成的：环境污染的严峻形势；劳动力市场的急剧变化；资源消耗的严格限制；工程质量的标准需求；提高劳动生产率的有效手段；国际建筑业的发展趋势。

住建部曾经组织过一个建筑工业化的研究课题，给建筑工业化下了一个比较科学的定义：以构件预制化生产、装配式施工为生产方式，以设计标准化、构件部品化、施工机械化为特征，能够整合设计、生产、施工等整个产业链，实现建筑产品节能、环保、全生命周期价值最大化的可持续发展的新型建筑生产方式。

建筑工业化是建筑行业的一次革命，是千载难逢的一个机遇，受国内外环境的影响已提到相当高的议事日程，并引起了中央领导的关注。建筑工业化虽然在我国有一定的基础，毕竟下的功夫还未到位，加上几起几落的反复，要振兴此事，唤起工程技术人员的信心和勇气，仍然有一定的难度。好在“节能减排”已成为我们的国策，建筑工业化转变建筑业的生产方式已是“节能减排”中不可回避的一个方面，一定要抓住这个机遇，对建筑业动大手术，造就新型的建筑生产方式。

4. 绿色建筑必须对建筑碳排放做出科学回答

联合国环境规划署（UNEP）的负责人直接指出，中国目前是世界上最大的建筑市场，每年增加的建筑面积高达 20 亿 m^2。如果能够利用绿色建筑来缓解温室效应，就能为减缓全球变暖做出贡献。世界的眼睛盯住中国开展绿色建筑的最终目标是要缓解温室效应，所以建筑碳排放是绿色建筑深入发展中必须研究并正面回答的一个问题，否则在国际相关会议上就没有话语权。

建筑碳排放的模型大致由建材生产、运输、施工、日常运营、维修保养、拆除及废弃物处理 7 阶段组成。按照 UNEP 的建议，建筑使用期间的碳排放量占整个生命周期碳排放量的 80%～90%。

中国绿色建筑与节能专业委员会曾组织开展单体建筑的碳排放研究，得到了一些有价值的结论：

（1）15 个案例的碳排放计算表明，除校园建筑外，其他案例建筑使用期间的碳排放量占整个生命周期碳排放量的 80%～90%，这就启示我们，考虑建筑碳排放需紧紧抓住使用期间的能耗。

（2）确定建筑使用期间的能耗是比较复杂的一项工作，它不仅与设计标准有关，还与产品质量、施工质量、使用时间长短，最主要的与人的行为关系极大，科学合理地确定建筑能耗是建筑碳排放计算分析的关键之首。

（3）注意碳排放因子的动态变化。由于中央政府落实可再生能源的措施力度很大，而可再生能源近乎零碳能源，故各地的能源结构处于变化之中，碳排放因子不断降低。

5. 发展绿色建筑需要软硬并进地开展

我国自发展绿色建筑以来，较多的精力放在硬件建设中，如标准规范的编制、标识工程的评审、成套技术的确定、成本增量的分析。而在软件建设方面，如管理制度建设、人才团队培养、绿色文化创建显然不够。英国的教授公开指出，中国发展绿色建筑注重硬技术，若不去注意全民的教育、理念的树立，整个民族在绿色建筑方面不可能有长足的可持续发展。下一步我们要在继续发展硬件的同时，注意软件的开展，虚实结合，才能使绿色建筑的推广发展可持续地、有效地深入下去。

我国政府曾出台了包括财政部与住房和城乡建设部联合颁发的“关于加快推动我国绿

色建筑发展的实施意见”在内的绿色建筑激励政策。这些政策已引起了西方国家的关注。“推动建筑节能与绿色建筑需要政府资金来引导”的理论设想已在中国生根开花，他们甚至对我国政府能否兑现表示怀疑，当然这是徒劳的。软件发展的一大动向是启动绿色人文的工作。以绿色校园作为切入点拉开绿色人文的序幕。绿色校园学组是中国绿色建筑与节能专业委员会中比较活跃的一个学组，不仅聚集了一批高校的绿色人才，还吸收了北京、上海著名中小学的校长来发动绿色理念宣传事宜。目前，国家标准《绿色校园评价标准》已报批；绿色教材的初小、高小、初中、高中、大学5个板块已分别出版；还开展了绿色智力竞赛、绿色夏令营，向学生普及绿色理念；并策划与美国绿色建筑委员会共同发起成立国际绿色校园联盟，联合他国学校，号召全球范围的学生行动起来，为减轻地球的温室效应，让年轻一代接受理念后先展开活动。

6. 绿色建筑项目涌现高端

美国供暖、制冷与空调工程师学会（ASHRAE）于2009年首次编制发布美国国家标准ASHRAE189.1《高性能绿色建筑设计标准》（Standard for the Design of High-Performance Green Buildings Except Low-Rise Residential Buildings），并将“高性能绿色建筑”定义为“通过集成环境友好型材料和节水、节能系统，以始终增进环保性能和经济价值、致力营造有助于住户健康的室内环境，并提高住户满意度和生产力的方式来设计、施工、运行（具备条件）的建筑”。

对于我国的高端绿色建筑，其范围不仅涉及新建建筑，也包括既有建筑绿色化改造，并以获得二星级以上绿色建筑标识为基本条件。其主要特征还包括：

（1）结合本土特征，采用3项以上创新技术，效果明显，要有节水、节能等数据（理论计算数据＋实际运营数据）；

（2）装配式建筑，预制率达40%以上，装饰装修工业化；

（3）绿色施工示范项目，获得绿色施工标识；

（4）获得当地政府在政策、奖励等方面的支持；

（5）满足被动式建筑的几项要求。

12.2 林海燕

12.2.1 专家简介

林海燕，男，1954年2月15日出生于上海市，福建厦门人，汉族，研究生学历，研究员。博士研究生导师。

1970年毕业于上海市虹口区武进中学，同年到黑龙江省瑷辉县瑷辉公社插队，1975年被推荐到同济大学水暖工程系供热通风专业学习，1978年毕业分配到中科院高能物理实验中心筹建处任技术员，1979年考取同济大学热能及环境工程系供热通风专业研究生，研究方向传热传质，1982年获硕士学位，同年分配到中国建筑科学研究院工作。

1982年至2006年在中国建筑科学研究院建筑物理研究所工作，1987年任热工研究室主任，1997年任物理所副所长，2000年任所长。其间，曾于1984年至1986年公派到联邦德国弗劳恩霍夫建筑物理研究所进修两年。2006年8月至2007年3月任中国建筑科学研究院总工程师兼建筑环境与节能研究院院长，2007年4月至2014年8月任中国建筑科学研究院副院长，2014年9月后任院学术委员会专职主任。

曾获“中央企业优秀归国留学人员”、“全国住房城乡建设系统抗震救灾先进个人”、“全国建筑节能先进个人”等荣誉称号，2006年获国务院政府特殊津贴，2013年当选为第十二届全国政协委员。兼任中国建筑节能协会副会长、中国建筑学会建筑物理分会理事长、中国城市科学研究会绿色建筑与节能专业委员会副主任委员、全国建筑节能标准化技术委员会主任委员等职。

长期致力于建筑热工、建筑节能与绿色建筑研究，是我国该领域的著名专家和学术带头人之一，取得了杰出的科研成就。30余年来，主持或主要负责了20余项住建部科研项目、国际合作项目、自然科学基金项目、国家“九五”和“十五”科技攻关项目、“十一五”和“十二五”科技支撑计划项目，主修编国家和行业标准10余部，研究成果获北京市科技进步一等奖、华夏建设科学技术一等奖、二等奖及其他省部级科技进步奖9项，为我国建筑节能与绿色建筑技术的进步做出了突出贡献。

国家标准《绿色建筑评价标准》GB/T 50378—2014、《民用建筑热工设计规范》（GB 50176—2016）、行业标准《严寒和寒冷地区居住建筑节能设计标准》JGJ 26—2010、《夏热冬冷地区居住建筑节能设计标准》JGJ 134—2010、《夏热冬暖地区居住建筑节能设计标准》JGJ 75—2012、《既有居住建筑节能改造技术规程》JGJ/T 129—2012、《建筑节能气象参数标准》JGJ/T 346—2014主编，国家标准《绿色建筑评价标准》GB/T 50378—2006、《节能建筑评价标准》GB/T 50668—2011、《公共建筑节能设计标准》GB 50189—2005主要起草人。

2016年1月1日，林海燕研究员因病医治无效，在北京逝世，享年62岁。林海燕先生穷其一生钻研建筑热工和建筑节能技术，把毕生精力都奉献给了祖国的建设科技事业，为我国建筑节能与绿色建筑领域的发展做出了重大贡献。其著作等身、品格高逸，是为我辈楷模。

12.2.2 专家观点

1. 绿色建筑理念

虽然关于绿色建筑的定义和内容，全世界尚无完全一致的意见，但是，在以下 3 个基本点上，世界各国的专家学者是没有分歧的：在全生命周期内，绿色建筑将消耗最少的能源和资源，对环境和生态产生最小的影响，同时为居住和使用者提供一个健康、舒适的工作、居住以及开展各类社会活动的空间。

绿色建筑不是一种刻板的技术标准而是一种理念，绿色建筑理念的核心是“减少对各种资源的占有或消耗，减轻对环境的影响，创造一个健康、适宜的室内环境”，它是经过精心规划、设计和建造，实施科学运行和管理的建筑。所有的普通建筑都可以践行绿色建筑的理念。

绿色建筑除了和传统建筑一样关注建筑的功能和安全之外，还特别关注“节地、节能、节水、节材、室内环境质量、室外环境保护”，而且这种关注体现在建筑从规划、设计、建造到运行、维护甚至拆除的整个生命期的各个环节。

另外，绿色建筑还特别突出“因地制宜，技术整合，优化设计，高效运行”的原则。

2. 绿色建筑标准

在大力推广和发展绿色建筑的过程中，标准显然发挥着非常重要的作用。我国的绿色建筑明确以节能、节水、节地、节材和保护环境并创造一个适宜高效的室内环境为目标。建筑由于其数量巨大，虽然每一栋建筑耗能、耗水、耗材、占地的绝对量都不大，当总合起来却数量惊人。因此，为了取得显著的节能、节水、节地、节材的总体效果，必须普及绿色建筑。

建筑行业是个分散度很高的行业，我国的建筑设计院数以万计，建筑施工企业更是数以十万计，为了规范如此大量的设计和施工企业的技术行为，标准规范无疑发挥着决定性的作用。绿色建筑的标准又与其他的技术标准有着很大的不同。大部分标准都是具体规范某类具体的建筑或某项技术，而绿色建筑则涉及各类建筑多方面的性能，因此对绿色建筑而言评价标准显得特别重要。

为了实现节能、节水、节地、节材和保护环境，绿色建筑可以在设计、施工、运行管理阶段采取许多种不同的技术措施和手段来达到目的。以节材为例，既有旧材料的重复利用是节材，使用将来可循环利用的材料也是节材，而选择受力合理的建筑体型是一种更具根本意义的节材。节能、节水、节地等方面也都是如此，无法强制绿色建筑一定要采用某几种指定的技术措施和设备及产品。绿色建筑评价标准通过分门别类的一条条条文，引导建筑的业主、设计单位、施工单位、运行管理人员根据当地的气候、环境、经济、技术条件，选择适宜的技术措施和设备及产品，设计、建造和运行绿色建筑，达到节能、节水、节地、节材和保护环境的目的。

到 2020 年，50%的新建建筑要建成绿色建筑，这是我国政府设定的一个远大目标，为达到这个目标，从现在起就应该以评价标准为核心建立起完整的绿色建筑标准规范体系，提高绿色建筑标准规范的执行率，调动业主、设计单位、施工单位、运行管理人员以及公众的积极性和参与度，不断提高绿色建筑的水平和普及程度，为我国的可持续发展做出建筑行业的应有贡献。

3. 绿色建筑技术

必须看到，节能建筑发展到今天，技术相较此前已经大有进步。但新技术和新材料不完善，认可及推广周期相对比较长，投资回收较慢。我国绿色建筑技术的更新、淘汰应该建立在更好地整合目前实用技术的基础上。

节能建筑的出现，显示出国家对节能环保理念的逐年关注，同时大大促进了更多环保新材料的研制以及新工艺的提升。但这些绿色新技术、材料的推广程度和普适性却值得进一步讨论。

在绿色建筑的设计领域，根据设计方式往往被划分为两类：一种是在传统的技术基础上，按照资源和环境的要求，共同改造重组形成新的适用技术；另一种是把其他领域的新技术，如信息技术、电子技术等，按照要求移植过来。

从技术水平上来看，可将简单技术和常规技术归类为普及推广型，高新技术归为研究开发型。但从我国目前的实践情况来看，因经济发展水平总体不高，技术和材料不太完善，新技术或新材料认可及推广周期相对比较长，投资回收较慢，因而不可能把整个节能建筑的发展建立在高新技术的基础上，在实际建造中更应该以常规适用技术为主体。我国绿色建筑技术的更新、淘汰应该建立在更好地整合目前适用技术的基础上。

与英美等发达国家不同，我国绿色建筑评价体系的最大特色是“节能为本”，即如果节能指标不达标，参评绿色建筑将被一票否决。因而一味追求高新技术、照搬发达国家的既有技术，不仅会拉高成本，还可能违反最大限度节约资源的原则。

因此，在建筑节能技术的研发设计中，建设者们还应当因地制宜、合理利用环境资源，以规划、设计、环境配置的建筑手法来改善和创造舒适的居住环境，使建筑有效地成为环境的过滤器和调节器。

4. 绿色建筑碳排放

自哥本哈根气候大会以后，建筑领域出现了一个新名词“低碳建筑”。建筑节能工作和绿色建筑是否需要用“低碳”来重新定义，是否需要用“低碳建筑”来代替“节能建筑”、“绿色建筑”？我看倒不一定。

建筑的“低碳”或者说“低碳建筑”可以用两个不同的范围来界定，如果界定为“降低在建筑使用过程中的二氧化碳排放”，恰恰是建筑节能自然而然的结果。如果界定为“降低在建筑全生命周期的二氧化碳排放”，则是绿色建筑实践自然而然产生出结果的一部分。

“低碳建筑”只不过是突出了建筑节能和绿色建筑的结果，并不是一个完全新的概念，在如何减少建筑的碳排放上，“低碳建筑”这个概念并不会比建筑节能和绿色建筑带来更多的实质性措施。

科学问题需要严谨的科学方法，不必为追赶潮流而去发明新名词、新概念、新理论。否则，顺着强调“低碳建筑”这条思路走下去，接下来就会出现低碳建筑的设计方法、检测方法等等。不仅不会给建筑的节能减排带来实质性的变化，反而会影响建筑节能和绿色建筑工作的深入开展。

近几年，在住房和城乡建设部大力推动下，绿色建筑实践开展风生水起，而降低建筑的二氧化碳排放量是建筑节能和绿色建筑的必然结果，所以，我们并不需要“低碳建筑”的提法，不需要对正在有序进行的建筑节能和绿色建筑工作做大的调整。当务之急是，为了与“低碳经济”相适应，需要量化我国强制实施建筑节能和大力推广绿色建筑所产生的减排效果。在技术层面，需要制定一个如何计算建筑碳排放的科学、统一的方法和标准。

12.3 王清勤

12.3.1 专家简介

王清勤，男，1964年2月出生，汉族，中共党员，博士研究生学历，教授级高级工程师、博士研究生导师，“新世纪百千万人才工程国家级人选”，享受国务院政府特殊津贴专家。

1984年毕业于解放军后勤工程学院，同年考取哈尔滨建筑工程学院供热通风专业研究生，1987年获硕士学位，同年分配到中国建筑科学研究院工作。

1987年至2004年在中国建筑科学研究院空气调节研究所工作，1994年任研究室主任，1999年任空气调节研究所副所长（自2000年起，兼任中国建筑技术集团有限公司生物医药净化分公司总经理）。2004年4月至2014年8月，任中国建筑科学研究院院长助理兼科学技术处处长；2014年9月至今任中国建筑科学研究院副院长。

兼任住房和城乡建设部防灾研究中心主任，住房和城乡建设部绿色建筑评审专家委员会专家，中国建筑科学研究院学术委员会主任，中国建筑节能协会副会长，中国工程建设标准化协会绿色建筑与生态城区专业委员会主任，中国城市科学研究会绿色建筑专业委员会副主任，中国合格评定国家认可委员会工程建设专业委员会主任委员，北京市绿色建筑国际科技合作基地主任，北京市绿色建筑设计工程技术研究中心主任等。曾担任“十一五”国家科技支撑计划重大项目实施专家组副组长，建设部国家科技支撑项目管理办公室副主任。

长期从事建筑环境与节能、绿色建筑方面的科研开发、标准规范编制、工程项目咨询等工作。主持和承担了“九五”、“十五”国家科技攻关计划，“十一五”和“十二五”国家科技支撑计划，建设部科技计划，科技部科研院所科技专项等多项科研项目。负责和参与中加建筑节能国际科技合作CIDA项目、中日合作住宅性能和部品的认证JICA项目、中英城市可持续发展联盟（nCUBUS）项目、欧盟玛丽·居里国际科技人员交流框架计划项目、中美清洁能源国际合作项目、美国能源基金会等多项国际合作项目。获省部级科技进步奖 12 项，合作出版著作 18 部，发表学术论文 140 余篇。负责组织编制绿色建筑年度报告、既有建筑改造年鉴、建筑防灾年鉴等系列图书。

国家标准《既有建筑绿色改造评价标准》GB/T 51141—2015、《绿色商店建筑评价标准》GB/T 51100—2015、《节能建筑评价标准》GB/T 50668—2011 等 12 项标准的主编，国家标准《绿色建筑评价标准》GB/T 50378—2014、《绿色生态城区评价标准》（已报批）、《绿色校园评价标准》（已报批）等 7 项标准的主要起草人。

12.3.2 专家观点

1. 单体绿色建筑与绿色生态城区的联动，推动绿色建筑的规模化发展

绿色建筑的发展，逐步从单体走向区域，需要上位规划与市政基础设施的共同支持，才能事半功倍。目前我国一些科研单位和高校在探索绿色生态示范区建设模式上做了大量研究，提出了政府主导的驱动模式、产业带动的建设模式、自然环境的发展模式等几种适宜建设模式，推动了绿色生态示范区的发展。目前已实施了 8 个国家级绿色生态城区的建设并开始探索绿色生态城区的绿色化运营，为实现单体绿色建筑与绿色生态城区联动、推动我国绿色生态城区的发展与建设作了有益的探索。

国家标准《绿色生态城区评价标准》目前也已完成并上报主管部门。与绿色建筑评价类似，绿色生态城区评价也分为规划设计评价、实施运管评价两个阶段；评价方法也是以各类评价指标总得分确定绿色生态城区等级。标准的特点不仅是适用范围扩至城区尺度，而且在硬性技术的关键指标基础上丰富了绿色人文等软性要素的内涵，从行为节能到绿色交通、废弃物资源化、非传统水源利用、绿色施工等方面都充分体现了标准软硬并进的特点。

2. 绿色建筑由新建建筑扩展至既有建筑改造，绿色建筑进行存量优化

截至 2015 年，我国既有建筑面积已经接近 600 亿 m^2，我国累计评价绿色建筑项目 3979 个，总建筑面积超过 4.6 亿 m^2。但是既有建筑改造后获得绿色建筑标识的项目很少，所占绿色建筑的面积比例不到 1%。由于建造年代和标准不同，大部分非绿色既有建筑存在资源消耗水平偏高、环境负面影响偏大、室内环境有待改善、使用功能有待提升等方面的问题。与此同时，我国城镇化率已经超过 54%，城市发展将逐步由大规模建设为主转向建设与管理并重的发展阶段，需要从简单的数量扩张转变为质量提升。与城市开发过程中大规模拆旧城、建新城运动造成的资源衰竭、环境恶化等问题相比，对量大面广的既有建筑开展绿色改造无疑将是更合理的解决办法。

国家标准《既有建筑绿色改造评价标准》GB/T 51141—2015 已自 2016 年 8 月 1 日起正式实施，为既有建筑改造的绿色建筑评价提供技术支撑，现已被纳入绿色建筑评价工作序列中。标准在评价方法、评价阶段等与《绿色建筑评价标准》GB/T 50378—2014 保持一致的同时，重点统筹考虑了既有建筑绿色改造的技术先进性和地域适用性，构建了区别于新建建筑的、体现既有建筑绿色改造特点的评价指标体系，以提高既有建筑绿色改造效果。

3. 健康建筑成为绿色建筑发展的深层次需求，绿色建筑更加关注人员健康

绿色建筑发展至今已呈现出普及性的趋势，早先的推荐性、引领性、示范性作用在逐步减弱。加之当前环境恶化，雾霾等问题直接向人们的生存状况发起挑战，建筑作为人们每天大部分时间身处的场所，理应在此方面有更高的要求。当前我国的绿色建筑评价体系虽然对空气、噪声、光、热等指标进行了限定，但对室内环境质量的要求仍较为基础，与“健康”的关联性不强；且已获得绿色建筑标识认证的项目中设计标识多运行标识少，绿色建筑的可感知度较差。我国目前尚缺少关注健康建筑的标准。

《健康建筑评价标准》将定位于绿色建筑发展的更深层次需求，以使用者的“健康”属性为核心，以使用者的实际满意度为重点，适用于多种建筑类型，提升绿色建筑的品质，引领绿色建筑达到更高的目标。标准将力求满足人们当前日益增长的健康需求，从与建筑使用者切身相关的空气、水、食品、适老、运动、心理、管理等方面入手，将建筑使用者的直观感受和健康效应作为关键性评价指标，着眼于令使用者真正成为绿色健康建筑的受益群体。

4. 绿色建筑的研究和实践更加扎实深入，绿色理念的内涵和外延更加丰富宽广

伴随着绿色建筑在数量上的飞速发展，我国也同时开展了绿色建筑后评估等研究和实践，总结绿色建筑发展中的问题，不断提升绿色建筑的性能和质量。当前，获得绿色建筑标识的项目已有数千项，规模也已是数亿平方米的量级；根据规划，我国城镇新建建筑中绿色建筑推广比例到 2020 年还将超过 50%。一是要对绿色建筑评价标识进行质量控制，保证绿色建筑标识项目的质量；二是进一步控制绿色建筑建成投入运行后的性能与质量，借助后评估研究实际的节能、节水、节费及环境品质改善情况，反馈给设计与施工环节，不断提高绿色建筑的质量和性能。

在国家技术政策和绿色建筑标准的引领下，绿色建筑一方面是在技术上进一步结合了工业化、信息化、温室气体减排、低影响开发等趋势和理念，向装配式建筑、智慧建筑和建造、超低能耗建筑、海绵型小区延伸发展。当然，也还包括前文提及的健康建筑，更关注环境质量、场地质量等。另一方面，也带动了绿色建筑产业的培育、发展和升级，例如，绿色建筑的快速发展极大激发了我国城镇新建建筑和既有建筑改造必需的新型绿色建材与部品、绿色施工平台与技术等相配套的材料、产品、设备、工艺、工法等科技需求。绿色建筑产业链的不断拓展和延伸，更将成为我国落实推进当前供给侧结构性改革的重要组成部分。

13　绿色建筑标准的新起点

13.1　绿色建筑标准现状

13.1.1　国家标准和行业标准

在2006年版的《绿色建筑评价标准》发布实施后，我国国家层面现有的及即将完成的绿色建筑标准共约20部，可形成一个较为完整的标准体系，较好地实现对绿色建筑主要工程阶段和主要功能类型的全覆盖。可将这些标准类聚为特定阶段的绿色评价标准、特定功能类型的绿色建筑评价标准、特定阶段的绿色建筑专用标准（规范或规程）、特定专业的绿色专用标准（或规程）等多个子集，如表13-1所示。

绿色建筑主题的国家和行业标准　表13-1

标准名称	标准编号或级别	备注
绿色建筑评价标准	GB/T 50378—2014	修订新版
特定阶段的绿色评价标准		
建筑工程绿色施工评价标准	GB/T 50640—2010	
既有建筑绿色改造评价标准	GB/T 51141—2015	
特定功能类型的绿色建筑评价标准		
绿色工业建筑评价标准	GB/T 50878—2013	
绿色办公建筑评价标准	GB/T 50908—2013	
绿色商店建筑评价标准	GB/T 51100—2015	
绿色医院建筑评价标准	GB/T 51153—2015	
绿色饭店建筑评价标准	GB/T 51165—2016	
绿色博览建筑评价标准	GB/T 51148—2016	
绿色校园评价标准	国家标准	在编
烟草行业绿色工房评价标准	YC/T 396—2011	按GB/T 1.1—2009规则起草
绿色铁路客站评价标准	TB/T 10429—2014	
特定阶段的绿色建筑专用标准		
民用建筑绿色设计规范	JGJ/T 229—2010	
建筑工程绿色施工规范	GB/T 50905—2014	
绿色建筑运行维护技术规范	JGJ/T 391—2016	
既有社区绿色化改造技术规程	行业标准	在编
民用建筑绿色性能计算规程	行业标准	在编
特定专业的绿色专用标准		
预拌混凝土绿色生产及管理技术规程	JGJ/T 328—2014	
绿色照明检测及评价标准	国家标准	在编

其中，以评价标准作为发展绿色建筑的具体目标和技术引导，以相关工程建设标准（规范）作为绿色建筑实践的技术支撑和保障。具体分析如下：

（1）现行的《绿色建筑评价标准》GB/T 50378—2014 系在2006年版标准基础上修订而成并替代旧版。修订后的标准不仅将适用范围扩展至各类民用建筑，也进一步细化和补充了对于住宅、办公楼、商场、旅馆这4类量大面广建筑的特定要求。标准不仅直接用于我国绿色建筑的评价，更为重要的是为其他专项的绿色建筑评价标准发挥了一种基础性的作用，有助于各特定建筑类型的绿色建筑评价标准之间的协调，形成一个相对统一的绿色建筑评价体系，更有利于绿色建筑评价标准体系的健全。

（2）对于绿色建筑设计、施工、运行、改造的全生命期，设计阶段和运行阶段评价均由《绿色建筑评价标准》GB/T 50378规定；而施工阶段和改造阶段则分别可依据《建筑工程绿色施工评价标准》GB/T 50640—2010、《既有建筑绿色改造评价标准》GB/T 51141—2015评价（其中，《既有建筑绿色改造评价标准》GB/T 51141—2015又分为设计评价和运行评价）。因此，针对各主要工程阶段的绿色建筑评价均已有国家标准覆盖。

（3）对于不同功能类型的绿色建筑，现有的《绿色工业建筑评价标准》GB/T 50878—2013、《绿色办公建筑评价标准》GB/T 50898—2013、《绿色商店建筑评价标准》GB/T 51100—2015、《绿色饭店建筑评价标准》GB/T 51165—2016、《绿色医院建筑评价标准》GB/T 51153—2015、《绿色博览建筑评价标准》GB/T 51148—2016、《绿色铁路客站评价标准》TB/T 10429—2014，可分别用于工厂、办公楼、商场、宾馆、医院、博物馆/展览馆、火车站的绿色评价。在今后较短的一个时期内，还将有多部针对特定建筑类型的绿色建筑评价标准完成和发布，可望较全面地覆盖建筑的主要功能类型。

（4）而在绿色建筑全生命期中的设计、施工、运行等阶段，专业技术人员和管理人员也可分别依据《民用建筑绿色设计规范》JGJ/T 229—2010、《建筑工程绿色施工规范》GB/T 50905—2014、《绿色建筑运行维护技术规范》JGJ/T 391—2016，按规定采取相应措施来开展具体的工程和项目实践，从而实现建筑物在相应阶段的绿色。这些规范中的技术措施，可与前述评价标准中的目标要求相呼应，共同满足建筑全生命期中主要阶段的技术需求。

（5）对于绿色建筑的实施或所涉及的一些特殊对象（或环节、专业等），还有一些专门的标准可作为技术依据，例如《预拌混凝土绿色生产及管理技术规程》JGJ/T 328—2014、《民用建筑绿色性能计算规程》、《既有社区绿色化改造技术规程》、《绿色照明检测及评价标准》等。

13.1.2 达成绿色建筑行动方案相关目标

对于《绿色建筑行动方案》中“完善标准体系”部分的具体措施，即健全绿色建筑评价标准体系，加快制（修）订适合不同气候区、不同类型建筑的节能建筑和绿色建筑评价标准，2013年完成《绿色建筑评价标准》的修订工作，完善住宅、办公楼、商场、宾馆的评价标准，出台学校、医院、机场、车站等公共建筑的评价标准。尽快制（修）订绿色建筑相关工程建设、运营管理、能源管理体系等标准，编制绿色建筑区域规划技术导则和标准体系。具体达成情况为：

(1) 国家标准《绿色建筑评价标准》GB/T 50378—2006 修订稿已于 2013 年 7 月完成报批，随后于 2014 年 4 月获批发布（编号 GB/T 50378—2014）。国家标准《绿色建筑评价标准》GB/T 50378—2006 的适用对象就是住宅、办公建筑、商场建筑、旅馆建筑；修订后，《绿色建筑评价标准》GB/T 50378—2014 在前一版本基础上，不仅将适用范围扩展至各类民用建筑，也进一步细化和补充了对于住宅、办公楼、商场、宾馆这 4 类量大面广建筑的特定要求。更为重要的是，GB/T 50378—2014 为其他专项的绿色建筑评价标准发挥了一种基础性的作用，有助于各特定建筑类型的绿色建筑评价标准之间的协调，形成一个相对统一的绿色建筑评价体系，更有利于绿色建筑评价标准体系的健全。

(2) 另一方面，为完善针对办公楼、商场、宾馆这 3 类公共建筑的评价标准，国家还于 2009 年立项制订国家标准《绿色办公建筑评价标准》，后于 2013 年获批发布（编号 GB/T 50898—2013）；于 2012 年立项制订国家标准《绿色商店建筑评价标准》，后于 2015 年获批发布（编号 GB/T 51100—2015）；于 2013 年立项制订国家标准《绿色饭店建筑评价标准》，后于 2016 年获批发布（编号 GB/T 51165—2016）。

(3) 同时，制订出台了针对学校、医院、机场、车站等不同类型公共建筑的专项评价标准，包括：于 2012 年立项制订国家标准《绿色医院建筑评价标准》，后于 2015 年获批发布（编号 GB/T 51153—2015）；于 2013 年立项制订国家标准《绿色博览建筑评价标准》，后于 2016 年获批发布（编号 GB/T 51148—2016）；于 2014 年立项制订国家标准《绿色校园评价标准》（现已报批）；原铁道部于 2013 年立项制订《绿色铁路客站评价标准》，后于 2014 年获批发布（编号 TB/T 10429—2014）；民航局于 2014 年立项制订行业标准《绿色航站楼标准》。后于 2017 年获批发布（编号 MH/T 5033—2017）。

(4) 特别的，针对既有建筑改造为绿色建筑的情况，还于 2013 年立项制订国家标准《既有建筑改造绿色评价标准》（后更名为《既有建筑绿色改造评价标准》），后于 2015 年获批发布（编号 GB/T 51141—2015），进一步健全了绿色建筑评价标准体系。

(5) 对于绿色建筑相关的工程建设、运营管理等典型阶段，除已发布实施的行业标准《民用建筑绿色设计规范》JGJ/T 229—2010 以外，还曾于 2009 年立项制订国家标准《建筑工程绿色施工规范》，后于 2014 年获批发布（编号 GB/T 50905—2014）；于 2014 年立项制订行业标准《绿色建筑运行维护技术规范》编号 JGJ/T 391—2016，基本实现对建筑全生命期典型阶段的全覆盖。

(6) 在绿色建筑区域规划方面，国家还于 2012 年立项开展“低能耗绿色建筑示范区技术导则研究”；于 2014 年立项制订国家标准《绿色生态城区评价标准》（现已报批）。

(7) 此外，国家还立项开展了“十二五”国家科技支撑计划课题《绿色建筑标准体系与不同气候区不同类型建筑重点标准规范研究》，提出了完善绿色建筑标准体系的设想，以及对内容重复度较高的多部绿色建筑评价标准进行合并的建议。

目前，国家《绿色建筑行动方案》（国办发〔2013〕1 号）在标准体系方面的具体要求均已完成，详见表 13-2。

综上，我国绿色建筑标准的发展，不仅是数量上的逐年增加，更呈现出先重点探索、后全面总结并显化、再细分深入的渐进式发展态势，并具有较好的系统性。

《绿色建筑行动方案》所要求标准的完成情况 表 13-2

《绿色建筑行动方案》要求	标准完成情况
完善建筑节能标准，科学合理地提高标准要求	1. 行业标准《温和地区居住建筑节能设计标准》已于 2015 年立项，与现有的针对严寒与寒冷、夏热冬冷、夏热冬暖地区的居住建筑节能标准共同实现不同气候区全覆盖； 2. 新修订的国家标准《公共建筑节能设计标准》已于 2015 年发布实施，提高了标准要求，并对各气候区、不同规模建筑、各类设备系统均提出要求； 3.《严寒和寒冷地区居住建筑节能设计标准》JGJ 26—2010 已于 2016 年立项修订，着手进一步完善和提高标准； 4.《建筑节能工程施工质量验收规范》GB 50411—2007 修订稿已报批； 5. 国家标准《民用建筑能耗标准》已于 2016 年发布（编号 GB/T 51161—2016），实施能耗总量控制
健全绿色建筑评价标准体系 加快制（修）订适合不同气候区、不同类型建筑的节能建筑和绿色建筑评价标准	1. 修订后的《绿色建筑评价标准》GB/T 50378—2014 扩展了评价对象范围，进一步明确了评价阶段，完善了评价指标体系，修改后的评价方法更加科学合理； 2. 国家标准《既有建筑绿色改造评价标准》已于 2015 年发布（编号 GB/T 51141—2015）； 3. 立项、发布了多部针对不同类型建筑的绿色建筑评价标准（详后）； 4. 完成国家科技支撑计划课题“绿色建筑标准体系与不同气候区不同类型建筑重点标准规范研究”，提出了绿色建筑标准体系完善建议（包括对不同气候区、不同类型建筑绿色建筑评价标准的建议）
2013 年完成《绿色建筑评价标准》的修订工作	《绿色建筑评价标准》GB/T 50378 修订稿已于 2013 年 7 月报批，并于 2014 年 4 月发布（编号 GB/T 50378—2014）
完善住宅、办公楼、商场、宾馆的评价标准	1.《绿色建筑评价标准》GB/T 50378 2006 年版的适用对象就是住宅、办公建筑、商场建筑、旅馆建筑；修订后的 2014 年版在此基础上，不仅拓展了适用范围，也进一步细化和补充了对于住宅、办公楼、商场、宾馆这 4 类量大面广建筑的特定要求； 2. 国家标准《绿色办公建筑评价标准》已于 2013 年发布（编号 GB/T 50908—2013）； 3. 国家标准《绿色商店建筑评价标准》已于 2015 年发布（编号 GB/T 51100—2015）； 4. 国家标准《绿色饭店建筑评价标准》已于 2016 年发布（编号 GB/T 51165—2016）
出台学校、医院、机场、车站等公共建筑的评价标准	1. 国家标准《绿色校园评价标准》已于 2014 年立项（建标〔2013〕169 号），即将完成； 2. 国家标准《绿色医院建筑评价标准》已于 2015 年发布（编号 GB/T 51153—2013）； 3. 行业标准《绿色航站楼标准》已于 2017 年发布（编号 MH/T 5033—2017）。该标准拟将对所有新建航站楼强制，故不存在开展评价问题； 4. 行业标准《绿色铁路客站评价标准》已于 2014 年发布（编号 TB/T 10429—2014） 5. 国家标准《绿色博览建筑评价标准》已于 2016 年发布（编号 GB/T 51148—2016）
尽快制（修）订绿色建筑相关工程建设、运营管理、能源管理体系等标准	1. 已有 JGJ/T 229—2010《民用建筑绿色设计规范》； 2.《建筑工程绿色施工规范》已于 2014 年发布（编号 GB/T 50905—2014）； 3. 行业标准《绿色建筑运行维护技术规范》已于 2016 年发布（编号 JGJ/T 391—2016）； 4. 已有 GB/T 23331—2012《能源管理体系要求》（等同采用国际标准 ISO 50001：2011）； 5. 国家标准《民用建筑能耗标准》已于 2016 年发布（编号 GB/T 51161—2016），实施能耗总量控制
编制绿色建筑区域规划技术导则和标准体系	1. “低能耗绿色建筑示范区技术导则研究”已于 2012 年立项； 2. 国家标准《绿色生态城区评价标准》已于 2014 年立项，现已报批

13.2 绿色建筑标准发展的新机遇

13.2.1 标准化工作改革

经李克强总理签批，国务院于 2015 年 3 月 11 日印发《深化标准化工作改革方案》(国发〔2015〕13 号)。该方案提出了改革的总体目标：（1）建立政府主导制定的标准与市场自主制定的标准协同发展、协调配套的新型标准体系；（2）健全统一协调、运行高效、政府与市场共治的标准化管理体制；(3) 形成政府引导、市场驱动、社会参与、协同推进的标准化工作格局，有效支撑统一市场体系建设，让标准成为对质量的“硬约束”，推动中国经济迈向中高端水平。该方案强调了改革坚持的简政放权、放管结合、国际接轨、统筹推进等原则，明确了建立高效权威的标准化统筹协调机制、整合精简强制性标准、优化完善推荐性标准、培育发展团体标准、放开搞活企业标准、提高标准国际化水平 6 个方面的改革措施（详见图 13-1），并将改革分为三个阶段组织实施，到 2020 年完成各项改革任务。

图 13-1 《深化标准化工作改革方案》6 项改革措施

随后，国务院办公厅于当年 12 月 17 日印发《国家标准化体系建设发展规划（2016—2020 年)》(国办发〔2015〕89 号)，落实深化标准化工作改革要求，推动实施标准化战略。该规划确定的标准化工作 5 个重点领域中，有 2 个与绿色建筑息息相关，分别是：加强社会治理标准化，保障改善民生；加强生态文明标准化，服务绿色发展。社会领域标准化重点中明确要求“提高建筑节能标准，推广绿色建筑和建材”。规划还提出“十三五”期间实施节能减排、新型城镇化等重大标准化工程。

同年，国务院办公厅还于 3 月 24 日印发了《关于加强节能标准化工作的意见》(国办发〔2015〕16 号)，对进一步加强节能标准化工作做出了全面部署。《意见》强调坚持准入倒逼、标杆引领、创新驱动、共同治理的基本原则，明确了当前及今后一个时期三个方面的重点工作：

（1）创新工作机制。特别提出了建立节能标准更新机制，标准复审周期控制在 3 年以内，标准修订周期控制在 2 年以内；以及探索能效标杆转化机制，适时将能效“领跑者”指标纳入强制性终端用能产品能效标准和行业能耗限额标准指标体系。

（2）完善标准体系。在建筑领域，要求完善绿色建筑与建筑节能设计、施工验收和评价标准，修订建筑照明设计标准，建立绿色建材标准体系。

(3) 强化标准实施。再次要求政府投资的公益性建筑、大型公共建筑以及各直辖市、计划单列市及省会城市的保障性住房，应全面执行绿色建筑标准。

为落实《国务院关于印发深化标准化工作改革方案的通知》(国发〔2015〕13 号)，进一步改革工程建设标准体制，住房和城乡建设部于 2016 年 8 月 9 日印发《关于深化工程建设标准化工作改革的意见》(建标〔2016〕166 号)。意见提出了放管结合、统筹协调、国际视野 3 项要坚持的基本原则，到 2020 年基本建立管理制度、发布实施重要的强制性标准、有效精简政府推荐性标准等首步目标，以及到 2025 年初步建立以强制性标准为核心、推荐性标准和团体标准相配套的标准体系的进一步目标。对于我国国家和行业标准层面诸多绿色建筑所属的推荐性标准，意见要求清理现行标准，缩减推荐性标准数量和规模，逐步向政府职责范围内的公益类标准过渡。

13.2.2 绿色建筑发展的更高目标

2016 年，《国民经济和社会发展第十三个五年规划纲要》获表决通过并正式发布，明确要求“实施建筑能效提升和绿色建筑全产业链发展计划”。为进一步落实规划纲要要求，住房和城乡建设部随后印发《住房城乡建设事业“十三五”规划纲要》。纲要主要阐明了“十三五”时期，全面推进住房城乡建设事业持续健康发展的主要目标、重点任务和重大举措，是指导住房城乡建设事业改革与发展的全局性、综合性、战略性规划。

“绿色低碳、智能高效”是纲要提出需要把握的六大原则之一，要求走绿色优先、集约节约、高效便捷、特色彰显的城镇化发展之路，要求建设绿色城市，发展绿色建筑、绿色建材，大力强化建筑节能。在“十二五”期间《绿色建筑行动方案》到 2015 年末 20％的城镇新建建筑达到绿色建筑标准要求的基础之上，纲要为“十三五”时期设定了到 2020 年城镇新建建筑中绿色建筑推广比例超过 50％的主要目标。纲要提出“全面推进绿色建筑发展”，具体包括：

• 实施绿色建筑推广目标考核管理机制。建立绿色建筑进展定期报告及考核制度。

• 加大绿色建筑强制推广力度，逐步实现东部地区省市全面执行绿色建筑标准，中部地区省会城市及重点城市、西部地区重点城市强制执行绿色建筑标准。

• 强化绿色建筑质量管理，鼓励各地采用绿色建筑标准开展施工图审查、施工、竣工验收，逐步将执行绿色建筑标准纳入工程管理程序。

• 完善绿色建筑评价体系，加大评价标识推进力度，强化对绿色建筑运行标识的引导，加强对标识项目建设情况的跟踪管理。

• 推进绿色生态城区、绿色建筑集中示范区、绿色建筑产业示范园区建设。

• 推进绿色建筑全产业链发展，以绿色建筑设计标准为抓手，推广应用绿色建筑新技术、新产品。

• 在建造环节，加大绿色施工技术和绿色建材推广应用力度，在建筑运行环节推广绿色运营模式，发展绿色物业。

2017 年，根据《国民经济和社会发展第十三个五年规划纲要》和《住房城乡建设事业“十三五”规划纲要》，住房和城乡建设部还发布了《建筑节能与绿色建筑发展“十三五”规划》，进一步落实了前述目标，并提出了“全面推动绿色建筑发展量质齐升”的主要任务，以及重点任务，包括：绿色建筑倍增计划、绿色建筑质量提升行动、绿色建筑全产业链发展计划。

13.3 绿色建筑标准发展的分析和建议

13.3.1 态势分析

基于前述现状和形势，可对绿色建筑标准发展进行态势分析（即 SWOT 分析）（图 13-2）如下：

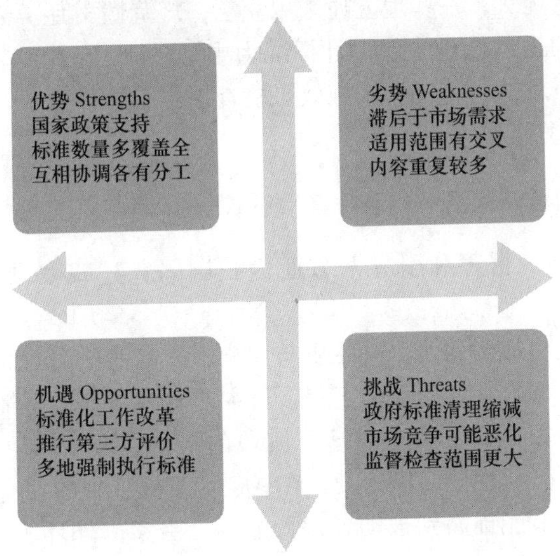

图 13-2 绿色建筑标准的优劣势、机遇和挑战

首先，前文已较多分析了优势所在，包括：国家对绿色建筑提出了全面推进的要求，是标准发展的最大政策红利；目前绿色建筑标准不仅数量占优，而且已覆盖主要工程阶段和主要功能类型，标准之间协调统一，自成体系。

其次，对应的劣势则在于：绿色建筑的内涵和外延不断丰富，技术创新层出不穷，工程中对于绿色建筑实践的各种需求也不断提出，但受制于国家、行业标准的编制、审批等管理流程，标准“到手能用”及其中具体的技术规定往往均滞后。对于评价标准而言，特定类型建筑项目对于 GB/T 50378《绿色建筑评价标准》或专项评价标准如何选用，特定地区的建筑项目对于这些国家标准或当地地方标准如何选用，单靠标准自身已无法划定边界。另一方面，这些标准在保持协调统一的同时，也不可避免地存在较大程度的内容重复。

最后，绿色建筑标准发展所面临的机遇和挑战，是互相依存、互相转化的。主要在于以下三方面：

（1）标准化工作改革，将实现标准的政府和市场“两条腿”走路，较好解决标准供给和缺失滞后等问题，形成更加衔接配套、协调完善的标准体系。而按照改革后的政府标准分类，绿色建筑标准主要属于推荐性质，即将面临清理和缩减，并完成向政府职责范围内的公益类标准过渡。现已形成的绿色建筑标准规模和权威性，可能将受到一定影响。但有一点可以肯定的是，将有更多的社会团体开展对绿色建筑标准的探索，呈现百花齐放、百家争鸣之势。这些团体标准在加大标准供给的同时也面临着市场竞争和优胜劣汰，将存在一个大浪淘沙、去芜存菁的过程。

（2）住房和城乡建设部已发布通知（建办科〔2015〕53号），推行绿色建筑标识实施第三方评价。通知不仅对第三方评价机构的数量和工作质量提出了要求，有助于推广绿色建筑标准应用并保障实施到位，而且明确了对于GB/T 50378《绿色建筑评价标准》、专项评价国家标准、地方标准等的选用问题，现有标准之间的适用范围边界更加清晰。然而，业内对此也存在“一放就乱”的担心，特别是标准中涉及主观评判的内容，易发生实践中理解、执行不一的情况，需加强对标准实施的指导和监督。

（3）绿色建筑推广力度加大，按照2020年的推广比例目标，绿色建筑标准将用于全国半数工程项目，数量庞大；一些地方还采用立法、规范性文件、标准强制性条文等举措实现了绿色建筑标准的强制执行（以设计标准为主），标准效力和应用得到增强。随之而来的，则是对标准的贯彻执行情况和实施效果检查提出了新的要求，责任制度建设、信息化手段等均要配套跟上。

13.3.2 展望

如前所述，标准将在保障和引导两方面为我国绿色建筑发展发挥重要作用，具体包括：

（1）绿色建筑标准将成为建筑提升品质与性能、丰富优化供给的主要手段。

从全生命期角度，标准在所覆盖的工程项目主要阶段基础上再细分深入，为设计阶段的施工图审查、施工阶段的竣工验收、运行阶段的检测、调试等重点环节和工作提供支持，更好保障建筑质量。从性能要求角度，在绿色建筑标准中的现有规定基础上进一步提高指标和发展延伸，由节能提高到被动式超低能耗，由室内外环境提高到人员身心健康，使建筑绿色性能更加提升和丰富。从适用对象角度，对于特殊形态的绿色建筑及区域、绿色建筑实践过程中的特定工作、甚至是开展绿色建筑实践的特定区域、单位等，均可利用团体标准机动灵活的特点进行标准化，进而丰富市场供给。

（2）绿色建筑标准将成为全产业链升级转型和生态圈内跨界融合的促成要素。

标准目前的技术内容主要针对建筑设计、施工、运行等主要阶段，对于建筑全生命期内的建材产品生产、室内装饰装修、建筑改扩建、拆除回收等也有所体现并还将加强，例如可结合绿色建筑标准进一步促进绿色建材推广。另一方面，对于标准所涉及的多个环节多方面技术也可进一步有机集成，形成产业新的增长点，例如兼具节材、节地、绿色施工等效果的装配式建筑。更进一步，标准所涉及技术还可带动和融入相关行业产业创新，例如多项技术所需开展的模拟均可借助BIM及其平台和工具实现，实现信息产业与建筑业的深度融合；又如标准提出的质量、环境、职业健康安全、能源管理体系等要求，不仅直接带动了认证认可工作，还将间接扩大合同能源管理等相关业务需求。

（3）绿色建筑标准将成为城乡建设及有关事业践行绿色发展理念的重要基础。

对建筑本体而言，绿色建筑评价标准中的要求应逐步落实和体现于绿色建筑工程建设、运行管理标准（规范）中，又进而影响各学科专业的通用和专用标准，借此最终作用于所有建筑上。对于城乡建设而言，绿色建筑的推广、普及、集聚为更大尺度下的绿色生态城区（或园区），乃至绿色村镇创造了前提条件，绿色生态城区、绿色村镇的相关标准或导则均提出了绿色建筑比例要求。对于建筑所服务事业而言，绿色的建筑及设施是本行业本领域绿色发展的硬件基础，现已有绿色卫生服务、绿色流通、绿色机场分别对绿色医院建筑、商店建筑与饭店建筑、航站楼提出要求，未来将有更多行业将绿色建筑作为其绿色发展的前提性要求。

13.3.3　建议

首先，在政府主导标准方面，虽然绿色建筑尚未被列入住房城乡建设领域的强制性标准体系，但绿色建筑作为住房城乡建设领域推进绿色发展、助建生态文明、服务社会发展、保障改善民生的具体技术手段之一，可以预见仍将会在政府主导制定的国家标准、行业标准、地方标准中发挥重要作用。具体而言：

（1）目前，现有的国家和行业标准不仅可用于新建建筑，还可用于建筑工程施工、既有建筑改造等；不仅可用于各类民用建筑，还可用于工业建筑，甚至特殊建筑；再借助现有地方标准的进一步补充和细化，已基本实现了绿色评价对于建筑全生命期各阶段、建筑各使用功能类型、我国气候和资源各异的广袤区域的三个全覆盖。同时，借由《绿色建筑评价标准》GB/T 50378的修订完善，绿色建筑评价各标准之间的评价方法更趋协调，有助于相关标准共同形成一个相对统一的绿色建筑评价体系。虽然在当前标准化工作改革之下，这一批标准面临精简整合的可能，但未来的绿色建筑评价标准中充分考虑和体现针对性和适宜性仍是一个重点。

（2）评价用途之外的绿色建筑国家和行业标准，不仅可为设计、施工、运维等不同技术人员群体提供实现绿色建筑目标的具体指导，近期还进一步发展为服务于社区改造、性能计算模拟等更为具象和细分的技术工作。按照工程建设标准化工作改革的"统筹协调"原则，这些标准中的技术要求，与绿色建筑评价标准中的评价要求，将进一步互相呼应、互相吸收，实现良好衔接配套。如可使得标准使用人员只需按其要求进行设计、施工、运维、改造或性能计算，即可达到绿色建筑评价标准的要求，则为至臻。

（3）当前的绿色建筑地方标准，不仅结合地域特点有针对性地补充细化了绿色建筑评价要求，而且专门在绿色建筑的设计、施工、验收、检测等阶段或环节设置了单独的标准，部分设计标准还设有强制性条文。"十三五"期间，东部地区省市将全面执行绿色建筑标准，中西部的重点城市也将强制执行绿色建筑标准，为绿色建筑地方标准的强制性属性提出了要求、创造了条件。不仅如此，地方标准还可通过在国家和行业标准基础上根据地方实际适当提高某些技术条文的指标要求，进而实现先行地区的绿色建筑向更高性能发展。

另一方面，对于市场自主标准，目前从事绿色建筑标准编制的社会团体主要有中国绿色建筑委员会和中国工程建设标准化协会。中国工程建设标准化协会新设立的绿色建筑与生态城区专业委员会现已先后组织19部工程建设协会标准的编制，重点针对特殊形态的绿色建筑及区域、绿色建筑建设中的质量控制重点环节、绿色建筑涉及的重点技术问题等重点组织拟编协会标准，例如：针对绿色建筑竣工验收环节的《绿色建筑竣工验收标准》、针对既有建筑绿色改造环节的《既有建筑绿色改造技术规程》、针对村庄这一特殊形态的《绿色村庄评价标准》、针对碳排放问题的《混凝土碳排放计算标准》等。有望较好地作为政府主导标准的有益补充和有力支撑，进而与政府主导标准达成优势互补、良性互动、协同发展的标准化工作模式。

在培育发展团体标准的标准化工作改革形势下，将会有更多的学会、协会、商会、联合会以及产业技术联盟等社会团体开展对绿色建筑标准的探索，呈现百花齐放、百家争鸣之势。与此同时，这些团体标准在加大了标准供给的同时也面临着市场竞争和优胜劣汰。也可预见，在大浪淘沙、去芜存菁的过程之后，只有好懂、好用的标准才能“笑傲江湖”。

市场自主标准的另一个重要组成部分是企业标准。我国绿色建筑企业在内部标准的早期探索，也为绿色建筑国家标准和行业标准积累了经验。随着绿色建筑市场的进一步增长，一些标准化专业机构面向市场服务的转型和扩展以及企业标准备案手续的逐步取消，绿色建筑企业标准有望得到进一步盘活。从业企业均可结合自身品牌定位、技术路线、市场需求、项目特点等，基于现有政府标准和其他市场标准为自己“量身定做”更适宜、更实用、甚至更先进的企业标准。